中职电类专业“理实一体化”系列教材
综合实践活动课程技能培训教材

模拟电子技术

龚运新　邹鸿林　主　编
朱庆和　郑家良　副主编

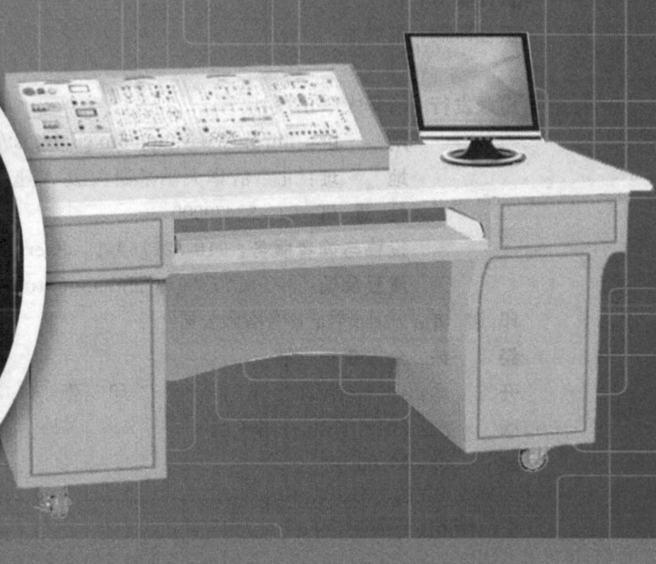

清华大学出版社
北　京

内容简介

本书主要介绍了半导体晶体管及其应用电路、基本放大电路、集成运算放大器、反馈电路、振荡电路、功率放大器、晶闸管及其应用电路、超外差式收音机的电路原理、电路仿真、电路实做及电路故障排除等内容。每一种电路从原理图设计讲起，内容涉及PCB板制作、实物制作等，循序渐进，直至调试成功，给学习者一个完整的概念，并注重应用技能的训练。

本书可作为职业院校电气自动化技术、应用电子技术、通信技术等专业的电子技术基础教材，也可作为广大电子技术爱好者的学习用书。

图书在版编目(CIP)数据

模拟电子技术/龚运新，邹鸿林主编. —北京：清华大学出版社，2012.10(2024.2重印)
(中职电类专业"理实一体化"系列教材　综合实践活动课程技能培训教材)
ISBN 978-7-302-29700-0

Ⅰ. ①模…　Ⅱ. ①龚…　②邹…　Ⅲ. ①模拟电路—电子技术—中等专业学校—教材　Ⅳ. ①TN710

中国版本图书馆CIP数据核字(2012)第188185号

责任编辑：金燕铭
封面设计：王建华
责任校对：袁　芳
责任印制：刘海龙

出版发行：清华大学出版社
网　　址：https://www.tup.com.cn, https://www.wqxuetang.com
地　　址：北京清华大学学研大厦A座　　**邮　　编**：100084
社 总 机：010-83470000　　**邮　　购**：010-62786544
投稿与读者服务：010-62776969，c-service@tup.tsinghua.edu.cn
质量反馈：010-62772015，zhiliang@tup.tsinghua.edu.cn
印 装 者：三河市君旺印务有限公司
经　　销：全国新华书店
开　　本：185mm×260mm　　**印　　张**：14.25　　**字　　数**：327千字
版　　次：2012年10月第1版　　**印　　次**：2024年2月第5次印刷
定　　价：39.00元

产品编号：039838-02

前言

foreword

模拟电子电路是最基本的电子电路之一，它由电阻、电容、电感、二极管、三极管5种基本元器件组成，这5种基本元器件在本系列教材《常用电子元器件识别检测与仿真》(清华大学出版社出版，ISBN：978-7-302-27857-3)之中已经进行了详细的介绍，而本教材就是在此基础上介绍半导体晶体管及其应用电路、基本放大电路、集成运算放大器、反馈电路、振荡电路、功率放大器、晶闸管及其应用电路、超外差式收音机的电路原理、电路仿真、电路实做及电路故障排除等内容。在实训教学上，本教材将实用技能培养放在首位，加强故障排除方法和调试过程的指导，使学生逐步学会产品设计开发的全过程。

本教材最突出之处就是从实用性角度出发，加强了设计性环节的指导，采用实例和软件仿真方式编写，能帮助初学者尽快入门，使有一定基础者熟练深化；在仿真演示时，可观察结果，便于学习和理解。

若条件许可，可以安排在计算机房或多媒体教室进行教学，边讲解边演示，结合多媒体课件，使教学内容直观形象、通俗易懂，特别是在进行软件仿真、硬件仿真与产品模拟时效果会更好。

电子技术专业人员都知道，单凭看书和教师讲课是不能培养出电子技术方面的人才的，必须经过理论学习、电路仿真、电路实做、工具使用、产品开发等过程。建议学生以自己的计算机作为仿真系统，组建家庭或寝室实验室，边学边做，从仿制电路到设计电路、购买元器件、设计PCB板、焊装调试，坚持不懈，从而成为电子技术专业人才。

本书由无锡科技职业学院龚运新、麻城市第三中学邹鸿林任主编，由江苏省张家港职业教育中心校朱庆和、麻城理工中等专业学校郑家良任副主编。由于编者水平所限，疏漏之处在所难免，恳请广大读者批评指正。

编　者

2012年4月

目录

contents

chapter 1 ◇第 1 章

半导体晶体管及其应用电路

自然界中的各种物质，按导电能力划分为导体、绝缘体和半导体。半导体的导电能力介于导体和绝缘体之间，具有热敏性、光敏性和掺杂性。利用光敏性，可制成光电二极管和光电三极管及光敏电阻；利用热敏性，可制成各种热敏电阻；利用掺杂性，可制成不同性能、不同用途的半导体器件，例如二极管、三极管、场效应管等。

1.1 半导体的基础知识

半导体的应用越来越广泛，半导体器件制造已形成一个大的工业体系。可以说，所有电子设备都离不开半导体器件。半导体器件的种类繁多，制作过程复杂，有专门的微电子专业进行研究。下面只讨论半导体二极管的原理及应用。

1.1.1 PN 结结构

二极管就是一个 PN 结，这个 PN 结的好坏，直接决定了二极管的性能参数，下面详细讲述。

1. 半导体的共价键结构

在电子器件中，用得最多的材料是硅和锗。硅和锗都是 4 价元素，最外层原子轨道上有 4 个电子，称为价电子。每个原子的 4 个价电子不仅受自身原子核的束缚，还与周围相邻的 4 个原子发生联系，这些价电子一方面围绕自身的原子核运动，另一方面时常出现在相邻原子所属的轨道上。这样，相邻的原子被共有的价电子联系在一起，称为共价键结构，如图 1.1.1 所示。

当温度升高或受光照时，由于半导体共价键中的价电子并不像绝缘体中束缚得那样紧，价电子从外界获得一定的能量，少数价电子会挣脱共价键的束缚，成为自由电子，同时在原来共价键的相应位置上留下一个空位。这个空位称为空穴，如图 1.1.2 所示。

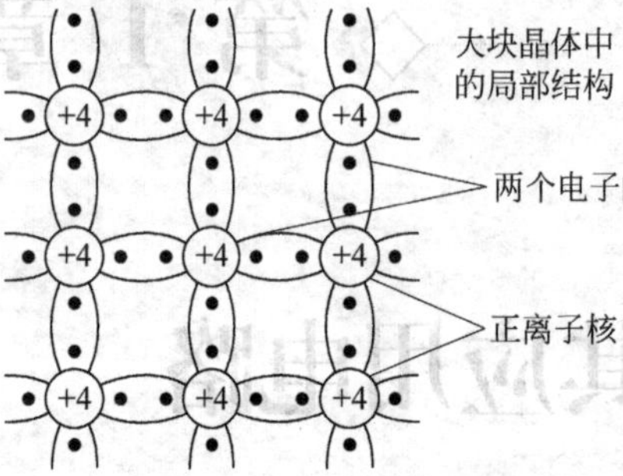

图 1.1.1　硅和锗的共价键结构

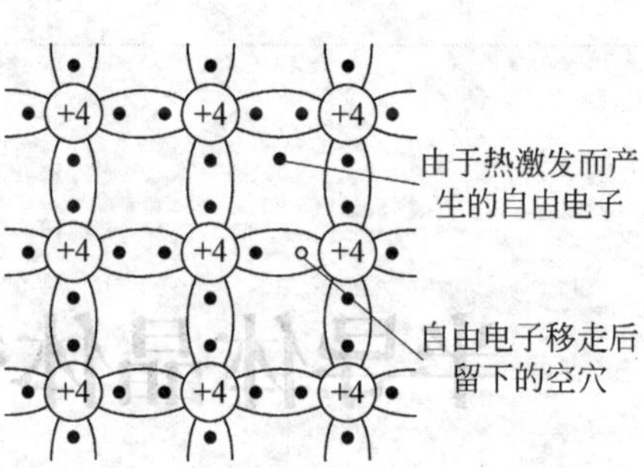

图 1.1.2　本征激发产生电子-空穴对示意图

自由电子和空穴是成对出现的，所以称为电子-空穴对。在本征半导体中，电子与空穴的数量总是相等的。把在热或光的作用下，本征半导体中产生电子-空穴对的现象称为本征激发，又称为热激发。由于共价键中出现了空位，在外电场或其他能源的作用下，邻近的价电子可填补到这个空穴上，而在这个价电子原来的位置上又留下新的空位，其他价电子可转移到这个新的空位上，如图 1.1.3 所示。为了区别于自由电子的运动，把这种价电子的填补运动称为空穴运动。空穴是一种带正电荷的载流子，所带电荷和电子相等，符号相反。由此可见，本征半导体中存在两种载流子：电子和空穴。而金属导体中只有一种载流子——电子。本征半导体在外电场作用下，两种载流子的运动方向相反而形成的电流方向相同，如图 1.1.4 所示。

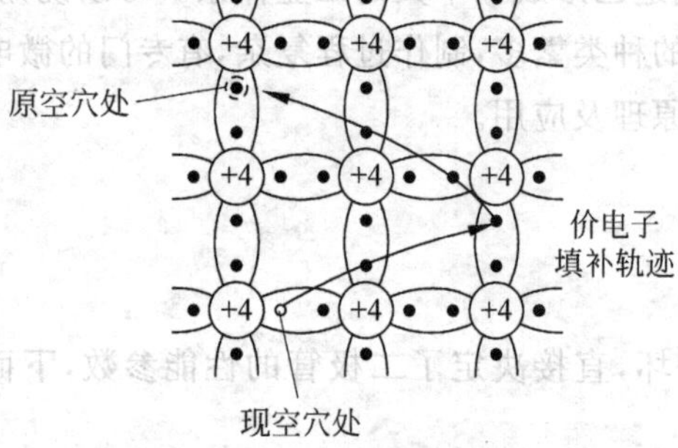

图 1.1.3　电子与空穴的移动

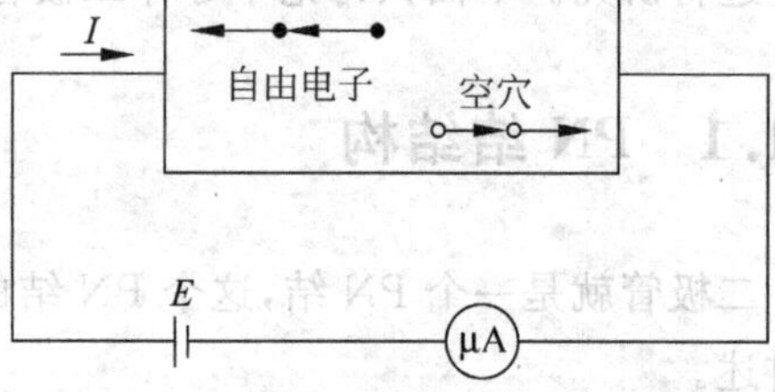

图 1.1.4　两种载流子在电场中的运动

2. 杂质半导体

(1) N 型半导体

在纯净的半导体硅(或锗)中掺入微量 5 价元素(如磷)后，就可成为 N 型半导体，如图 1.1.5(a)所示。在这种半导体中，自由电子数远大于空穴数，导电以电子为主，故亦称电子型半导体。

(2) P 型半导体

在硅(或锗)的晶体内掺入少量 3 价元素杂质，如硼(或铟)等，形成 P 型半导体。硼原子只有 3 个价电子，它与周围硅原子组成共价键时，因缺少一个电子，在晶体中便产生一个空穴。这个空穴与本征激发产生的空穴都是载流子，具有导电性能。P 型半导体共价

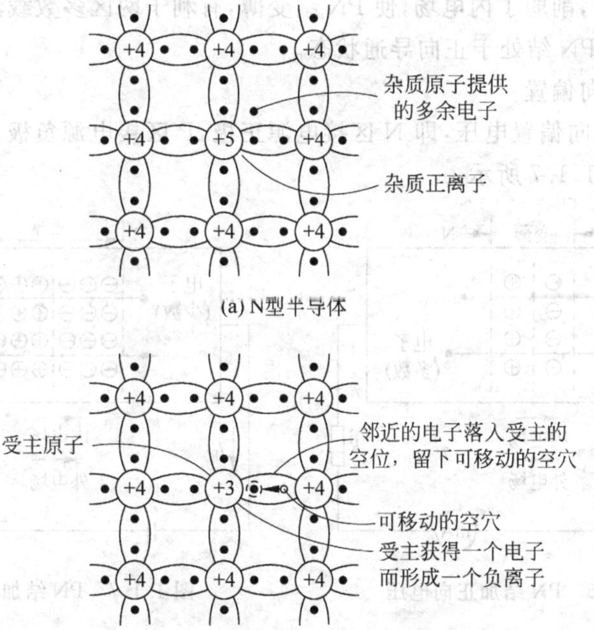

(a) N型半导体

(b) P型半导体

图 1.1.5　掺杂质后的半导体

键结构如图 1.1.5(b)所示。

在 P 型半导体中，空穴数远远大于自由电子数。空穴为多数载流子(简称“多子”)，自由电子为少数载流子(简称“少子”)。导电以空穴为主，故此类半导体又称为空穴型半导体。

1.1.2　PN 结及其单向导电特性

1. PN 结的形成

在一块完整的晶片上，通过一定的掺杂工艺，一边形成 P 型半导体，另一边形成 N 型半导体。在交界面两侧形成一个带异性电荷的离子层，称为空间电荷区，并产生内电场，其方向是从 N 区指向 P 区。内电场的建立阻碍了多数载流子的扩散运动，随着内电场的加强，多子的扩散运动逐步减弱，直至停止，使交界面形成一个稳定的特殊的薄层，即 PN 结。因为在空间电荷区内，多数载流子已扩散到对方并复合掉，或者说消耗尽了，因此空间电荷区又称为耗尽层。

2. PN 结的单向导电特性

在 PN 结两端外加电压，称为给 PN 结施以偏置电压。

(1) PN 结正向偏置

给 PN 结加正向偏置电压，即 P 区接电源正极，N 区接电源负极，此时称 PN 结为正向偏置(简称正偏)，如图 1.1.6 所示。由于外加电源产生的外电场的方向与 PN 结产生的内电场方向相反，削弱了内电场，使 PN 结变薄，有利于两区多数载流子向对方扩散，形成正向电流，此时 PN 结处于正向导通状态。

(2) PN 结反向偏置

给 PN 结加反向偏置电压，即 N 区接电源正极，P 区接电源负极，称 PN 结反向偏置（简称反偏），如图 1.1.7 所示。

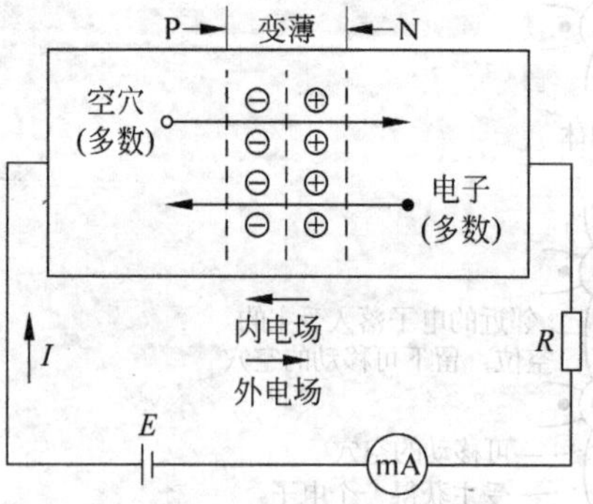

图 1.1.6 PN 结加正向电压

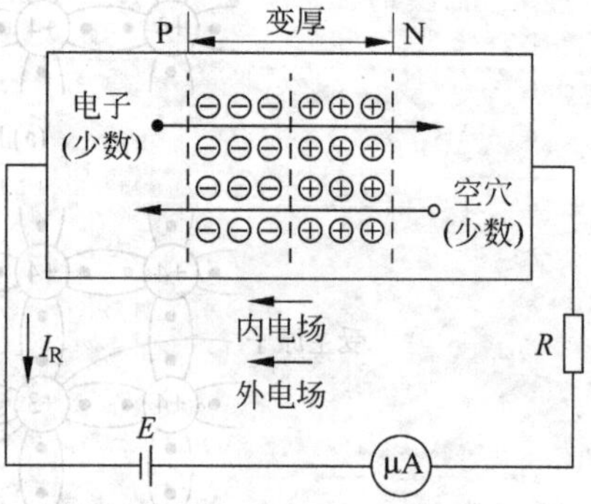

图 1.1.7 PN 结加反向电压

由于外加电场与内电场的方向一致，因而加强了内电场，使 PN 结加宽，阻碍了多数载流子的扩散运动。在外电场的作用下，只有少数载流子形成的很微弱的电流，称为反向电流。应当指出，少数载流子是由于热激发产生的，因而 PN 结的反向电流受温度影响很大。

综上所述，PN 结具有单向导电性，即加正向电压时导通，加反向电压时截止。

(3) 单向导电性演示

图 1.1.8 所示为由二极管、发光二极管、限流电阻、开关及电源等组成的简单电路。电路演示如下：如图 1.1.8(a)所示，闭合开关 S，发光二极管发光，说明电路导通。若二极管管脚调换位置，如图 1.1.8(b)所示，闭合开关 S，发光二极管不发光。由此可知，二极管具有单向导电性。

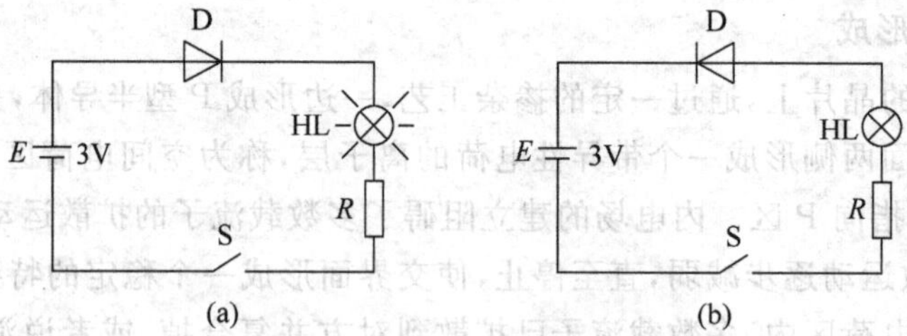

图 1.1.8 半导体二极管导电性能的实验

1.2 半导体二极管

为了便于二极管的应用和识别，要统一规定符号，统一命名，还要测试常用技术参数，测绘各种特性曲线，使使用者尽可能地全面了解每种二极管的属性。

1.2.1　半导体二极管的结构、符号及类型

1. 结构与符号

二极管的结构外形及在电路中的文字符号如图 1.2.1 所示。在图 1.2.1(b)所示电路符号中,箭头指向为正向导通电流方向。

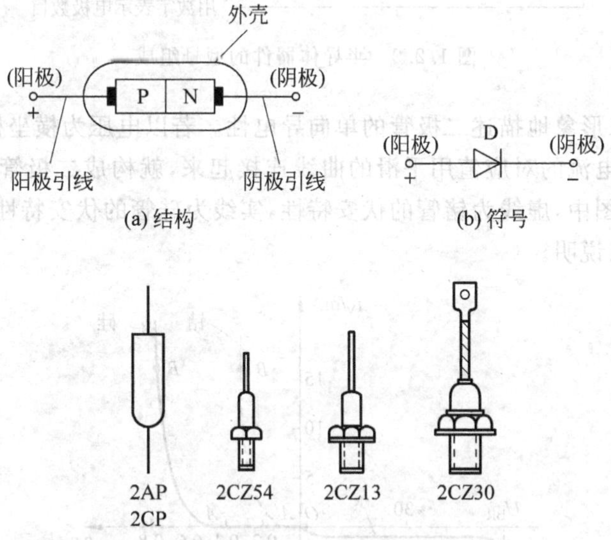

(a) 结构　(b) 符号

(c) 外形

图 1.2.1　二极管结构、符号及外形举例

2. 类型

(1) 按材料分:有硅二极管、锗二极管和砷化镓二极管等。

(2) 按结构分:根据 PN 结面积大小,有点接触型、面接触型二极管。

(3) 按用途分:有整流、稳压、开关、发光、光电、变容、阻尼等二极管。

(4) 按封装形式分:有塑封及金属封二极管。

(5) 按功率分:有大功率、中功率及小功率等二极管。

1.2.2　半导体二极管的命名方法

半导体器件的型号由 5 个部分组成,如图 1.2.2 所示。如 2AP9,“2”表示电极数为 2,“A”表示 N 型锗材料,“P”表示普通管,“9”表示序号。

1.2.3　半导体二极管的伏安特性

半导体二极管的核心是 PN 结,它的特性就是 PN 结的特性——单向导电性。常利

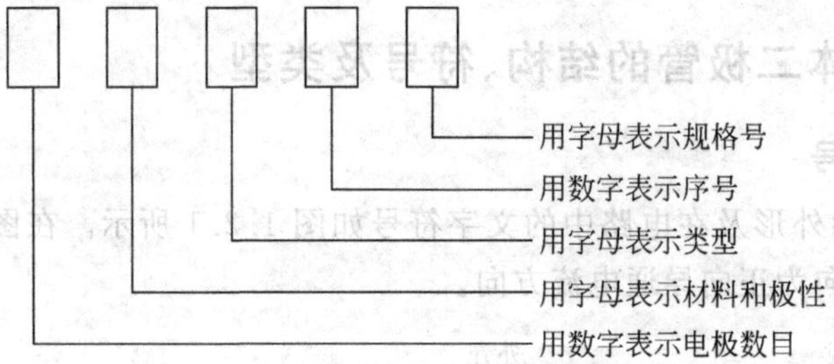

图 1.2.2 半导体器件的型号组成

用伏安特性曲线来形象地描述二极管的单向导电性。若以电压为横坐标，电流为纵坐标，用作图法把电压、电流的对应值用平滑的曲线连接起来，就构成二极管的伏安特性曲线，如图 1.2.3 所示（图中，虚线为锗管的伏安特性，实线为硅管的伏安特性）。下面对二极管伏安特性曲线加以说明。

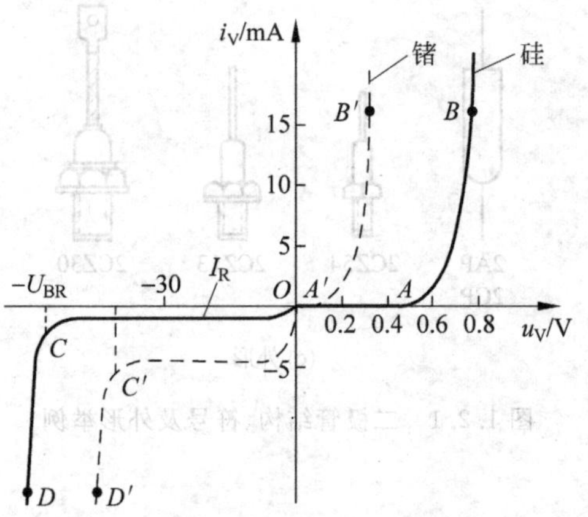

图 1.2.3 二极管伏安特性曲线

1. 正向特性

二极管两端加正向电压时，产生正向电流。当正向电压较小时，正向电流极小（几乎为零），这一部分称为死区，相应的 $A(A')$ 点的电压称为死区电压或门槛电压（也称阈值电压），硅管约为 0.5V，锗管约为 0.1V，如图 1.2.3 中的 $OA(OA')$ 段。当正向电压超过门槛电压时，正向电流急剧增大，二极管呈现很小的电阻而处于导通状态。这时硅管的正向导通压降为 0.6～0.7V，锗管为 0.2～0.3V，如图 1.2.3 中的 $AB(A'B')$ 段。二极管正向导通时，要特别注意它的正向电流不能超过最大值，否则将烧坏 PN 结。

2. 反向特性

二极管两端加上反向电压时，在开始的很大范围内，二极管相当于阻值非常大的电阻，反向电流很小，且不随反向电压而变化。此时的电流称为反向饱和电流 I_R，如图 1.2.3 中的 $OC(OC')$ 段。

3. 反向击穿特性

二极管反向电压加到一定数值时，反向电流急剧增大，这种现象称为反向击穿。此时对应的电压称为反向击穿电压，用 U_{BR} 表示，如图 1.2.3 中的 $CD(C'D')$ 段。

4. 温度对特性的影响

由于二极管的核心是一个 PN 结，它的导电性能与温度有关。温度升高时，二极管正向特性曲线向左移动，正向压降减小；反向特性曲线向下移动，反向电流增大。

1.2.4 半导体二极管的主要参数

(1) 稳定电压 U_{DZ}。即反向击穿电压。由于制造上的原因，同一型号、同一批管子的 U_{DZ} 值并不完全一样，有一定的离散性，而且与温度和工作电流有关，所以不是一个固定值。通过手册查到的 U_{DZ} 值是一个范围，如 2CW13 的 U_{DZ} 值为 5～6.5V。选用时，应以实际测量结果为准。

(2) 稳定电流 I_{DZ}。稳压管正常工作时的电流值，其范围在 $I_{DZmin}\sim I_{DZmax}$。I_{DZ} 较小时，稳压效果不佳，内阻较大；I_{DZ} 过大时，管子功耗也将增大；I_{DZ} 超过管子允许值时，管子将不安全。

(3) 耗散功率 P_M。管子所允许的最大功耗，$P_M = I_{DZmax}U_{DZ}$。管子功耗超过最大允许功耗时，管子将产生热击穿而损坏。

(4) 动态电阻 r_{DZ}。衡量管子稳压性能好坏的重要参数。r_{DZ} 越小，反映管子在击穿段曲线越陡峭，电压越稳定；反之，r_{DZ} 越大，管子稳压性能越差。

$$r_{DZ} = \frac{\Delta U_{DZ}}{\Delta I_{DZ}}$$

(5) 稳定电压的温度系数 K。指稳压管的特性受温度的影响，即温度变化 1℃ 所引起的稳定电压的相对变化量。

$$K = \frac{\dfrac{\Delta U_{DZ}}{U_{DZ}}}{\Delta T}$$

$U_{DZ} < 6$V 的稳压管为负温系数，$U_{DZ} > 6$V 的稳压管为正温系数。而稳定电压在 6V 左右的管子，其温度系数最小。在使用中，为提高稳定电压的温度稳定性，常将正温系数的管子和负温系数的管子串联使用，使其温度系数得到补偿。

(6) 最高工作频率 f_{M+}。由于 PN 结存在结电容，高频电流很容易从结电容通过，从而失去单向导电性，因此规定二极管有一个最高工作频率。当实际工作频率高于最高工作频率时将导致二极管来不及关断，此时的等效电路为一个电容，其大小为该二极管的势垒电容与扩散电容之和，而电容的特性是“通交隔直”。简而言之，超过最高工作频率的二极管相当于一直导通，失去单向导电的特性。

1.2.5 二极管的简易测试

将万用表置于 $R\times100$ 或 $R\times1$k 挡（$R\times1$ 挡的电流太大，$R\times10$k 挡的电压太高，都

易损坏管子),如图 1.2.4(a)所示,这种方式测得的电阻值为小电阻;如图 1.2.4(b)所示,这种方式测得的电阻值为大电阻。当测量值为小电阻时,黑表笔(接电表电池的正极)接的是二极管正极,二极管处于导通状态;当测量值为大电阻时,二极管处于截止状态。

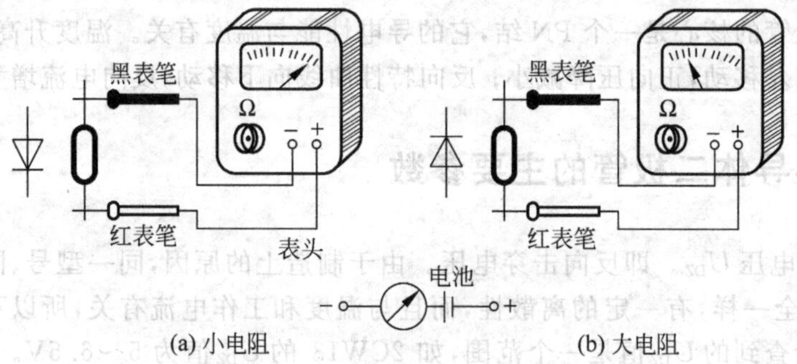

图 1.2.4　万用表简易测试二极管示意图

1.2.6　二极管使用注意事项

使用二极管时,应注意以下事项。

(1) 二极管应按照用途、参数及使用环境选择。

(2) 使用二极管时,正、负极不可接反。通过二极管的电流、承受的反向电压及环境温度等都不应超过手册中所规定的极限值。

(3) 更换二极管时,应用同类型或高一级的二极管代替。

(4) 二极管的引线弯曲处距离外壳端面应不小于 2mm,以免造成引线折断或外壳破裂。

1.2.7　特殊二极管

前面主要讨论了普通二极管,下面介绍一些特殊用途的二极管,如稳压二极管、发光二极管、光电二极管和变容二极管等。

1. 稳压二极管

(1) 稳压二极管的工作特性

稳压二极管简称稳压管,它的特性曲线和符号如图 1.2.5 所示。

(2) 稳压二极管的主要参数

① 稳定电压 U_Z,即反向击穿电压。

② 稳定电流 I_Z,是指稳压管工作在稳压状态时流过的电流。当稳压管稳定电流小于最小稳定电流 I_{Zmin}时,没有稳定作用;大于最大稳定电流 I_{Zmax}时,管子因过流而损坏。

2. 发光二极管

发光二极管简称 LED(Light-Emitting Diode),是由镓(Ga)与砷(AS)、磷(P)的化合

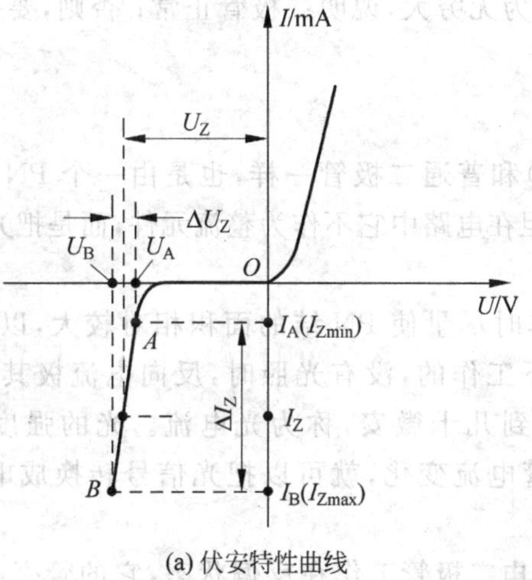

(a) 伏安特性曲线　(b) 符号

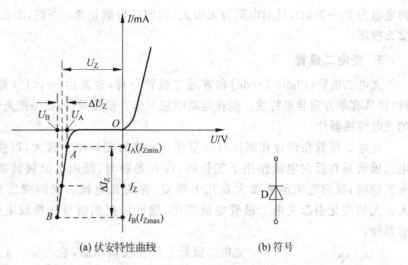

图 1.2.5　稳压二极管的特性曲线和符号

物制成的二极管，当电子与空穴复合时能辐射出可见光，因而可以用来制成发光二极管。磷砷化镓二极管发红光，磷化镓二极管发绿光，碳化硅二极管发黄光。普通单色发光二极管的发光颜色与发光的波长有关，发光的波长又取决于制造发光二极管所用的半导体材料。红色发光二极管的波长一般为 650～700nm，琥珀色发光二极管的波长一般为 630～650nm，橙色发光二极管的波长一般为 610～630nm，黄色发光二极管的波长一般为 585nm 左右，绿色发光二极管的波长一般为 555～570nm。

当给发光二极管加上正向电压后，从 P 区注入 N 区的空穴和由 N 区注入 P 区的电子在 PN 结附近数微米内分别与 N 区的电子和 P 区的空穴复合，产生自发辐射的荧光。在不同的半导体材料中，电子和空穴所处的能量状态不同。当电子和空穴复合时，释放出的能量不同，释放的能量越多，则发出的光的波长越短。常用的是发红光、绿光或黄光的二极管。

发光二极管的反向击穿电压约为 5V。它的正向伏安特性曲线很陡，使用时必须串联限流电阻以控制通过管子的电流。其电路符号如图 1.2.6 所示。

(1) 普通发光二极管

普通发光二极管工作在正偏状态。

检测发光二极管，一般使用万用表 $R\times10k$ 挡，方法和检测普通二极管一样。一般情况下，正向电阻 15kΩ 左右，反向电阻为无穷大。

图 1.2.6　发光二极管电路符号

(2) 红外线发光二极管

红外线发光二极管工作在正偏状态，使用万用表 $R\times1k$ 挡检测。若其正向阻值在 30kΩ 左右，反向阻值为无穷大，表明二极管正常，否则红外线发光二极管性能变差或损坏。

(3) 激光二极管

根据其内部构造和原理，通过测试激光二极管的正、反向电阻来确定其好坏。若其正向电阻为 20～30kΩ，反向电阻为无穷大，说明二极管正常；否则，要么激光二极管老化，要么损坏。

3. 光电二极管

光电二极管(Photo Diode)和普通二极管一样，也是由一个 PN 结组成的半导体器件，也具有单方向导电特性。但在电路中它不作为整流元件，而是把光信号转换成电信号的光电传感器件。

光电二极管在设计和制作时尽量使 PN 结的面积相对较大，以便接收入射光。光电二极管是在反向电压作用下工作的，没有光照时，反向电流极其微弱，称为暗电流；有光照时，反向电流迅速增大到几十微安，称为光电流。光的强度越大，反向电流越大。光的变化引起光电二极管电流变化，就可以把光信号转换成电信号，制成光电传感器件。

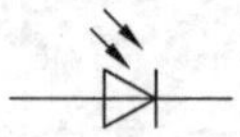

图 1.2.7 光电二极管电路符号

光电二极管工作在反偏状态，它的管壳上有一个玻璃窗口，以便接收光照。光电二极管的检测方法和普通二极管的一样，通常正向电阻为几千欧，反向电阻为无穷大；否则，光电二极管质量变差或损坏。当受到光线照射时，反向电阻显著变化，正向电阻不变。其电路符号如图 1.2.7 所示。

4. 变容二极管

变容二极管(Varactor Diode)又称为可变电抗二极管，是一种利用 PN 结电容(势垒电容)与其反向偏置电压 U_r 的依赖关系及原理制成的二极管。它所用的材料多为硅或砷化镓单晶，并采用外延工艺技术，其反偏电压越大，结电容越小。变容二极管具有与衬底材料电阻率有关的串联电阻，主要参量是零偏结电容、反向击穿电压、中心反向偏压、标称电容、电容变化范围(以 pF 为单位)以及截止频率等。对于不同用途，应选用不同 C 和 U_r 特性的变容二极管，如有专用于谐振电路调谐的电调变容二极管，适用于参放的参放变容二极管，以及用于固体功率源中倍频、移相的功率阶跃变容二极管等。

用于自动频率控制(AFC)和调谐用的小功率二极管称为变容二极管。日本厂商对其有其他多种叫法。通过施加反向电压，可使其 PN 结的静电容量发生变化。因此，变容二极管用于自动频率控制、扫描振荡、调频和调谐等。常见的是采用硅为材料制作的扩散型二极管，还有合金扩散型、外延结合型、双重扩散型等特殊的二极管，这些二极管对于电压而言，其静电容量的变化率特别大。结电容随反向电压 V_R 变化，取代可变电容，用于调谐回路、振荡电路和锁相环路，常用于电视机高频头的频道转换和调谐电路，多以硅材料制作。

变容二极管的工作原理是：当外加正向偏压时，有大量电流产生，PN(正负极)结面的耗尽区变窄，电容变大，产生扩散电容效应；当外加反向偏压时，会产生过渡电容效应。但因加正向偏压时有漏电流产生，所以在实际应用时均供给反向偏压。

变容二极管是利用 PN 结电容可变原理制成的半导体器件，它仍工作在反向偏置状态，其压控特性曲线和电路符号如图 1.2.8 所示。从图 1.2.8 可以看出，当电压逐渐加大时，变容二极管的电容量按非线性曲线减小。

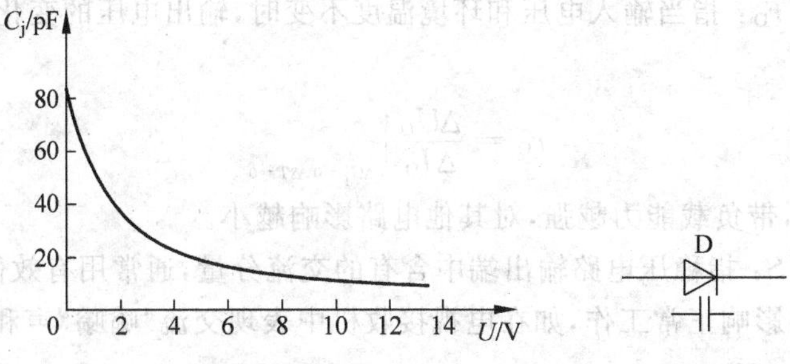

(a) 压控特性曲线　　(b) 电路符号

图 1.2.8　变容二极管的压控特性曲线和电路符号

1.3　稳压电源电路

直流稳压电源一般由变压器、整流电路、滤波电路和稳压电路四部分组成，其框图如图 1.3.1 所示，各部分作用介绍如下：电源变压器的作用是为用电设备提供所需的交流电压；整流器和滤波器的作用是把交流电变换成平滑的直流电；稳压器的作用是克服电网电压、负载及温度变化所引起的输出电压的变化，提高输出电压的稳定性。直流稳压电源分为并联型、串联型及开关型。

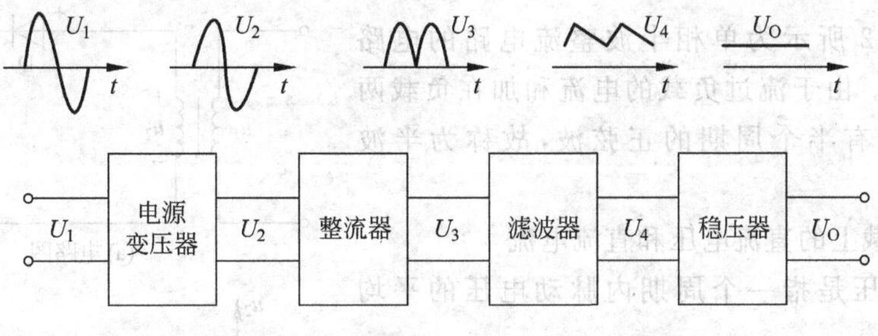

图 1.3.1　直流稳压电源组成方框图

稳压电源的主要技术指标包括特性指标和质量指标。

特性指标指表明稳压电源工作特征的参数，例如输入、输出电压及输出电流，电压可调范围等。

质量指标指衡量稳压电源稳定性能状况的参数，如稳压系数、输出电阻、纹波电压及温度系数等，具体含义简述如下。

① 稳压系数 γ：指通过负载的电流和环境温度保持不变时，稳压电路输出电压的相对变化量与输入电压的相对变化量之比，即

$$\gamma = \left.\frac{\Delta U_O / U_O}{\Delta U_I / U_I}\right|_{\Delta U_I = 0,\ \Delta T = 0}$$

式中，U_I 为稳压电源输入直流电压，U_O 为稳压电源输出直流电压。γ 数值越小，输出电压的稳定性越好。

② 输出电阻 r_O：指当输入电压和环境温度不变时，输出电压的变化量与输出电流变化量之比，即

$$r_O = \frac{\Delta U_O}{\Delta I_O}\bigg|_{\Delta U_I=0,\Delta T=0}$$

r_O 的值越小，带负载能力越强，对其他电路影响越小。

③ 纹波电压 S：指稳压电路输出端中含有的交流分量，通常用有效值或峰值表示。S 值越小越好，否则影响正常工作，如在电视接收机中表现交流"嗡嗡"声和光栅在垂直方向呈现"S"形扭曲。

④ 温度系数 S_T：指在 U_I 和 I_O 都不变的情况下，环境温度 T 变化所引起的输出电压的变化，即

$$S_T = \frac{\Delta U_O}{\Delta T}\bigg|_{\Delta U_I=0,\Delta I_O=0}$$

式中，ΔU_O 为漂移电压。S_T 越小，漂移越小，该稳压电路受温度影响越小。另外，还有其他质量指标，如负载调整率、噪声电压等。

1.3.1 整流电路

1. 单相半波整流电路

(1) 电路的组成及工作原理

图 1.3.2 所示为单相半波整流电路的电路图和波形图。由于流过负载的电流和加在负载两端的电压只有半个周期的正弦波，故称为半波整流。

(2) 负载上的直流电压和直流电流

直流电压是指一个周期内脉动电压的平均值，即

$$U_O \approx 0.45U_2$$

流过负载 R_L 的直流电流为

$$I_O = \frac{U_O}{R_L} \approx 0.45\frac{U_2}{R_L}$$

(3) 整流二极管参数

由图 1.3.2(a)可知，流过整流二极管的平均电流 I_V 与流过负载的电流相等，即

$$I_V = I_O = \frac{0.45U_2}{R_L}$$

当二极管截止时，它承受的反向峰值电压 U_{RM} 是变压器次级电压的最大值，即

$$U_{RM} = \sqrt{2}U_2$$

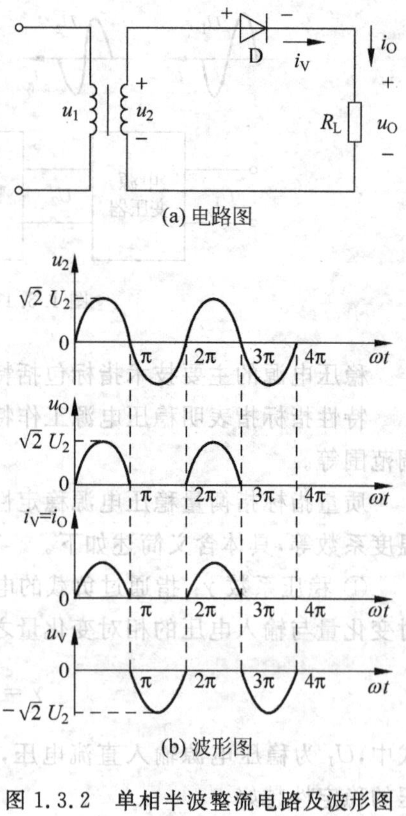

(a) 电路图

(b) 波形图

图 1.3.2 单相半波整流电路及波形图

2. 单相桥式整流电路

(1) 电路的组成及工作原理

桥式整流电路由变压器和 4 只二极管组成，如图 1.3.3(a)～(c)所示。由图 1.3.3(a)可见，4 只二极管接成了桥式。在 4 个顶点中，相同极性接在一起的一对顶点接向直流负载 R_L，不同极性接在一起的一对顶点接向交流电源。其电流通路如图 1.3.3(d)和(e)所示，其输出波形如图 1.3.4 所示。

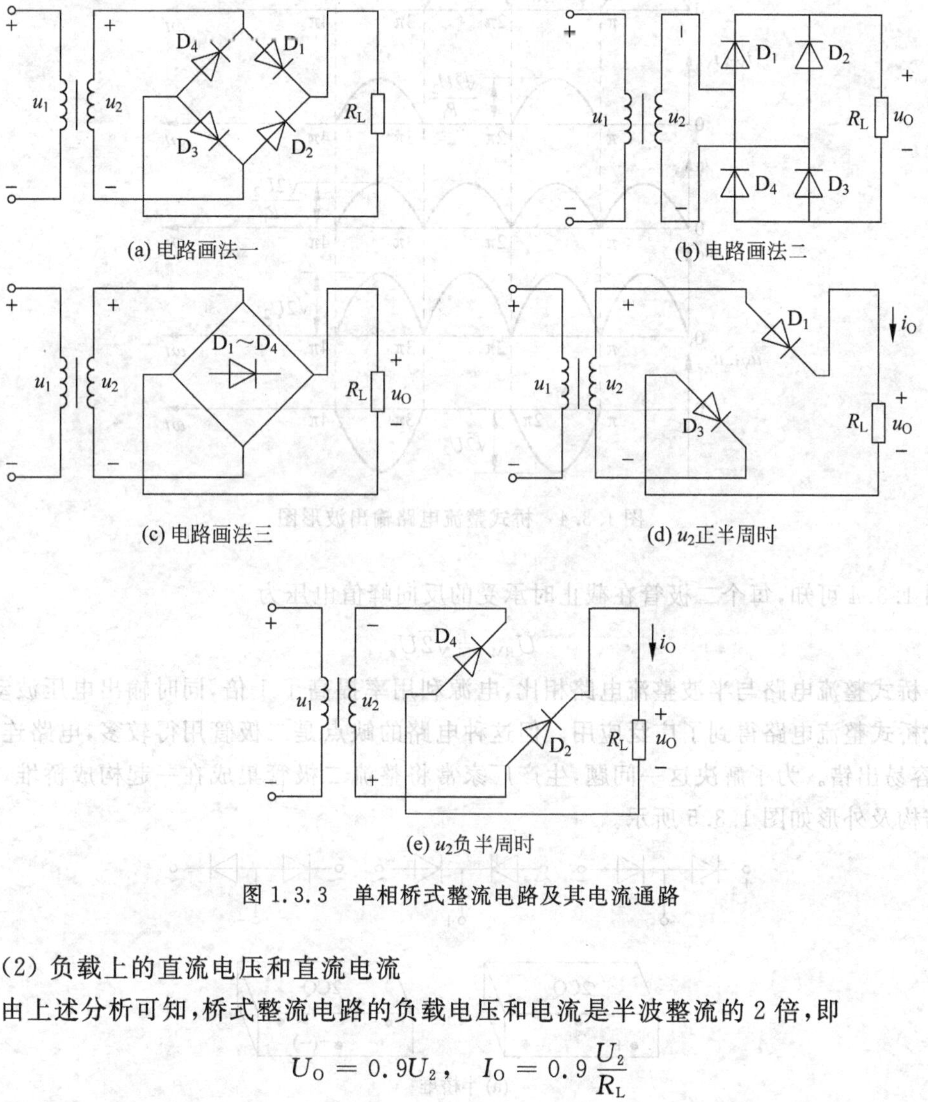

图 1.3.3　单相桥式整流电路及其电流通路

(2) 负载上的直流电压和直流电流

由上述分析可知，桥式整流电路的负载电压和电流是半波整流的 2 倍，即

$$U_O = 0.9U_2,\quad I_O = 0.9\frac{U_2}{R_L}$$

(3) 整流二极管的参数

在桥式整流电路中，因为二极管 D_1、D_3 和 D_2、D_4 在电源电压变化一周内是轮流导通的，所以流过每个二极管的电流都等于负载电流的一半，即

$$I_V = \frac{1}{2}I_O = 0.45\frac{U_2}{R_L}$$

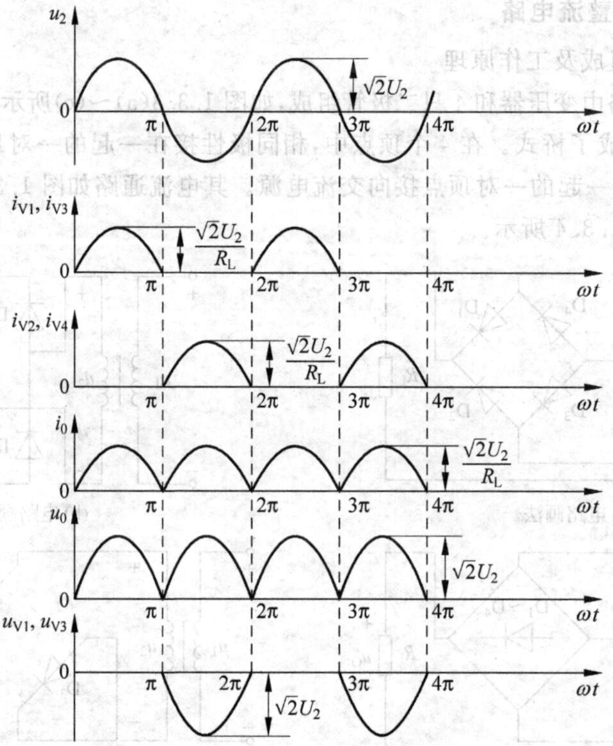

图 1.3.4 桥式整流电路输出波形图

从图 1.3.4 可知，每个二极管在截止时承受的反向峰值电压为

$$U_{RM} = \sqrt{2}U_2$$

桥式整流电路与半波整流电路相比，电源利用率提高了 1 倍，同时输出电压波动小，因此桥式整流电路得到了广泛应用。但这种电路的缺点是二极管用得较多，电路连接复杂，容易出错。为了解决这一问题，生产厂家常将整流二极管集成在一起构成桥堆，其内部结构及外形如图 1.3.5 所示。

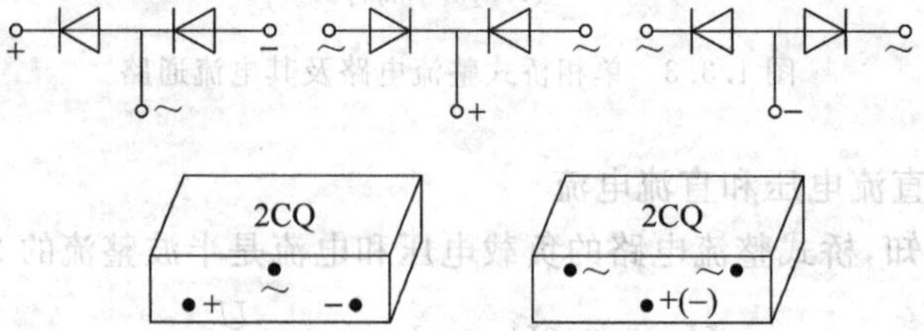

(a) 半桥堆

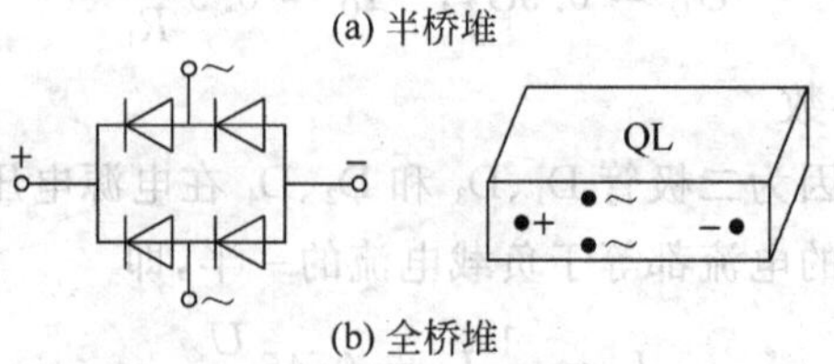

(b) 全桥堆

图 1.3.5 桥堆内部结构及外形图

使用一个"全桥"或连接两个"半桥"，就可代替 4 只二极管与电源变压器相连，组成桥式整流电路，非常方便。选用时，注意桥堆的额定工作电流和允许的最高反向工作电压应符合整流电路的要求。

1.3.2　滤波电路

常见的滤波电路形式如图 1.3.6 所示。

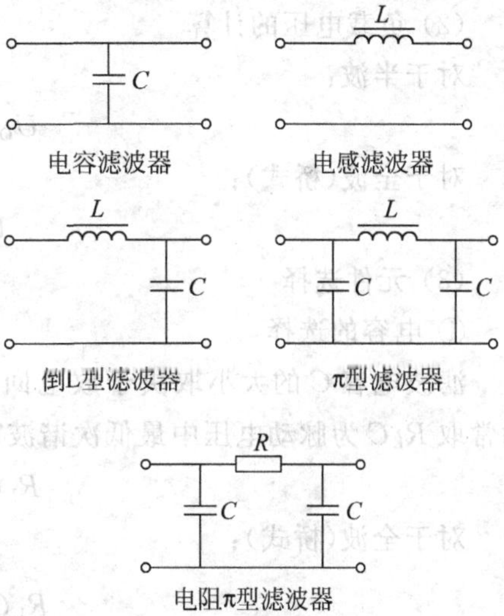

图 1.3.6　各种滤波电路

1. 电容滤波电路

(1) 电路组成及工作原理

图 1.3.7(a)所示为单相半波整流电容滤波电路，它由电容 C 和负载 R_L 并联组成，其工作原理如下：当 u_2 的正半周开始时，若 $u_2>u_C$（电容两端的电压），整流二极管 D 因正向偏置而导通，电容 C 被充电。由于充电回路电阻很小，因而充电很快，u_C 和 u_2 变化同步。当 $\omega t=\pi/2$ 时，u_2 达到峰值，电容 C 两端的电压近似充至 $\sqrt{2}u_2$。

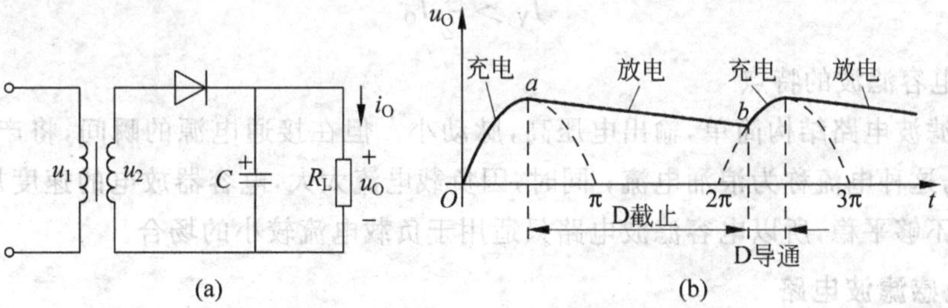

图 1.3.7　半波整流电容滤波电路及波形

在桥式整流电路中加电容进行滤波与半波整流滤波电路的工作原理是一样的，不同点是在 u_2 全周期内，电路中总有二极管导通，所以 u_2 对电容 C 充电两次，电容器向负载放电的时间缩短，输出电压更加平滑，平均电压值自然升高。桥式整流电容滤波电路及波形如图 1.3.8 所示。

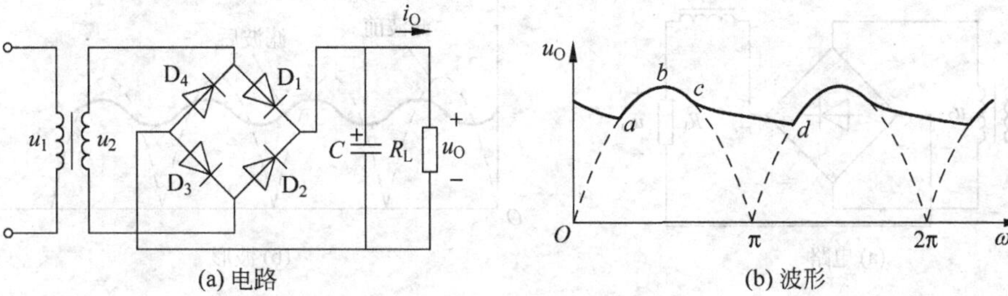

图 1.3.8　桥式整流电容滤波电路及波形

(2) 负载电压的计算

对于半波：

$$U_O \approx 1 \sim 1.1U_2$$

对于全波(桥式)：

$$U_O \approx 1.2U_2$$

(3) 元件选择

① 电容的选择

滤波电容 C 的大小取决于放电回路的时间常数，R_LC 越大，输出电压的脉动越小。通常取 R_LC 为脉动电压中最低次谐波周期的 3～5 倍，即对于半波：

$$R_LC \geqslant (3 \sim 5)T$$

对于全波(桥式)：

$$R_LC \geqslant (3 \sim 5)\frac{T}{2}$$

② 整流二极管的选择

整流二极管要参考其正向平均电流来选择：对于半波：

$$I_V > I_O$$

对于全波(桥式)：

$$I_V > \frac{1}{2}I_O$$

(4) 电容滤波的特点

电容滤波电路结构简单，输出电压高，脉动小。但在接通电源的瞬间，将产生强大的充电电流，这种电流称为浪涌电流；同时，因负载电流太大，电容器放电的速度加快，会使负载电压不够平稳，所以电容滤波电路只适用于负载电流较小的场合。

2. 电感滤波电路

电感线圈 L 和负载的串联电路同样具有滤波作用，如图 1.3.9 所示，整流滤波输出的电压可以看成由直流分量和交流分量叠加而成。因电感线圈的直流电阻很小，交流电抗很大，故直流分量顺利通过，交流分量将全部降到电感线圈上，在负载 R_L 将得到比较平滑的直流电压。电感滤波电路的输出电压为

$$U_O = 0.9U_2$$

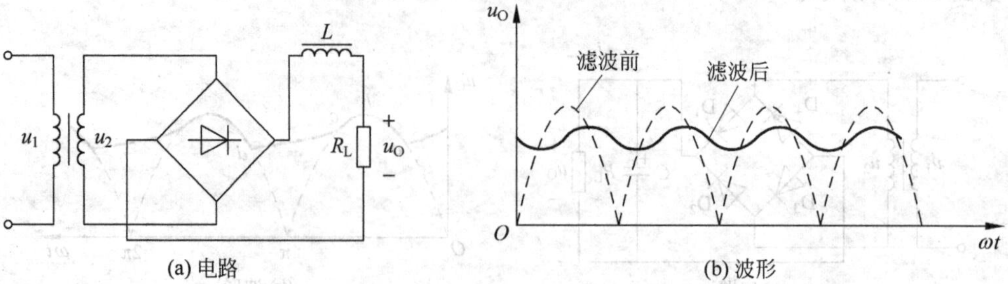

图 1.3.9 桥式整流电感滤波电路及波形

1.3.3　三端集成稳压器电路

为了得到没有纹波的直流稳压电源，人们除了采用以上滤波手段外，还设计了稳压滤波综合电路，将这些综合电路集成到一起，就形成了稳压集成块。下面具体讨论三端稳压器的使用方法。

集成稳压器是指将调整管、取样放大、基准电压、启动和保护电路等全部集成在一片导体芯片上而形成的一种稳压集成块。它具有体积小、可靠性高、使用简单等特点，尤其是集成稳压器具有多种保护功能，包括过流保护、过压保护和过热保护，因而得到了广泛的应用。

三端集成稳压器是最常见的稳压器件，它有 3 个外部接线端子，即输入端、输出端和公共端。三端集成稳压器可分为固定式集成稳压器和可调式集成稳压器。

1. 三端固定电压输出集成稳压器及其应用电路

三端固定式集成稳压器的通用产品主要有 CW7800 系列（输出固定正电源）和 CW7900 系列（输出固定负电源）。输出电压由具体型号的后两位数字表示，有 5V、6V、9V、12V、15V 等；其额定输出电流以 78(79)后面的字母来区分，L 表示 0.1A，M 表示 0.5A，无字母表示 1.5A。例如，CW7812 表示稳压输出＋12V 电压，额定输出电流为 1.5A。三端固定式集成稳压器外形和引脚排列如图 1.3.10 所示。

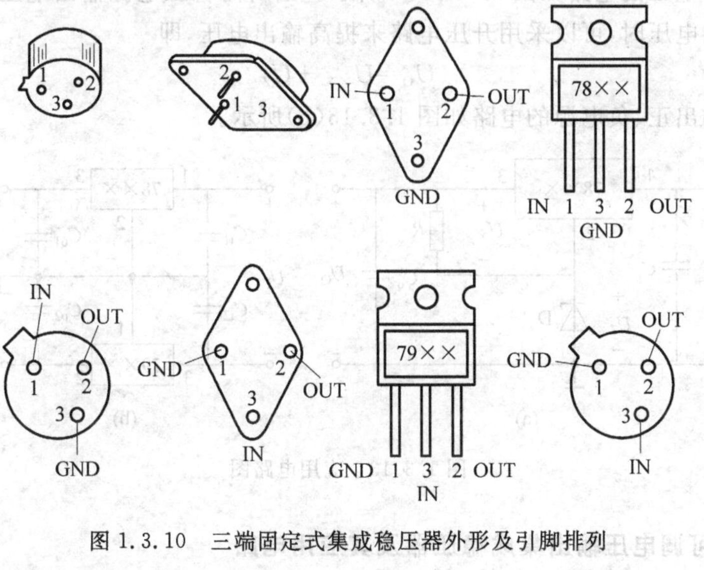

图 1.3.10　三端固定式集成稳压器外形及引脚排列

三端固定式集成稳压器的型号组成及其意义如图 1.3.11 所示。

三端集成稳压器的基本应用电路如图 1.3.12 所示。

图 1.3.12(a)所示是用 CW78××组成的输出固定电压的稳压电路，图 1.3.12(b)所示是用 CW79××组成的输出固定电压的稳压电路。电路中，C_i 的作用是消除输入连线较长时其电感效应引起的自激振荡，减小纹波电压。在输出端接电容 C_o，用于消除电路

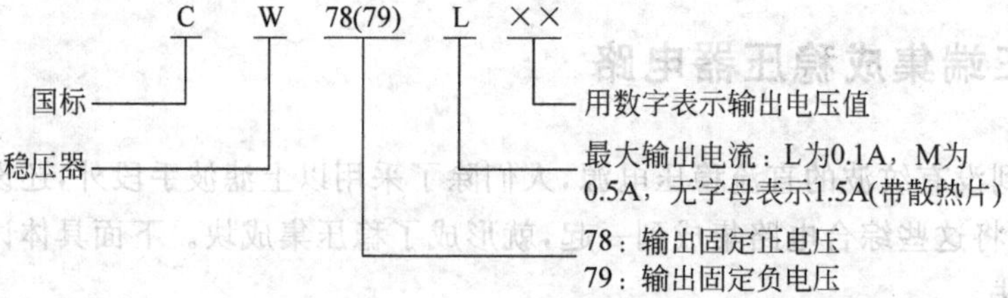

图 1.3.11 三端固定式集成稳压器的型号组成及其意义

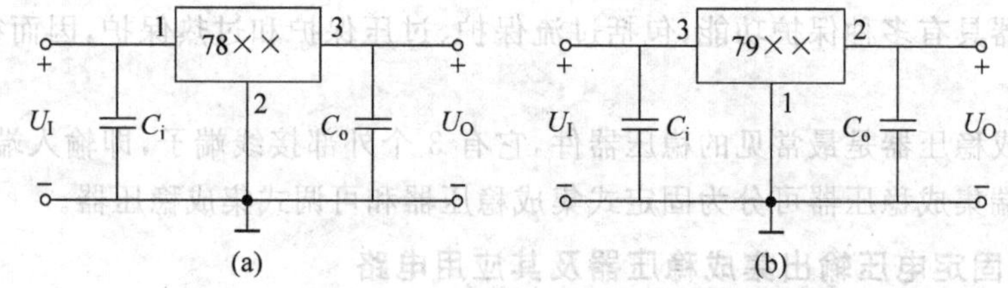

图 1.3.12 三端集成稳压器的基本应用电路

高频噪声。一般情况下，C_i 选用 0.33μF，C_o 选用 0.1μF。电容的耐压应高于电源的输入电压和输出电压。若 C_o 容量较大，一旦输入端断开，C_o 将从稳压器输出端向稳压器放电，易使稳压器损坏。因此，可在稳压器的输入端和输出端之间跨接一个二极管，起保护作用。

提高输出电压的电路如图 1.3.13(a)所示。当所需稳压电源输出电压高于集成稳压器的标准输出电压时，可以采用升压电路来提高输出电压，即

$$U_O = U_{\times\times} + U_Z$$

能同时输出正、负电源的电路如图 1.3.13(b)所示。

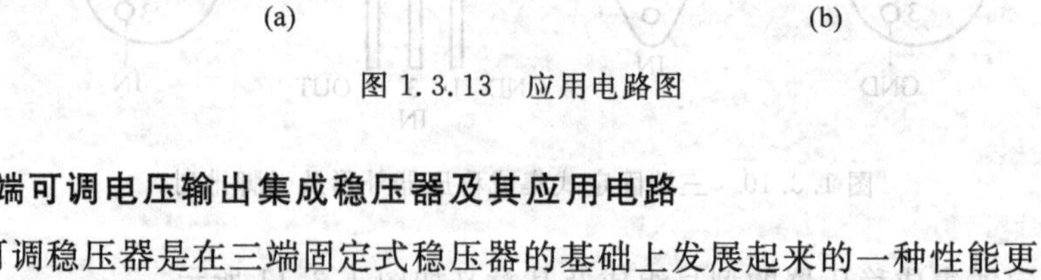

图 1.3.13 应用电路图

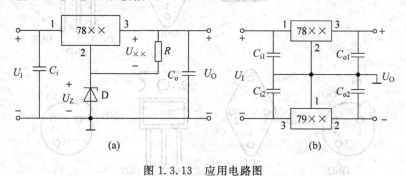

2. 三端可调电压输出集成稳压器及其应用电路

三端可调稳压器是在三端固定式稳压器的基础上发展起来的一种性能更为优异的集成稳压器件，它除了具备三端固定式稳压器的优点外，还可用少量的外接元件，实现大范围的输出电压连续调节，应用更为方便。三端可调稳压器的引脚排列如图 1.3.14 所示，其典型产品有：输出正电压的 CW117、CW217、CW317 系列；输出负电压的 CW137、CW237、CW337 系列。根据输出电流的大小，每个系列又分为 L 型系列($I_O \leqslant 0.1$A)和 M

型系列($I_O \leqslant 0.5$A)。如果不标 M 或 L,表示该器件的 $I_O \leqslant 1.5$A。

三端可调集成稳压器输出端与调整端之间的电压为基准电压 U_{REF}。正常工作时,只要在输出端外接两个电阻,就可获得所要求的输出电压值。

三端可调稳压器的基本应用电路如图 1.3.15 所示。由图可知:

$$U_O = U_{R1} + U_{R2} = U_{REF} + \left(\frac{U_{REF}}{R_1} + I_{REF}\right)R_2$$

$$= U_{REF}\left(1 + \frac{R_2}{R_1}\right) + I_{REF}R_2 \approx 1.25 \times \left(1 + \frac{R_2}{R_1}\right)$$

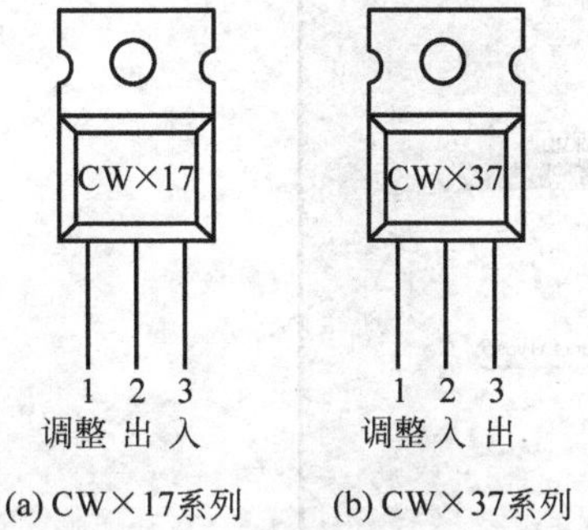

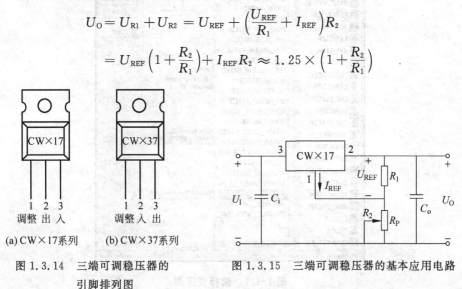

图 1.3.14　三端可调稳压器的引脚排列图

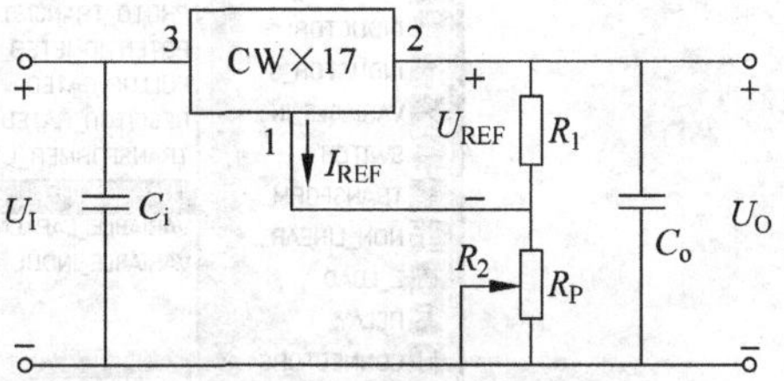

图 1.3.15　三端可调稳压器的基本应用电路

应注意,在使用集成稳压器时,要正确选择输入电压的范围,保证输入电压比输出电压至少高 2.5～3V,即要有一定的压差;在使用中、大电流三端稳压器时,应加装足够尺寸的散热器,并保证散热器与集成稳压器的散热头(或金属底座)之间接触良好,必要时两者之间要涂抹导热胶,以加强导热效果。

1.4　二极管的仿真测试

采用 Multisim 仿真时,二极管有很多种类,还有 3D 器件。下面具体讨论常用电路的仿真测试。

1.4.1　半波整流电路仿真

采用 Multisim 仿真半波整流电路时,先启动仿真软件进入编辑界面,然后执行 Place|Component 命令,弹出如图 1.4.1 所示窗口。选中变压器(RATED_VIRTUAL/TRANSFORMER_RATED)放入电路工作区,再依次放入交流信号源、电阻、二极管和示波器,然后连好线,如图 1.4.2 所示。为了减少纹波,在输出端加接电容,如图 1.4.3 所示。仿真后的结果如图 1.4.4 所示。

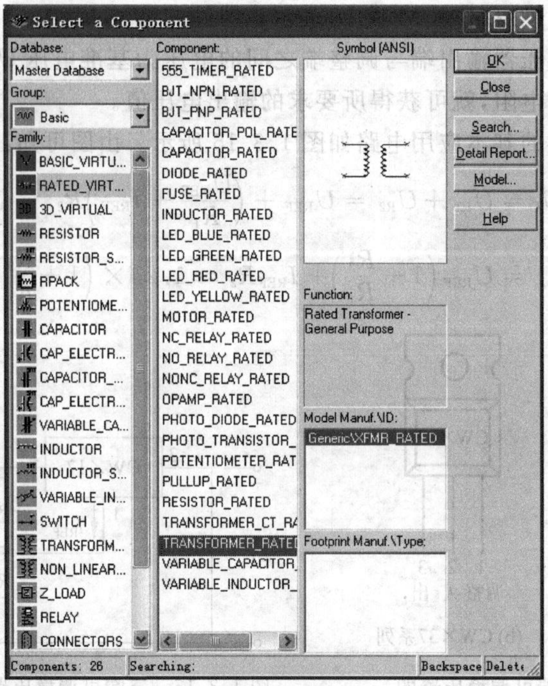

图 1.4.1 选择变压器

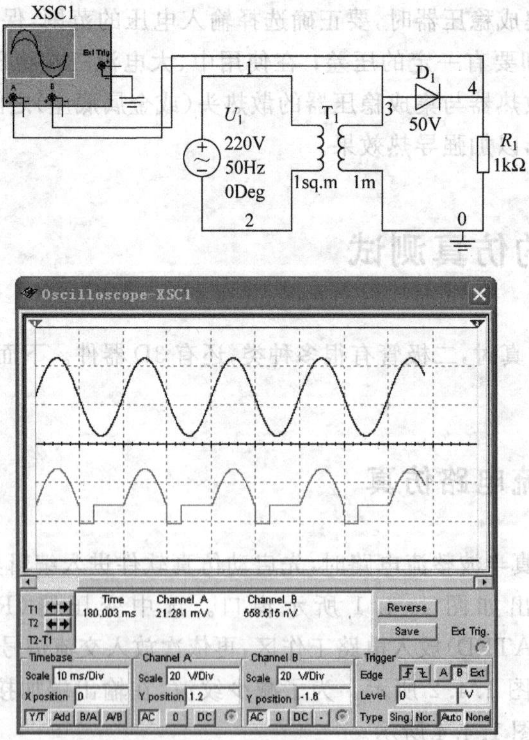

图 1.4.2 半波整流电路仿真图

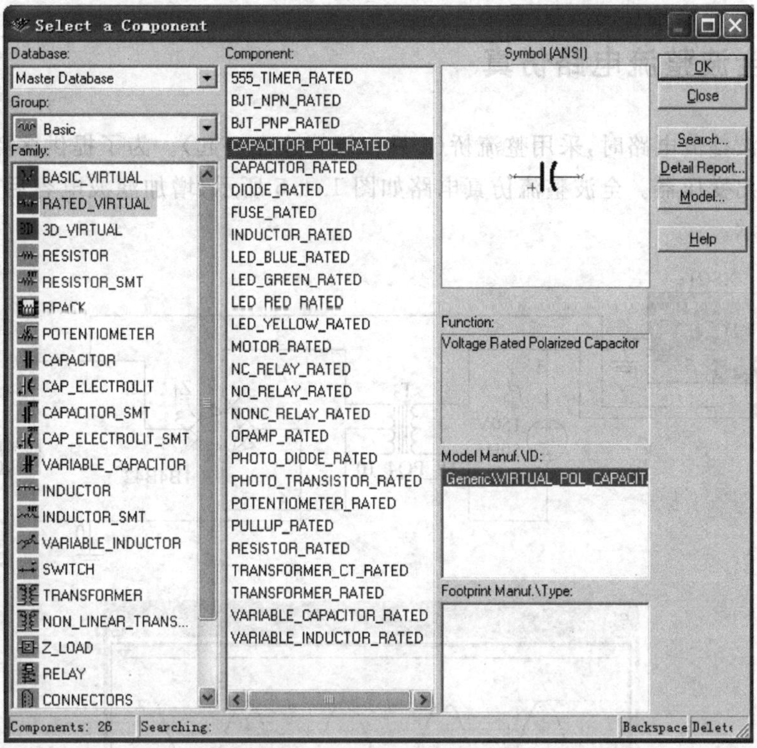

图 1.4.3　选择电容 R_1

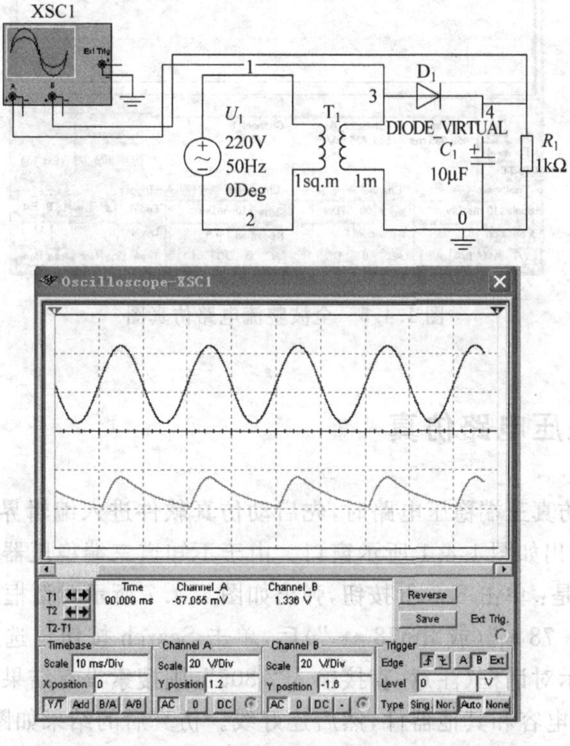

图 1.4.4　增加滤波电容后的半波整流电路仿真图

1.4.2 全波整流电路仿真

仿真全波整流电路时，采用整流桥(4 只二极管连在一起)。为了提供多路电压，次级采用 2 路输出变压器。全波整流仿真电路如图 1.4.5 所示，增加滤波电容后的仿真图如图 1.4.6 所示。

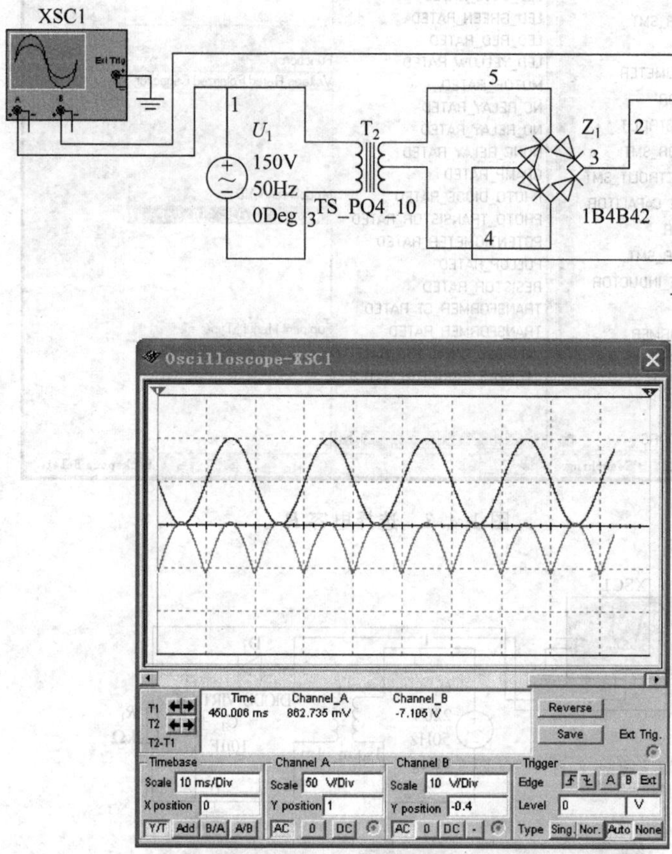

图 1.4.5 全波整流电路仿真图

1.4.3 三端稳压电路仿真

采用 Multisim 仿真三端稳压电路时，先启动仿真软件进入编辑界面，然后执行 Place|Component 命令，弹出如图 1.4.1 所示窗口。由于不知道三端稳压器在哪个库，要用搜索的方法来查找，方法是：单击 Search 按钮，弹出如图 1.4.7 所示对话框。在 Component(器件)文本框中输入“ * 78 * ”(或“lm78 ** ”)后，单击 Search 按钮。选中“LM7805CT”，将弹出如图 1.4.8 所示对话框(注意，直接输入“7805”，则搜索没有结果)。将器件放入电路工作区，再依次放入电容和其他器件，然后连好线。仿真后的结果如图 1.4.9 所示。

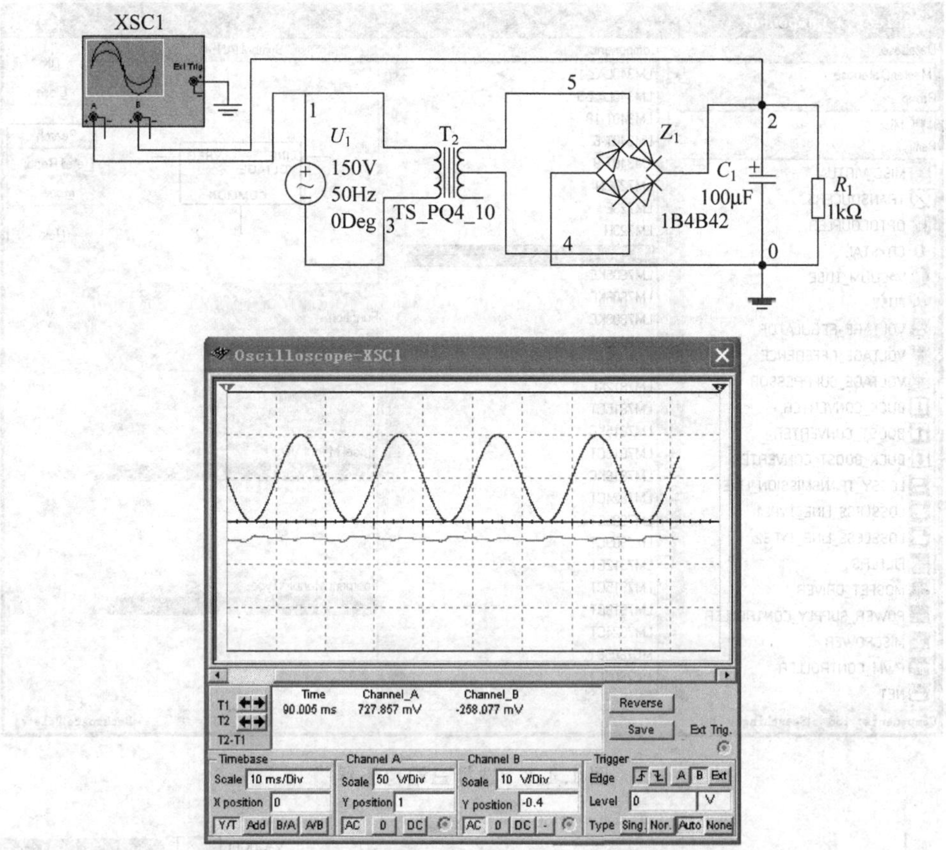

图 1.4.6　增加滤波电容后的全波整流电路仿真图

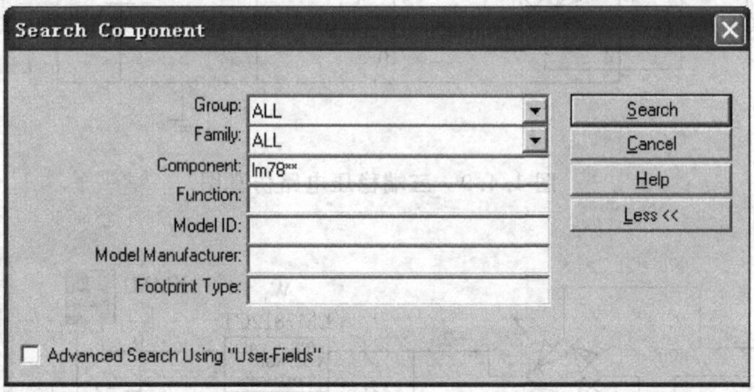

图 1.4.7　器件搜索对话框

在图 1.4.9 所示电路中，如果用示波器进行观察，可见输出电压几乎没有纹波，接近一条光滑的直线，其稳压效果很理想。

在实际应用中，有时需要正、负电源，常用的为±12V 和±15V。下面给出了常用的±12V 电源电路，7812 稳压输出+12V 电压，7912 稳压输出−12V 电压。注意，两个三端稳压器的各引脚定义有区别，使用中不要搞错。其具体电路和仿真如图 1.4.10 所示。

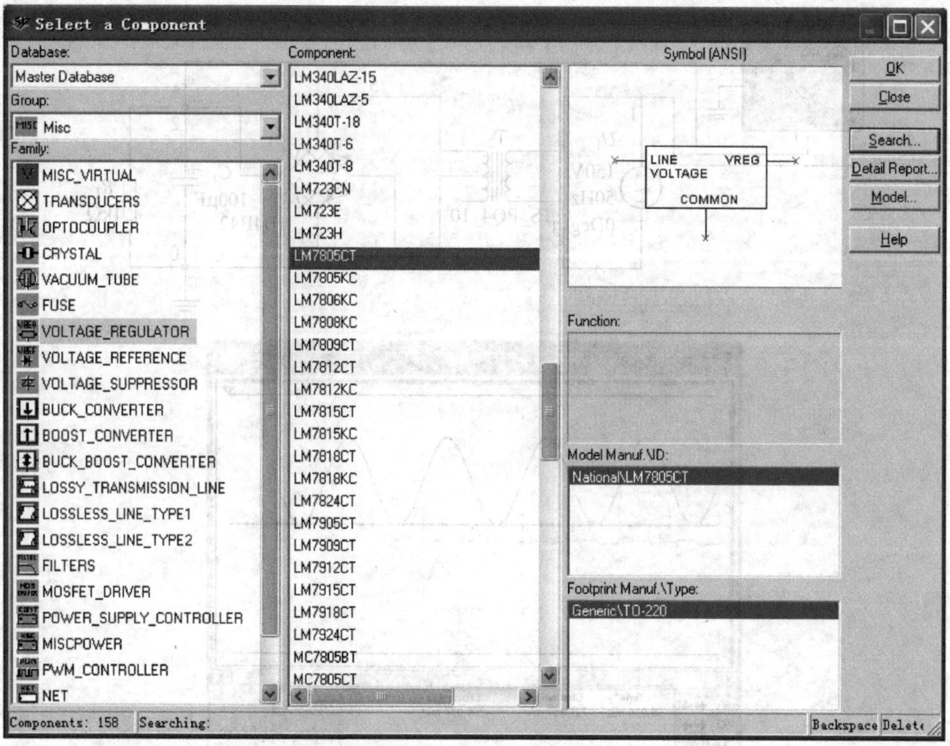

图 1.4.8　选择三端稳压器

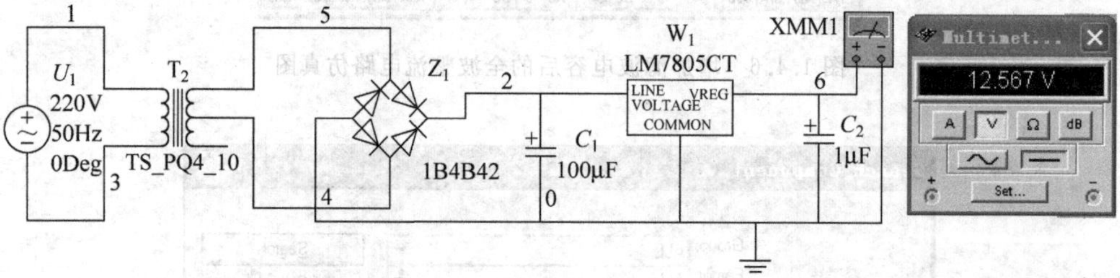

图 1.4.9　三端稳压电路仿真图

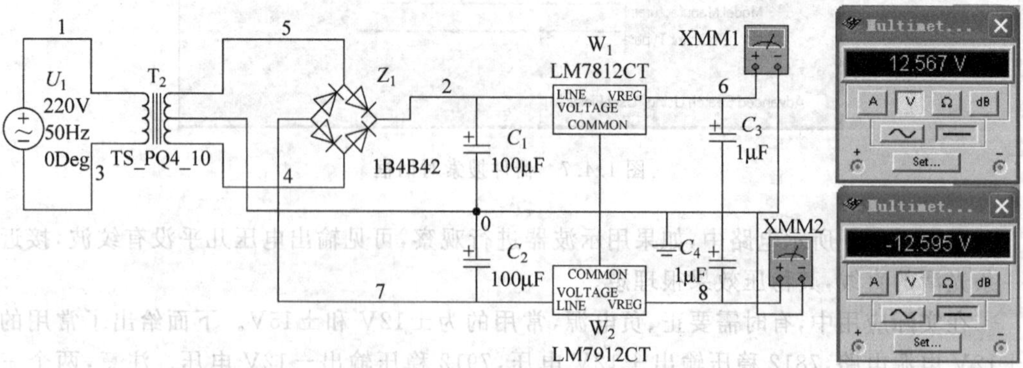

图 1.4.10 正、负电源输出电路仿真图

1.4.4　5V 稳压电源制作

任何高级、复杂的电子产品都是经过电路设计、原理图绘制、PCB 版图绘制、印制电路板制作、元器件购买、元器件焊接、整机调试以及组装出厂等几个步骤。每一个复杂的电路图都是由最基本的单元电路组成的，单元电路又是由每一个元器件组成，主要元件包括电阻、电容、电感、晶体管(二极管、三极管、场效应管)、集成块等 5 种。电子电路的神奇奥妙就在于此，一切电路由这些元器件组合而成。下面具体讨论手工制作稳压电路的方法。

1. 用万能板制作

由于制作印制电路板较贵，时间较长，一般先用万能板替代印制板，用户自己按原理图焊接好电路，更利于锻炼技能。这对于初学者来说特别重要，首先必须通过手工连线、焊接。用耐高温连接线连接，可焊接出很美观的电路。

用户可以用万能板自己焊接电路。首先开列元器件清单，再到市场上购买器件，然后按电路图 1.4.9 焊接。

变压器购买时先要设计直流输出电压值，5V 直流输出时变压器为 220V/9V，12V 直流输出时变压器为 220V/15V，整流部分电流为 3～5A 的整流桥，电容 C_1 选用 0.33μF/25V，C_2 选用 0.1μF/16V。

2. 实物测试

实物测试仪器有一块万用表即可，有示波器更好。测试方法为：焊接好电路后，用万用表测试输出端电容 C_2 两端的电压，若为设计值，则电路制作成功。

3. 电路检修方法

测量电路中各有关点的电压，是一种最常用、最基本的电路检查方法。常规的电压检查是以电原理图所标注的各点的直流电压(即对地直流电压)为准进行的。这种常规的电压测量比较简单，用户只要会使用万用表就可以完成。

先测量图 1.4.9 所示稳压电路图中 4、5 两点之间的交流电压，应为 7.5V；再测量 C_1 两端的电压，应为 9V 左右；然后测量 C_2 两端的电压，应为 5V。只要一步一步地检查，所有故障都能排除。

1.5　半导体三极管

三极管是一种具有放大作用的半导体器件，分双极型晶体管和场效应管两大类。双极型晶体管由两种极性的载流子参与导电，故称双极型晶体管；而场效应管只由一种极性的载流子参与导电，故场效应晶体管又称单极型晶体管。本节主要讨论双极型晶体管的结构、特性及应用电路。

1.5.1 三极管的结构与分类

1. 三极管的结构与电路符号

三极管是由三层不同性质的半导体两个 PN 结组成的器件。三极管的结构示意图如图 1.5.1(a)所示。按半导体的组合方式不同,将其分为 NPN 型管和 PNP 型管。

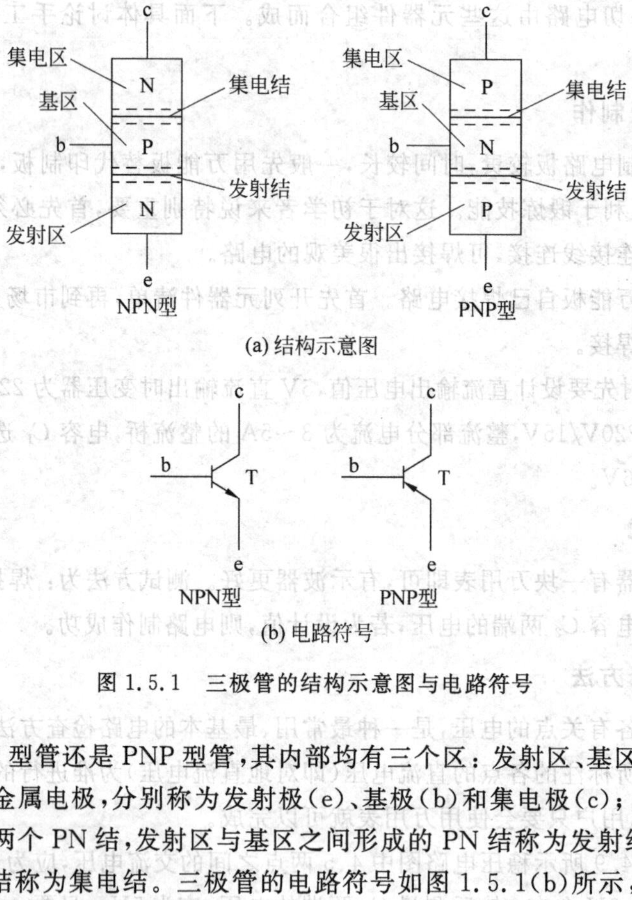

图 1.5.1 三极管的结构示意图与电路符号

无论是 NPN 型管还是 PNP 型管,其内部均有三个区:发射区、基区和集电区。从三个区各引出一个金属电极,分别称为发射极(e)、基极(b)和集电极(c);同时在三个区的两个交界处形成两个 PN 结,发射区与基区之间形成的 PN 结称为发射结,集电区与基区之间形成的 PN 结称为集电结。三极管的电路符号如图 1.5.1(b)所示,符号中的箭头表示发射结正向偏置时的电流方向。

2. 三极管的分类

三极管的种类很多,按其结构,分为 NPN 管和 PNP 管;按其制作材料,分为硅管和锗管;按其工作频率,分为高频管和低频管;按其功率,分为小功率管和大功率管;按其用途,分为放大管和开关管等。

3. 三极管的外形结构

常见三极管的外形结构如图 1.5.2 所示。

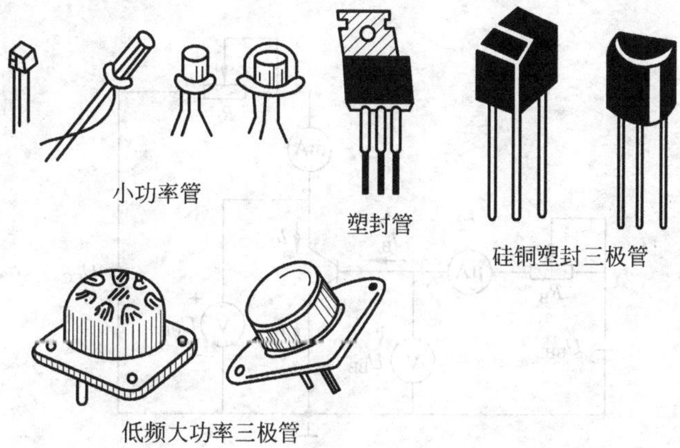

图 1.5.2 常见三极管的外形结构

1.5.2 三极管的电流分配与放大作用

三极管实现放大作用的外部条件是发射结正向偏置，集电结反向偏置。图 1.5.3(a)所示为 NPN 管的偏置电路，图 1.5.3(b)所示为 PNP 管的偏置电路。

在上述条件下，三极管的三极电流如图 1.5.4 所示，并具有如下关系。

(1) $I_E = I_C + I_B$。

(2) I_C 比 I_B 大得多，如下式所示，其值近似为常数，称为三极管电流放大系数。

$$\beta = \frac{I_C}{I_B}$$

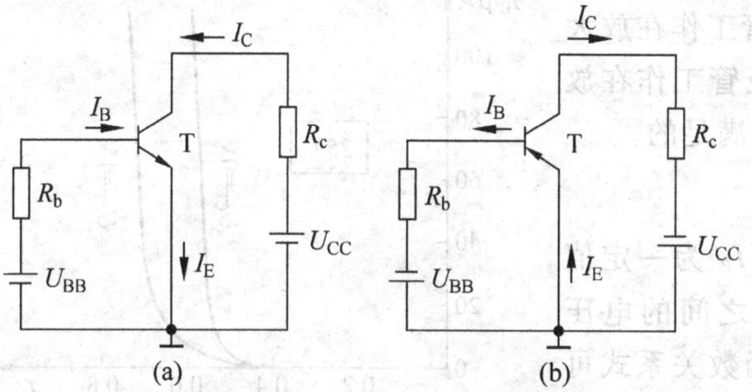

图 1.5.3 三极管具有放大作用的外部条件

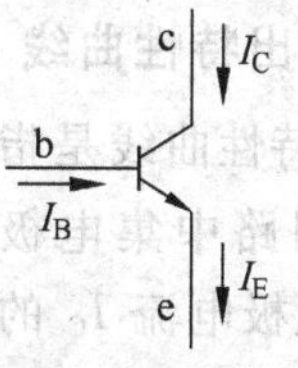

图 1.5.4 三极管内部电流分配关系

1.5.3 三极管的特性曲线

三极管的特性曲线是指各电极间电压和电流之间的关系曲线，表明三极管的输入特性和输出特性。输入特性是指 U_{CE} 一定时，输入电压 U_{BE} 和输入电流 I_B 的关系；输出特性是指 I_B 一定时，U_{CE} 和 I_C 的关系。输入特性和输出特性可以通过实测得到，测试电路如图 1.5.5 所示。

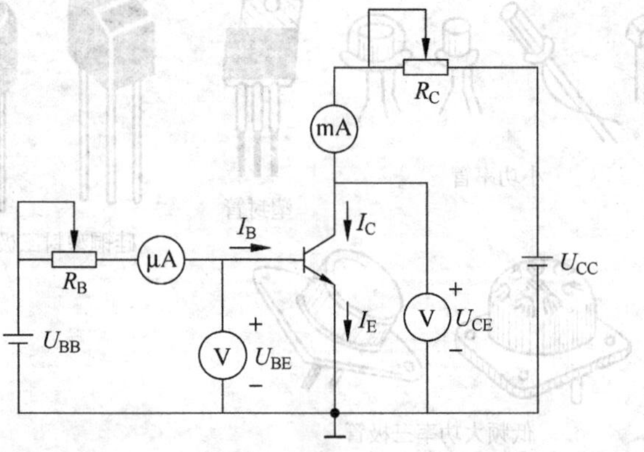

图 1.5.5 三极管特性曲线的测试电路

1. 输入特性曲线

输入特性曲线是指U_{CE}为一定值时，加在三极管的基极和发射极之间的电压U_{BE}与它所产生的基极电流I_B之间的关系，用函数表达式表示为

$$I_B = f(U_{BE})\,|_{U_{CE}=\text{常数}}$$

用图 1.5.5 所示电路可绘制三极管的输入特性曲线。先调整输入回路中的可调电阻R_B，测量基极电流I_B和发射极电压U_{BE}。对应一个电压测量一个电流，电压每改变 0.1V，测量一次电流，同时保证U_{CE}为"0"。将测量数据输入表格，然后按表格数据在坐标图中描点，最后将所有点连接起来，组成的曲线如图 1.5.6(a)所示。其中，$U_{CE}=0$ 的曲线完全和二极管的伏安特性曲线中的正向特性一致；$U_{CE}>1\text{V}$ 的曲线是三极管工作在放大状态时的输入特性曲线，因为三极管工作在放大状态时，$U_{CE}>1\text{V}$ 的条件一定是满足的。

2. 输出特性曲线

输出特性曲线是指基极电流I_B为一定值时，输出回路中集电极和发射极之间的电压U_{CE}与集电极电流I_C的关系，用函数关系式可表示为

$$I_C = f(U_{CE})\,|_{I_B=\text{常数}}$$

用图 1.5.5 所示电路可绘制三极管的输出特性曲线。先给定基极电流I_B一个值(例如 20μA)，调整输出回路中的可调电阻R_C，对应一个电流I_C，测量一次集电极电压U_{CE}。将测量数据输入表格，按表格数据在坐标图中描点，然后将所有点连接起来，组成的曲线如图 1.5.6(b)中的一支，分别给定I_B为 40μA、80μA、100μA，得出一族特性曲线，如图 1.5.6(b)

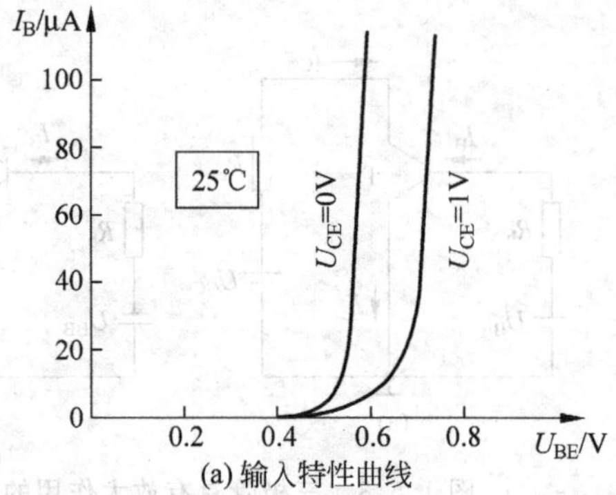

(a) 输入特性曲线

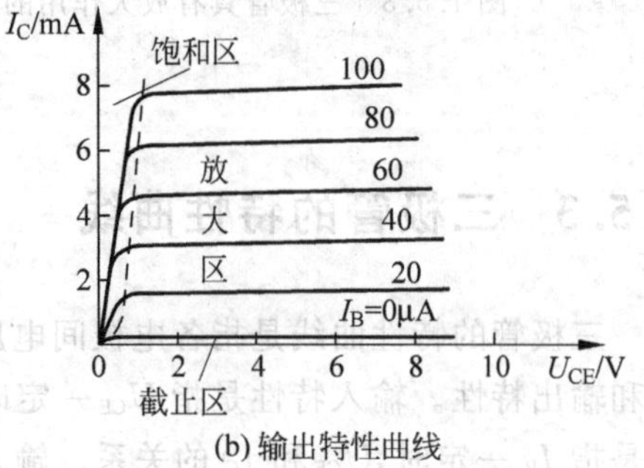

(b) 输出特性曲线

图 1.5.6 三极管的特性曲线

所示，这一族特性曲线组成输出特性曲线。

对输出特性曲线的分析如下。

① 当 $U_{CE}=0V$ 时，$I_C \approx 0V$，曲线过坐标原点。

② $I_B=0$ 时，在外加电压 U_{CE} 下，$I_C=I_{CEO}\approx 0$（I_{CEO} 称为三极管的穿透电流）。

③ 若 I_B 为某固定值时，在 U_{CE} 较小的时候，随着 U_{CE} 的增大，使 I_C 迅速增大，即图 1.5.6(b)中特性曲线的起始上升部分；当 U_{CE} 继续增大，I_C 不能继续增大而趋于平缓，即图 1.5.6(b)中特性曲线的平坦部分，在这一区域，U_{CE} 的变化很大，而 I_C 的变化很小，呈现一种动态电阻很大的恒流特性。此时，$I_C \approx \beta I_B$，I_C 几乎和 U_{CE} 无关。

④ 当调整 I_B 为不同的值时，可得到一族曲线，如图 1.5.6(b)所示。当 $U_{CE}>1V$ 以后，随着 I_B 的增大，I_C 也跟着增大，体现了 I_B 对 I_C 的控制作用，因此，三极管属于电流控制的电流源。通常，输入特性曲线和输出特性曲线也可以在专用的特性图示仪上测出。

3. 三极管的三种工作状态

三极管的三种工作状态是指截止状态、放大状态和饱和状态。三极管三种工作状态的条件、参数关系及其应用如表 1.5.1 所示。三极管三种工作状态的条件和参数关系，是检测放大电路中三极管正常工作与否的主要依据。

表 1.5.1 三极管三种工作状态的条件、参数关系及其应用

工作状态	截止状态	放大状态	饱和状态
条件	发射结反偏 集电结反偏	发射结正偏 集电结反偏	发射结正偏 集电结正偏
参数关系	$I_B=0$ $U_{CE}\approx V_{CC}$ $I_C\approx 0$	$I_C\approx\beta I_B$ $U_{CE}\approx V_{CC}-I_C R_C$	$I_C=\frac{U_{CC}}{R_C}\neq\beta I_B$ $U_{CE}\approx 0$
应用	开关电路	放大电路	开关电路

(1) 放大区

三极管的发射极加正向电压，集电极加反向电压导通后，I_B 控制 I_C，I_C 与 I_B 近似于线性关系。在基极加上一个小信号电流，将引起集电极大的信号电流输出。

当测试各极电压时，发射极(e 极)和集电极(c 极)的电压超过一定数值后，$I_C \approx \beta I_B$。三极管具有电流放大作用，放大器处于放大区，基极电压最低高于发射极电压一个 PN 结电压值(发射极处于正向偏置)，集电极电压高于基极电压(集电极处于反向偏置)。

(2) 饱和区

当测试各极电压时，基极电压高于发射极电压，发射结正偏。集电极电压低于或等于基极电压，集电结也正偏。基极电流的变化对集电极电流的影响很小，集电极电流不受基极电流控制，两者不成比例，三极管处于饱和状态。此时，$I_C\neq\beta I_B$。

(3) 截止区

三极管工作在截止状态时，若发射结电压 U_{BE} 小于 0.6～0.7V(硅管)的导通电压，发射结反偏，发射结没有导通，集电结也处于反向偏置，没有放大作用。

当 $I_B=0$ 时，$I_C=0$。对于 NPN 型硅管，当基极(b 极)与发射极间电压 $U_{BE}<0.5V$

时，管子已经开始截止，但为了使其可靠截止，通常给发射极加上反向偏置电压，使发射极和集电极都处于反向偏置。

(4) 开关状态

当三极管在饱和模式(开状态)与截止模式(关状态)之间切换时，称为开关工作方式。判断三极管是否处于开关状态的方法(用万用表测量)是看 $U_{CE} \leqslant U_{BE}$ 是否成立。若 U_{CE} 间的电压很小，小于 PN 结正向压降(<0.7V)，则三极管处于饱和状态。当三极管处于关状态时，基极电流 $I_B=0$。

1.5.4 三极管的主要参数

三极管的参数用来表征其性能和适用范围，也是评价三极管质量以及选择三极管的依据。常用的主要参数有以下几项。

(1) 电流放大系数 β

三极管的放大倍数通常有两个，一个是交流放大倍数，一个是直流放大倍数。厂家给定的参数是交流放大倍数，也就是集电极电流变化量与基极电流变化量之比。通常在业余条件下测的是直流放大倍数，就是把上述变化量改为静态量。

(2) 反向饱和电流

① 集电极-基极反向饱和电流 I_{CBO}。是指发射极开路($I_E=0$)，基极和集电极之间加上规定的反向电压 U_{CB} 时的集电极反向电流。它只与温度有关，在一定温度下是个常数。对于性能良好的三极管来说，I_{CBO} 很小。小功率锗管的 I_{CBO} 为 1～10μA，大功率锗管的 I_{CBO} 可达数毫安；硅管的 I_{CBO} 非常小，是毫微安级的。

② 集电极-发射极反向饱和电流 I_{CEO}(穿透电流)。是指基极开路($I_B=0$)，集电极和发射极之间加上规定的反向电压 U_{CE} 时的集电极电流。I_{CEO} 大约是 I_{CBO} 的 β 倍，即 $I_{CEO}=(1+\beta)I_{CBO}$。I_{CBO} 和 I_{CEO} 受温度影响极大，它们是衡量三极管热稳定性的重要参数，其值越小，性能越稳定。小功率锗管的 I_{CEO} 比硅管的大。

$$I_{CEO}=(1+\beta)I_{CBO}$$

③ 发射极-基极反向电流 I_{EBO}。是指集电极开路的情况下，在发射极与基极之间加上规定的反向电压时的发射极电流。它实际上是发射极的反向饱和电流。

(3) 直流电流放大系数 β(或 H_{EF})

β 是指在共发射接法的情况下，没有交流信号输入时，集电极输出的直流电流与基极输入的直流电流的比值。

(4) 集电极最大允许电流 I_{CM}

当集电极电流 I_C 增加到某一数值，引起 β 值下降到额定值的 2/3 或 1/2 时，此时的 I_C 值称为 I_{CM}。所以当 I_C 超过 I_{CM} 时，虽然不致使三极管损坏，但 β 值显著下降，影响放大质量。

(5) 击穿电压

① 集电极-基极击穿电压 U_{CBO}：当发射极开路时，集电结的反向击穿电压称为 U_{CBO}。

② 发射极-基极反向击穿电压 U_{EBO}：当集电极开路时，发射结的反向击穿电压称

为 U_{EBO}。

③ 集电极-发射极击穿电压 U_{CEO}：当基极开路时，加在集电极和发射极之间的最大允许电压。使用时如果 $U_{CE}>U_{CEO}$，管子会被击穿。

(6) 集电极最大耗散功率 P_{CM}

集电极最大耗散功率是指三极管正常工作时最大允许消耗的功率。若集电极电流超过 I_{CM}，三极管的温度要升高，管子会因受热而引起参数的变化。不超过允许值时的最大集电极耗散功率称为 P_{CM}。管子实际的耗散功率是集电极直流电压和电流的乘积，即 $P_C=U_{CE}\times I_C$。实际应用中应使 $P_C<P_{CM}$。P_{CM} 与散热条件有关，增加散热片可提高 P_{CM} 的值。

1.5.5 温度对三极管的特性与参数的影响

三极管是一种对温度很敏感的元件，温度对三极管的影响主要体现在以下几个方面。

(1) 温度对 U_{BE} 的影响

三极管的输入特性曲线与二极管的正向特性曲线相似，温度升高，曲线左移，如图 1.5.7(a)所示。在 I_B 相同的条件下，输入特性随温度升高而左移，使 U_{BE} 减小。温度每升高 1℃，U_{BE} 减小 2～2.5mV。

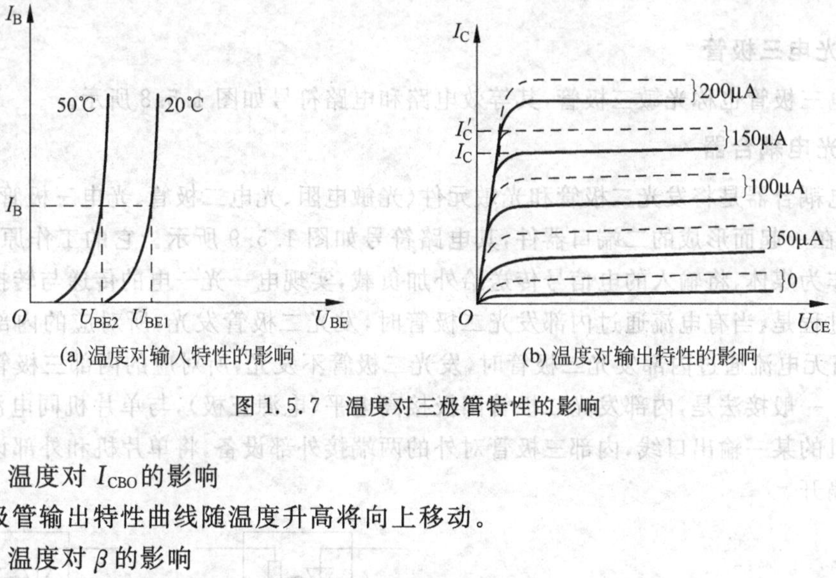

(a) 温度对输入特性的影响　　(b) 温度对输出特性的影响

图 1.5.7　温度对三极管特性的影响

(2) 温度对 I_{CBO} 的影响

三极管输出特性曲线随温度升高将向上移动。

(3) 温度对 β 的影响

温度升高，三极管输出特性各条曲线之间的间隔增大。

1.5.6 三极管的判别及手册的查阅方法

要准确地了解一只三极管的类型、性能与参数，可用专门的测量仪器进行测试。若要粗略判别三极管的类型和引脚，可直接通过三极管的型号来完成，也可利用万用表进行测量。下面具体介绍三极管型号的意义及利用万用表进行简单测量的方法。

1. 三极管型号的意义

三极管的型号标注一般由五大部分组成，如 3AX31A、3DG12B、3CG14G 等。下面以 3DG110B 为例说明各部分的命名含义。

$$\underset{(1)}{\underline{3}}\quad\underset{(2)}{\underline{\mathrm{D}}}\quad\underset{(3)}{\underline{\mathrm{G}}}\quad\underset{(4)}{\underline{110}}\quad\underset{(5)}{\underline{\mathrm{B}}}$$

(1) 第一部分由数字组成，表示电极数。“3”代表三极管。

(2) 第二部分由字母组成，表示三极管的材料与类型。例如，“A”表示 PNP 型锗管，“B”表示 NPN 型锗管，“C”表示 PNP 型硅管，“D”表示 NPN 型硅管。

(3) 第三部分由字母组成，表示三极管的类型，即表明管子的功能。

(4) 第四部分由数字组成，表示三极管的序号。

(5) 第五部分由字母组成，表示三极管的规格号。

2. 三极管手册的查阅方法

三极管手册中一般包含三极管的型号、电参数符号说明、主要用途以及主要参数等内容。

对三极管手册的查阅分为以下两种情况：一是已知三极管的型号，查阅其性能参数和使用范围；二是根据使用要求选择三极管。

1.5.7 特殊三极管

1. 光电三极管

光电三极管也称光敏三极管，其等效电路和电路符号如图 1.5.8 所示。

2. 光电耦合器

光电耦合器是将发光二极管和光敏元件(光敏电阻、光电二极管、光电三极管、光电池等)组装在一起而形成的二端口器件，其电路符号如图 1.5.9 所示。它的工作原理是，以光信号作为媒体，将输入的电信号传送给外加负载，实现电—光—电的传递与转换。光耦的工作过程是，当有电流通过内部发光二极管时，发光二极管发光，所对应的内部三极管导通；当无电流通过内部发光二极管时，发光二极管不发光，所对应的内部三极管不导通(断开)。一般接法是，内部发光二极管阳极接高电平(电源正极)，与单片机同电源；阴极接单片机的某一输出口线，内部三极管对外的两端接外部设备，将单片机和外部设备在电气上分隔开。

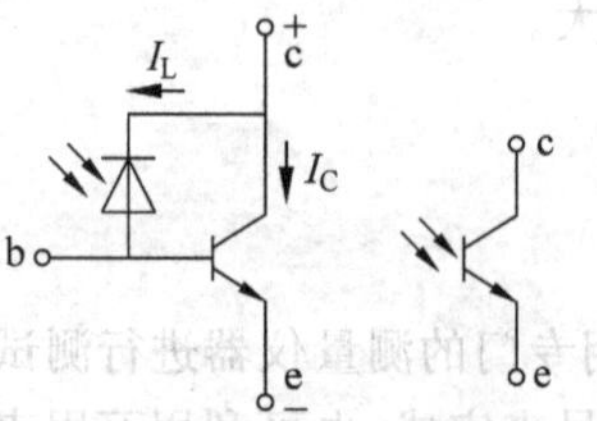

(a) 等效电路　(b) 电路符号

图 1.5.8　光电三极管的等效电路与电路符号

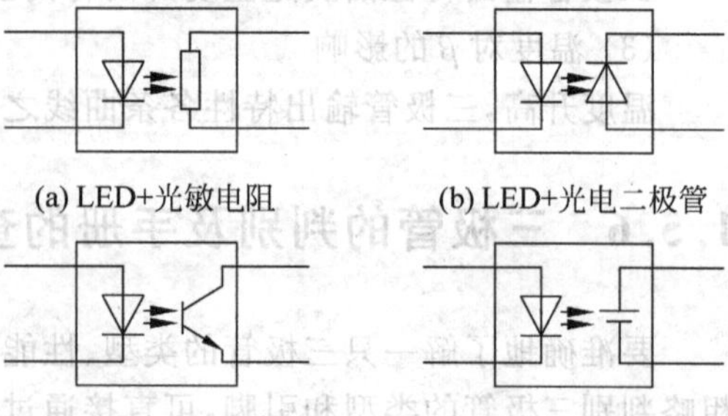
(a) LED+光敏电阻　(b) LED+光电二极管

(c) LED+光电三极管　(d) LED+光电池

图 1.5.9　光电耦合器电路符号

光电耦合器主要用在高压开关、信号隔离器、电平匹配等电路中，起信号的传输和隔离作用。

1.5.8 三极管的仿真测试

采用 Multisim 仿真时，三极管有 NPN 和 PNP 两种，还有 3D 器件。下面具体讨论三极管测试电路的仿真测试。

1. 输入特性仿真

仿真时，按 A 键（增加）或 Shift＋A 键（减小）来增加或减少仿真可变电阻阻值，每按键一次，阻值改变 5%；每改变一次，测量一次电流和电压，同时调整输出回路串入的电阻值，保证 U_{CE}为"1"。由于仿真时可用多个可变电阻，就要分别设定增加和减少的方式，不然会一起动，方法是，右击要设定的器件，在弹出的快捷菜单中执行"属性（Properties）"命令，弹出如图 1.5.10 所示的对话框，在 Value 选项卡的 Key 下拉列表框中选中一个字母，将其定义为该器件的控制字母，以后控制时，按键盘上对应的字母即可。

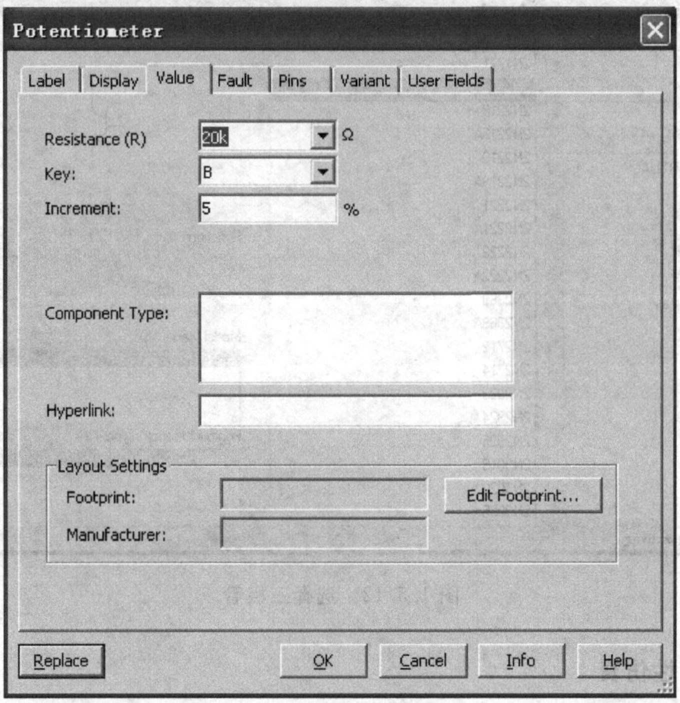

图 1.5.10 设定控制方式

启动仿真软件进入编辑界面，执行 Place|Component 命令，弹出如图 1.5.11 所示窗口，选中电源（POWER_SOURCES/DC_POWER）放入电路工作区，再放入三极管，如图 1.5.12 所示。然后，依次放入可调电位器和万用表，再连好线，如图 1.5.13 所示。双击仪表打开表盘，仿真后的结果如图 1.5.14 所示。将所有测试数据输入表格，然后按表

格数据在坐标图中描点，最后将所有点连接起来，组成的曲线如图 1.5.6(a)所示。

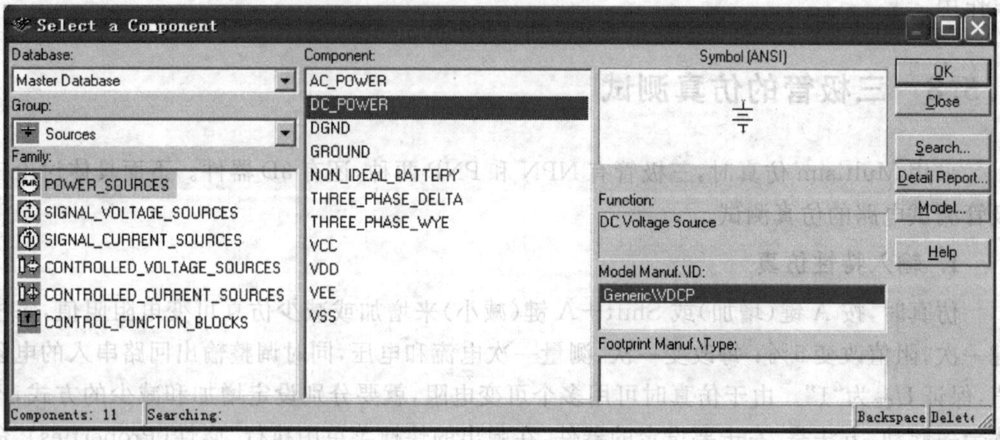

图 1.5.11 选择电源

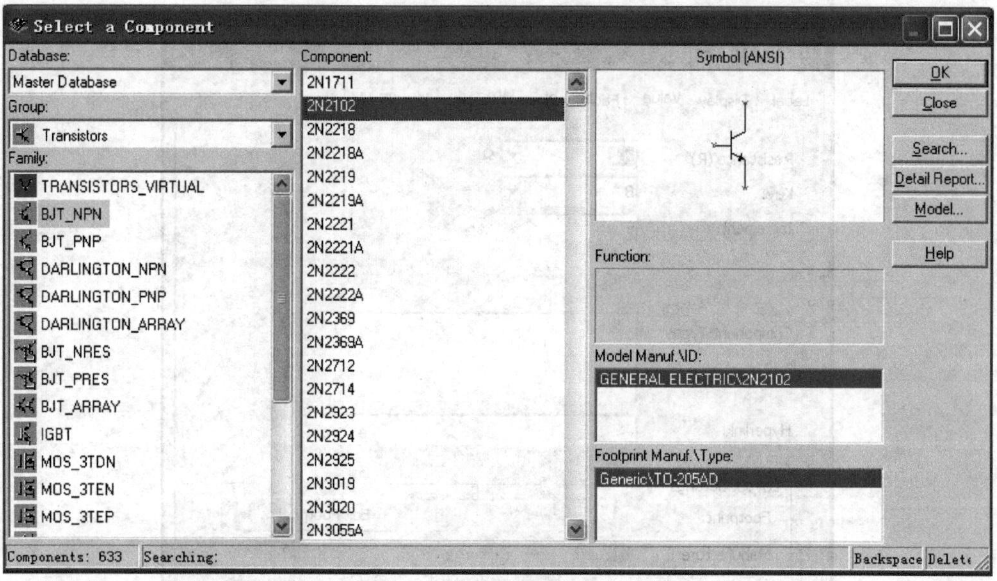

图 1.5.12 选择三极管

2. 输出特性仿真

仿真电路如图 1.5.14 所示。给定输入回路电阻 R_1，给定基极电流 I_B(例如 27.9μA)，仿真后的数据显示如图 1.5.14 所示。调整输出回路电阻 R_4，对应一个电流 I_C，测量一次集电极电压 U_{CE}。将所有测量数据输入表格，然后按表格数据在坐标图中描点，最后将所有点连接起来，组成的曲线如图 1.5.6(b)中的一支。分别给定 I_B 为 40μA、80μA 和 100μA，得到一族特性曲线，如图 1.5.6(b)所示。这一族特性曲线组成三极管的输出特性曲线。

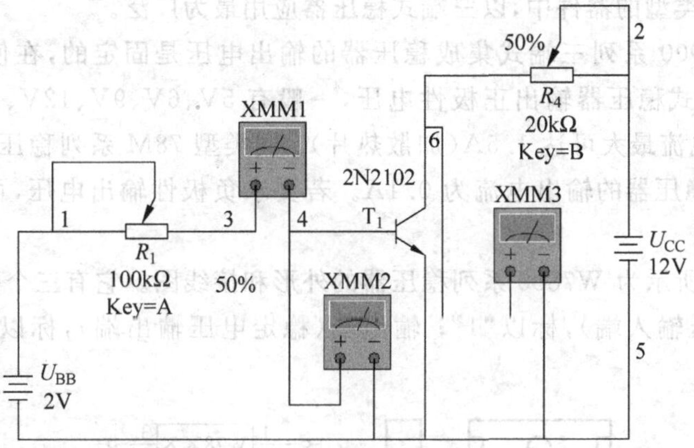

图 1.5.13 输入特性电路图

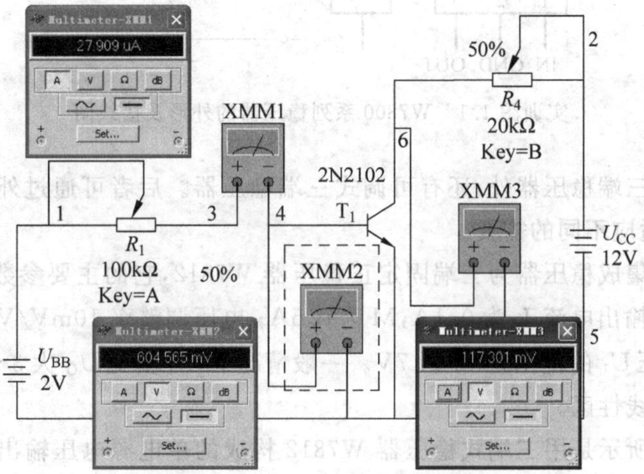

图 1.5.14 输入特性仿真图

实训1 输出正负电压的集成稳压电源的制作与测试

[实训目的]

1. 研究集成稳压器的特点和性能指标的测试方法。
2. 了解集成稳压器扩展性能的方法。
3. 掌握集成稳压电源的制作方法。

[实训原理]

随着半导体工艺的发展，稳压电路被制成了集成器件。由于集成稳压器具有体积小，外接线路简单，使用方便，工作可靠和通用性强等优点，在各种电子设备中应用十分普遍，基本上取代了由分立元件构成的稳压电路。集成稳压器的种类很多，应根据设备对直流电源的要求来选择。对于大多数电子仪器、设备和电子电路来说，通常选用串联线性集成稳压器。在这种类型的器件中,以三端式稳压器应用最为广泛。

W7800、W7900 系列三端式集成稳压器的输出电压是固定的,在使用中不能调整。W7800 系列三端式稳压器输出正极性电压,一般有 5V、6V、9V、12V、15V、18V 和 24V 七个档次,输出电流最大可达 1.5A(加散热片)。同类型 78M 系列稳压器的输出电流为 0.5A,78L 系列稳压器的输出电流为 0.1A。若要求负极性输出电压,可选用 W7900 系列稳压器。

实训图 1.1 所示为 W7800 系列稳压器的外形和接线图。它有三个引出端,分别是输入端(不稳定电压输入端),标以"1";输出端(稳定电压输出端),标以"3";公共端,标以"2"。

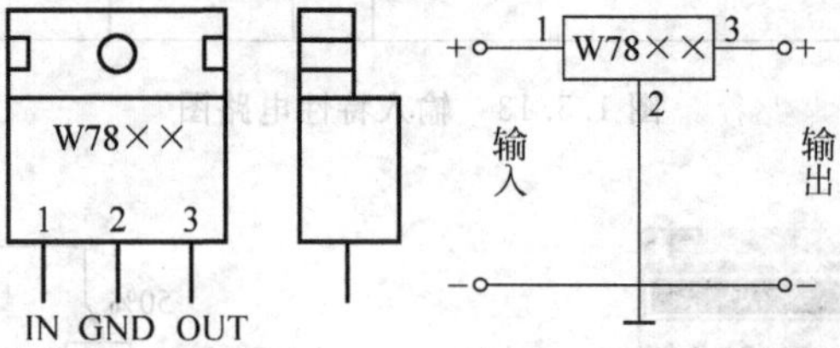

实训图 1.1 W7800 系列稳压器的外形及接线图

除固定输出三端稳压器外,还有可调式三端稳压器。后者可通过外接元件对输出电压进行调整,以适应不同的需要。

本实训所用集成稳压器为三端固定正稳压器 W7812,它的主要参数有:输出直流电压 $U_O=+12V$;输出电流 L 为 0.1A,M 为 0.5A;电压调整率 10mV/V;输出电阻 $R_O=0.15\Omega$;输入电压 U_I 的范围是 15~17V。一般情况下,U_I 要比 U_O 大 3~5V,才能保证集成稳压器工作在线性区。

实训图 1.2 所示是用三端式稳压器 W7812 构成的单电源电压输出串联型稳压电源的实训电路图。其中,整流部分采用了由 4 个二极管组成的桥式整流器成品(又称桥堆),型号为 2W06(或 KBP306),内部接线和外部管脚引线如实训图 1.3 所示。滤波电容 C_1 和 C_2 一般选取几百到几千微法。当稳压器距离整流滤波电路比较远时,在输入端必须接入电容器 C_3(数值为 0.33μF),以抵消线路的电感效应,防止产生自激振荡。输出端电容

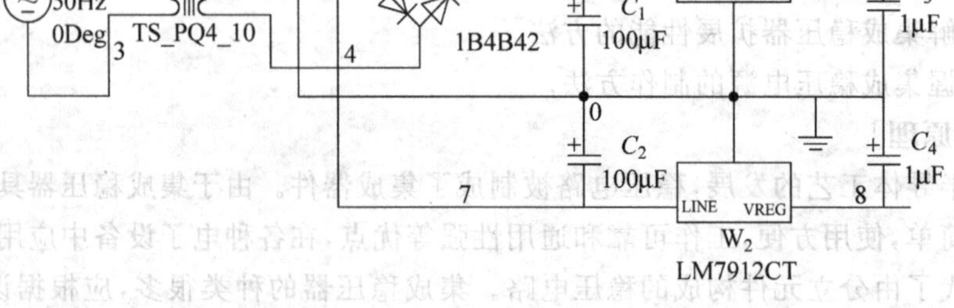

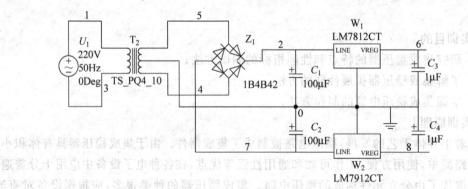

实训图 1.2 W7812 构成的单电源电压输出串联型稳压电源的实训电路图

C_4(0.1μF)用以滤除输出端的高频信号,改善电路的暂态响应。

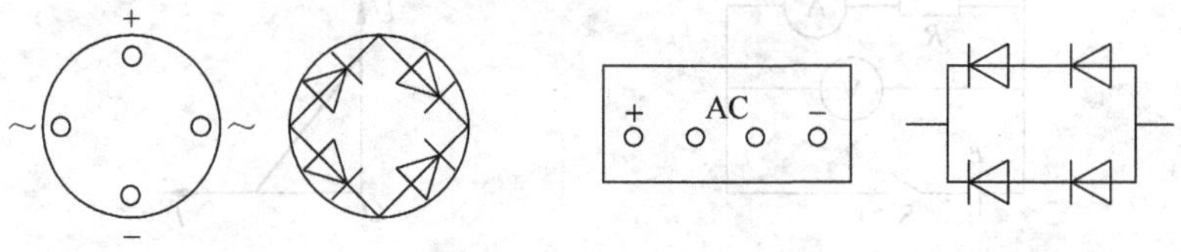

实训图 1.3　桥堆管脚图

[**实训设备与器件**]

可调工频电源、双踪示波器、交流毫伏表、直流电压表、直流毫安表、三端稳压器 W7812 和 W7912、桥堆 2W06(或 KBP306)以及电阻器、电容器若干。

[**实训内容与步骤**]

1. 整流滤波电路测试

按实训图 1.4 连接电路,取可调工频电源 14V 电压作为整流电路输入电压 u_2。接通工频电源,测量输出端直流电压 U_L 及纹波电压 $\widetilde{U}_L$,用示波器观察 u_2 和 U_L 的波形,把数据及波形记入自拟的表格中。

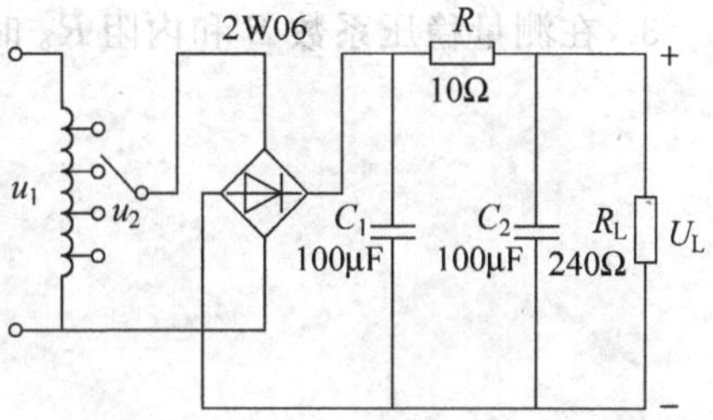

实训图 1.4　整流滤波部分实训电路图

2. 集成稳压器的性能测试

断开工频电源,按实训图 1.2 改接电路,取负载电阻 $R_L=120\Omega$。

(1) 初测

接通工频 14V 电源,测量 u_2 值;测量滤波电路输出电压 U_I(稳压器输入电压)和集成稳压器输出电压 U_O,它们的数值应与理论值大致符合,否则说明电路出了故障。设法查找故障并将其排除。

电路经初测进入正常工作状态后,才能进行各项指标的测试。

(2) 各项性能指标测试

① 输出电压 U_O 和最大输出电流 I_{Omax} 的测量。在输出端接负载电阻 $R_L=120\Omega$。由于 W7812 输出电压 $U_O=12V$,因此流过 R_L 的电流 $I_{Omax}=\frac{12}{120}A=100mA$。这时,$U_O$ 应基本保持不变;若变化较大,说明集成块性能不良。

② 输出电阻 R_o 的测量。利用电压表和电流表测定电池电动势和内阻(伏安法)。

测试时,根据闭合电路欧姆定律 $E=U+Ir$,设计如实训图 1.5 所示的电路,改变 R 的阻值,测几组不同的 I、U 值,获得实验数据。

联立方程组,利用公式法和平均值法求出电池电动势和内阻;也可以画出如实训图 1.6 所示的 U-I 关系图,根据 $E=U+Ir$ 得 $U=-Ir+E$。

由实训图 1.6 可得,图中纵截距为电源的电动势 E,斜率的绝对值为电源的内阻 r,横截距为短路电流 $I_{短}=\frac{E}{r}$。

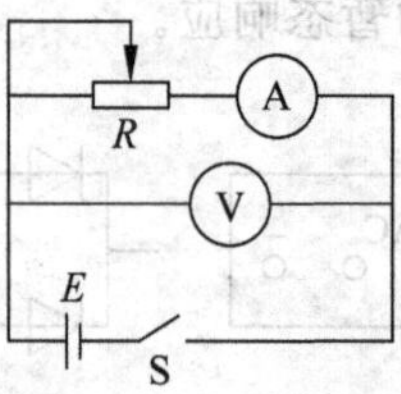

实训图 1.5　设计图

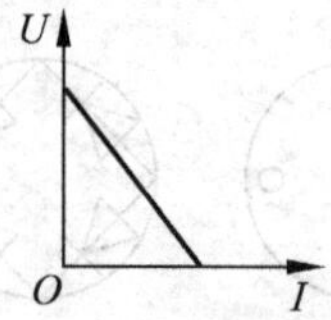

实训图 1.6　U-I 关系图

[实训总结]

1. 整理实训数据，计算 S 和 R_o，并与手册上的典型值进行比较。
2. 分析、讨论实训中发生的现象和问题。

[预习要求]

1. 复习教材中有关集成稳压器部分的内容。
2. 列出实训内容中所要求的各种表格。
3. 在测量稳压系数 S 和内阻 R_o 时，应考虑怎样选择测试仪表。

chapter 2 ◇第 2 章

基本放大电路

单管放大电路是构成各种放大器的基本单元电路。本章从共发射极电路入手，阐明放大电路的组成及放大电路的工作原理，利用电子电路中最常用的分析方法——代数法、图解法和微变等效电路法，分析单管共射电路的静态工作点及其动态技术指标。本章遵循应用技术学习规律，加强实用技术的讲解，增加了电路测试与检修、实际电路制作技术、电路仿真技术以及单元电路调试技术等内容，同时对另外两种组态——共集电极电路和共基极电路进行了静态和动态分析，并对比分析 3 种不同组态的电路。

2.1　放大电路基本知识

放大电路的用途非常广泛，无论是小的收音机、扩音器，还是大的控制设备中都有各式各样的放大电路。比如，扩音器就是一个把微弱的声音放大的放大器。话筒将声音信号转变成微弱的电信号，然后经过放大电路，将电源提供的能量转换为较强的电信号，驱动扬声器还原成为放大了的声音信号。放大电路种类很多，有高频放大电路、中频放大电路、低频放大电路、功率放大电路、电压放大电路、电流放大电路等。

所谓放大，从表面上看是将信号由小变大，实质上，放大的过程是实现能量转换的过程。三极管有三个电极，三极管对小信号实现放大作用时在电路中可以有三种不同的连接方式(或称三种组态)，即共(发)射极接法、共集电极接法和共基极接法。这三种接法分别以发射极、集电极和基极作为输入回路和输出回路的公共端，构成不同的放大电路。图 2.1.1 所示是三极管在放大电路中三种接法的示意图(以 NPN 管为例)。

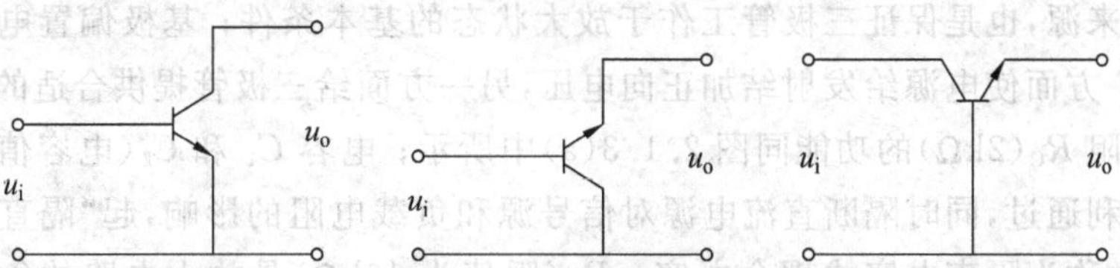

(a) 共射极接法　(b) 共集电极接法　(c) 共基极接法

图 2.1.1　三极管在放大电路中的三种接法

共射接法是指由三极管组成的两输入/输出端口电路中，发射极是输入/输出端口的公共极；共集接法是指集电极是输入/输出的公共极；共基接法是指基极是输入/输出端口的公共极。

在由电阻、电容、三极管组成的实际电路中，共射、共集、共基是对交流信号而言的，因此要把实际电路中的电容和直流电源视为短路，找出输入/输出端口的公共极，图 2.1.2 所示是实际共射、共集、共基三种组态的电路图。

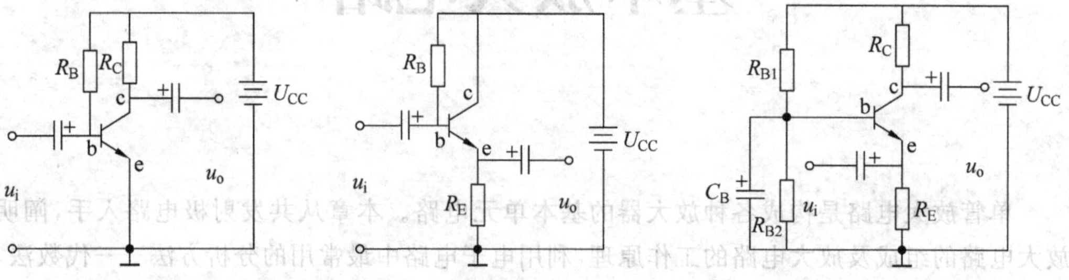

(a) 共射接法　(b) 共集接法　(c) 共基接法

图 2.1.2　三极管的三种组态电路

半导体三极管的基极电流对集电极电流有控制作用。利用这种控制作用，可以由能量较小的输入信号来控制为电路提供能源的直流电源，使之在输出端输出较大的能量。通常将能够实现能量控制作用的器件称为有源器件，有源器件是构成放大电路的核心器件。由于三种组态电路的分析方法一样，下面重点讨论共射极放大电路。

2.1.1　放大电路的组成

基本共射极放大电路的原理图如图 2.1.3 所示。它是放大电路最基本的结构形式，输入信号在基极和发射极间输入，输出信号在集电极和发射极(或地)间取出，发射极作为输入信号和输出信号的公共端，故称为共发射极电路。在图 2.1.3(a)所示的单管共射极放大电路中，NPN 型三极管 T(型号为 2N2222A)是核心器件，起电流放大作用；U_{CC}是集电极直流电源，保证集电结反向偏置，并为输出信号提供能量；R_C 是集电极负载电阻，一方面使电源给集电结加反向偏压，另一方面把三极管的电流放大转换成电压放大；U_{BB}是基极回路的直流电源，保证发射结正向偏置，并通过 R_B 给基极一个合适的偏流。在实际应用中不采用两个电源，而用一个电源，如图 2.1.3(b)所示。图中，直流电源 U_{CC}是整个电路的能量来源，也是保证三极管工作于放大状态的基本条件；基极偏置电阻 R_B(阻值为 750kΩ)一方面使电源给发射结加正向电压，另一方面给三极管提供合适的偏流 I_B；集电极负载电阻 R_C(2kΩ)的功能同图 2.1.3(a)中所示；电容 C_1 和 C_2(电容值为 10μF)使交流信号顺利通过，同时隔断直流电源对信号源和负载电阻的影响，起“隔直流、通交流”的作用，通常称为隔直电容或耦合电容。R_L(阻值为 10kΩ)是放大电路的负载电阻。理解了各个元件的作用和电路形式后，在以后作原理图时，图 2.1.3(b)中的电源 U_{CC}不画出，只需写出标号 U_{CC}(电源电压为 12V)。

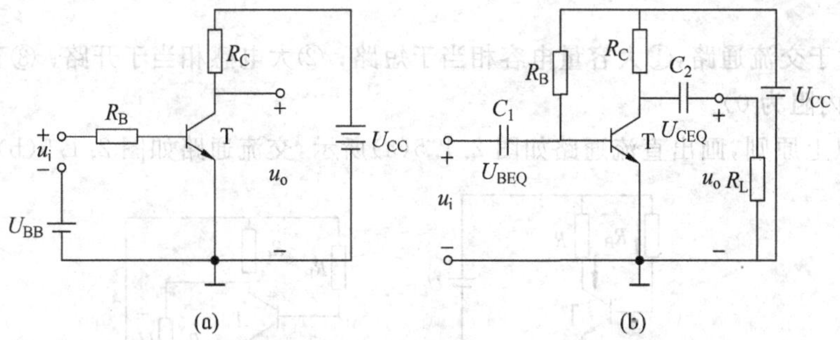

图 2.1.3 共射极放大电路

电路中的元器件作用如图 2.1.4 所示。

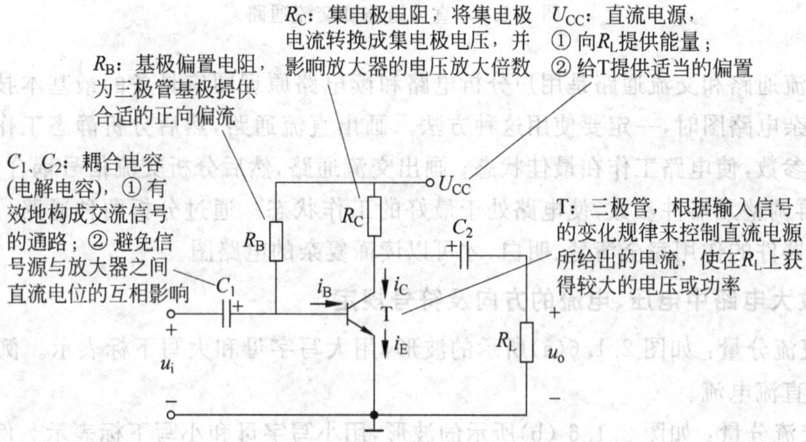

图 2.1.4 基本共(发)射(极)放大电路

1. 交流通路和直流通路

通常，放大电路中交流信号的作用和直流电源的作用共存，这使得电路的分析复杂化。为简化分析，引入直流通路和交流通路。静态分析的对象是电路中的直流成分，动态分析的对象是电路中的交流成分，所以为了分别进行静态分析和动态分析，通常将放大电路的直流通路和交流通路分别画出。下面看看放大电路的直流通路和交流通路在画法上有何不同。

由于放大电路中存在电抗性元件，而电抗性元件的阻抗与频率有关。例如，对于电容 C，容抗大小为 $1/\omega C$，在信号频率很低(如直流)时呈现出很大的阻抗，因此不允许直流信号通过(隔直流)；在信号频率较高时，只要电容值足够大，就可认为电容上的压降忽略不计(通交流)，做短路处理。例如，对于电感 L，感抗大小为 ωL，在信号频率很低(如直流)时呈现出很小的阻抗，因此允许直流信号通过(通直流)；在信号频率较高时，只要电感值足够大，就可认为电感上的压降很大(隔交流)，做开路处理。所以，画直流通路和交流通路应遵循如下两条原则。

(1) 对于直流通路，①$U_S=0$，保留 R_S；②电容开路；③电感相当于短路(线圈电阻近似为 0)。

(2) 对于交流通路,①大容量电容相当于短路;②大电感相当于开路;③直流电源相当于短路(内阻为 0)。

根据以上原则,画出直流通路如图 2.1.5(a)所示,交流通路如图 2.1.5(b)所示。

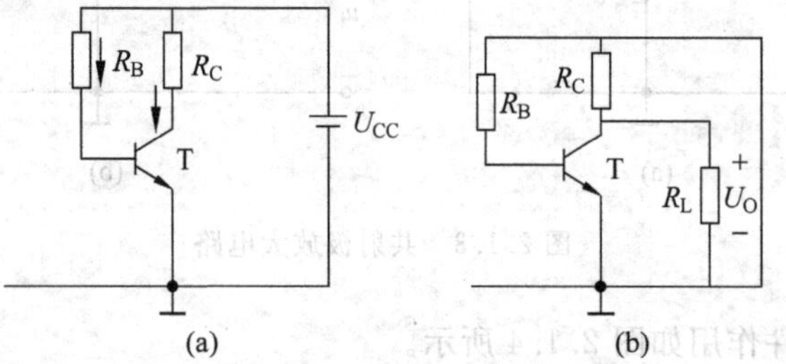

图 2.1.5　直流通路和交流通路

画直流通路和交流通路是用户分析电路和读电路原理图应具备的最基本技能,特别是分析复杂电路图时,一定要使用这种方法。画出直流通路,然后分析静态工作点,再调整元器件参数,使电路工作在最佳状态;画出交流通路,然后分析交流信号耦合方式及工作状态,再调整元器件参数,使电路处于最好的工作状态。通过分析两种通路,用户才能对每个元器件的作用完全清楚、明白,才可以读懂复杂的电路图。

2. 放大电路中电压、电流的方向及符号规定

① 直流分量:如图 2.1.6(a)所示的波形,用大写字母和大写下标表示。例如,I_B 表示基极的直流电流。

② 交流分量:如图 2.1.6 (b)所示的波形,用小写字母和小写下标表示。例如,i_b 表示基极的交流电流。

③ 总变化量:如图 2.1.6 (c)所示的波形,是直流分量和交流分量之和,即交流叠加在直流上,用小写字母和大写下标表示。例如,i_B 表示基极电流总的瞬时值,其数值为 $i_B=I_B+i_b$。

④ 交流有效值:用大写字母和小写下标表示。例如,I_b表示基极的正弦交流电流的有效值。

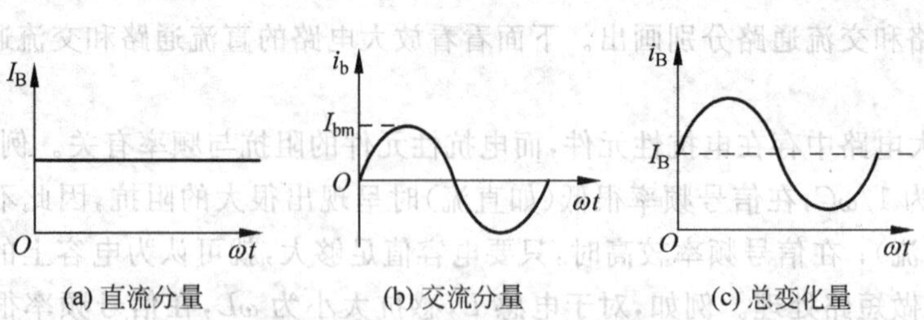

图 2.1.6　三极管基极的电流波形

3. 分析方法

在上述基本共射电路中,直流电源和交流信号共同作用,在分析其工作过程时,可以把直流电源和交流信号分开单独进行分析。

(1) 静态工作情况

直流电源单独作用且输入交流信号为0时的工作状态叫做静态。为了使放大电路能够正常工作，在静态时三极管的发射结必须处于正偏，集电结必须处于反偏。此时，在电源 U_{CC} 作用下，三极管各极的直流电压和直流电流分别为 U_{BEQ}、U_{CEQ} 和 I_{BQ}、I_{CQ}，如图2.1.7所示的波形。

(2) 动态工作情况

放大电路有交流信号输入时的工作状态叫做动态。动态工作情况下的各极电压、电流是在直流量的基础上脉动的。它们的动态波形都是一个直流量和一个交流量的合成，即交流量驮载在直流量上，信号的放大过程如下：交流信号 u_i 经电容器 C_1 加到三极管T的发射结，使b、e两极间的电压随之发生变化，即在基极直流电压的基础上叠加了一个交流电压，波形如图2.1.7所示。由于发射结工作于正偏状态，正向电压的微小变化量都会引起正向电流的较大变化，此时的基极电流 i_B 也是在直流 I_B 的基础上叠加一个交流量 i_B，如图2.1.6(c)所示。由于三极管的电流放大作用，i_C 将随着 i_B 线性放大，集电极电流也可看做是直流电流 $I_C=\beta I_B$ 上叠加交流电流 $i_C=\beta i_B$，如图2.1.7所示。显然，当脉动电流通过集电极电阻 R_C 时，由于 i_C 的变化引起 R_C 上压降的变化，从而造成三极管压降的变化，这是因为集电极电阻 R_C 和三极管T串联后接在直流电源上，当集电极电流的瞬时值 i_C 增大时，集电极电阻 R_C 的压降也将增大，因而三极管的压降减小，波形中的脉动 u_{CE} 同样可以看做是直流压降 U_{CEQ} 和交流压降 u_{ce} 的叠加，如图2.1.7所示。最后，集电极输出的交流量经过耦合电容 C_2 送到输出端，电容 C_2 将阻隔信号中的直流成分，在输出端将得到放大了的交流信号电压 u_o。

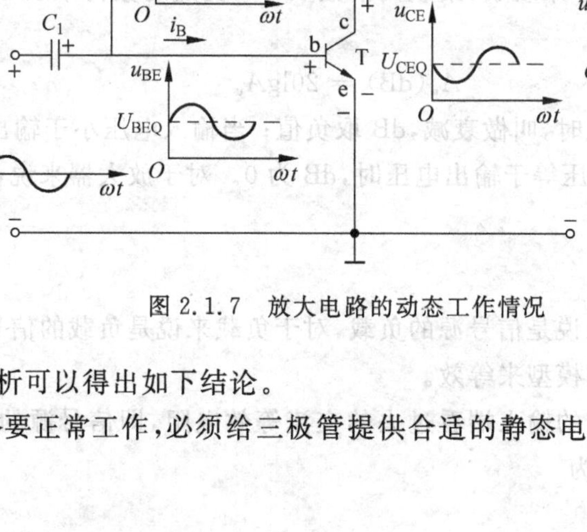

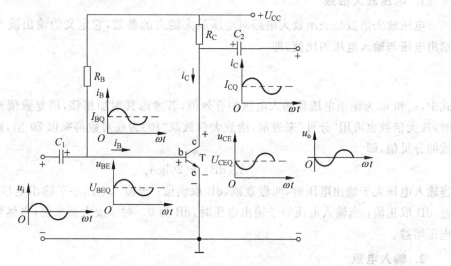

图2.1.7　放大电路的动态工作情况

从上面的分析可以得出如下结论。

① 放大电路要正常工作，必须给三极管提供合适的静态电压和电流值，即合适的静态工作点。

② 信号在放大过程中，其频率不变。

③ 交流信号的输入和输出波形的极性相反，或者说，共射放大电路具有反相的作用。电压、电流都是由直流量和交流量叠加而成的，各处波形如图 2.1.7 所示。

半导体三极管或场效应管是组成放大电路的核心器件，它们的特性曲线均是非线性的，因此在对放大电路进行分析计算时，非线性问题是首先要解决的。工程上常用的解决方法有如下两种。

① 图解法：在承认有源器件的特性曲线为非线性的前提下，通过在特性曲线上作图的方法来求解。

② 微变等效电路法：在一个微小的变化范围内，把有源器件的特性曲线近似认为是线性的，由此找出其等效的线性电路及相应的微变等效参数，将非线性电路等效为相应的线性电路，从而应用线性电路的各种定理、定律来对放大电路进行定量分析、计算。分析的过程一般是先进行静态分析（分析未加输入信号时电路中各处的直流电压和直流电流），再进行动态分析（加上交流输入信号时，放大电路的电压放大倍数、输入电阻及输出电阻等）。

2.1.2 放大电路的主要性能指标

为了衡量一个放大器的性能，通常用若干个技术指标来定量描述。常用的技术指标有电压放大倍数、输入阻抗、输出阻抗、最大输出幅度、非线性失真系数、通频带、最大输出功率及效率等。下面介绍放大电路的几个主要性能指标。

1. 电压放大倍数

电压放大倍数是表示放大电路对电压放大能力的参数，它定义为输出波形不失真时输出电压与输入电压的比值，即

$$A_u = \frac{u_o}{u_i}$$

式中，u_o和 u_i 为输出电压和输入电压的有效值，若考虑其附加相移，用复数值来表示。有时，放大倍数也可用“分贝”来表示，给放大倍数取“10”为底对数再乘以 20 倍，即为放大倍数的分贝值，即

$$A_u(\text{dB}) = 20\lg A_u$$

当输入电压大于输出电压时，叫做衰减，dB 取负值；当输入电压小于输出电压时，叫做增益，dB 取正值；当输入电压等于输出电压时，dB 为 0。对于放大器来说，当然要求有高的电压增益。

2. 输入电阻

放大器对于信号源来说是信号源的负载，对于负载来说是负载的信号源，于是放大器可以用如图 2.1.8 所示的模型来等效。

输入电阻即从放大器的输入端看过去的交流等效电阻，即信号源的负载电阻 r_i。如图 2.1.8 所示，输入电阻为

$$r_i = \frac{u_i}{i_i}$$

在图 2.1.8 中，u_S 为信号源信号电压，R_S 为信号源内阻，u_i 为输出放大器的信号电压，其大小为

$$u_i = \frac{u_S}{R_S + r_i} \times r_i$$

由上式可知，r_i 越大，放大电路从信号源获得的信号电压越大，同时从信号源获取的信号电流 i_i 越小。所以，在放大电路中，一般要求 r_i 越大越好。

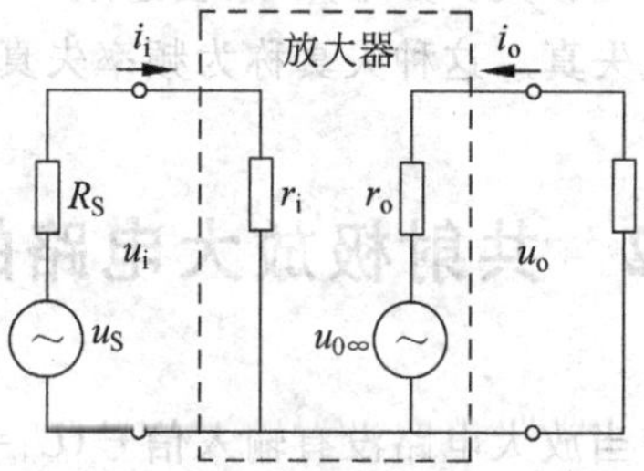

图 2.1.8　放大器的等效模型

3. 输出电阻

输出电阻是从放大器的输出端看过去的交流等效电阻 r_o。定义输入端短路，此时 $u_{0\infty}=0$；输出开路，即 $R_L=\infty$；在输出端加信号 u_o，从输出端流进放大器的电流为 i_o，则输出电阻为

$$r_o = \frac{u_o}{i_o}$$

输出电阻一般通过工程的方法进行测量，即测出放大器输出端的开路电压 $u_{0\infty}$ 和负载电压 u_o，如图 2.1.8 所示，则放大器的输出电阻为

$$r_o = \frac{u_{0\infty} - u_o}{u_o} \times R_L$$

输出电阻是衡量放大器带负载能力的性能参数，r_o 越小，输出电压 u_o 随负载电阻 R_L 的变化就越小，即输出电压越稳定，带负载的能力越强。所以，通常要求放大器的输出电阻越小越好。

4. 通频带

由于放大器存在电抗元件(如图 2.1.7 中的耦合电容 C_1 和 C_2)及三极管的极间电容等，随着信号频率的不同，容抗也跟着变化。在中频一段的频率范围内，这些电容的容量可以忽略不计，所以中频放大倍数基本不变。而当信号频率过低时，容抗将增大，耦合电容和旁路电容与输入电阻是串联的关系，它们的阻抗不能忽略，它们将分去一部分信号电压，使电压放大倍数下降；同理，当信号频率过高时，由于分布电容(极间电容和线路分布电容等)与输入/输出电阻是并联的关系，这时分布电容的容抗不可忽略，这些容抗对输入/输出电阻将产生影响，分去一部分信号电流，使放大器的放大倍数下降。

放大倍数随频率变化称为频率响应。若仅讨论幅值，不考虑相移，称为幅频特性，如图 2.1.9 所示。

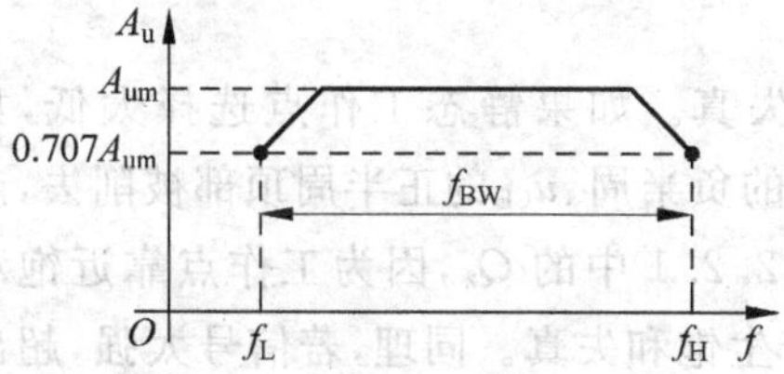

图 2.1.9　放大电路的频率特性

当放大器的放大倍数随频率下降到中频时的 0.707 时，它对应的两个频率分别为上限截止频率 f_H 与下限截止频率 f_L，f_H 与 f_L 之差称为放大电路的通频带 f_{BW}，如图 2.1.9 所示。由于电子电路的信号频率往往不是单一的，而是在一段频率的范围内，例如广播中的音频信号，其频

率范围通常在几十赫兹到几十千赫兹之间，所以要使放大信号不失真，放大电路的通频带要求足够大。如果太小，会造成一部分频率的信号放大得大些，一部分放大得小些，从而产生失真。这种失真称为频率失真，又称为线性失真。

2.2 共射极放大电路的静态工作点求法

当放大电路没有输入信号($U_i=0$)时，在直流电源 U_{CC} 的作用下，电路中各处的电压、电流都是不变的直流，称为直流工作状态或静止状态，简称静态。在静态工作情况下，半导体三极管各极的直流电压和直流电流的数值将在半导体三极管的特性曲线上确定为一个点，称为静态工作点，通常用 Q 来表示。静态工作点是信号的驮载工具，它保证交流信号能够顺利地不失真地通过三极管放大。为了确定静态工作点，可以先画出直流通路，即直流电源单独作用时的直流电流通过的路径，如图 2.1.5(a)所示。

当放大电路输入信号后，电路中各处的电压、电流便处于变化的状态，此时电路处于动态工作状态，简称动态。下面将对共射极放大电路的静态和动态工作情况分别进行分析。

对于放大电路的静态工作情况，可以近似地估算，也可以采用图解分析法。静态分析的对象是放大电路的直流通路。对于静态工作点的计算，主要是计算 Q 点的 3 个值，即 I_{BQ}、I_{CQ} 和 U_{CEQ}，下面具体讨论。

1. 静态工作点的近似估算

从图 2.1.5(a)可知有两条回路，即 $U_{CC}(+)\rightarrow R_B\rightarrow T(b)\rightarrow T(e)\rightarrow U_{CC}(-)$ 和 $U_{CC}(+)\rightarrow R_C\rightarrow T(c)\rightarrow T(e)\rightarrow U_{CC}(-)$。根据基尔霍夫定律，由第一回路可得方程

$$I_{BQ}R_B+U_{BEQ}=U_{CC}$$

对于锗管，$U_{BEQ}=0.7\text{V}$，所以

$$I_{BQ}=\frac{U_{CC}-0.7}{R_B}\approx\frac{U_{CC}}{R_B}$$

根据基尔霍夫定律，由第二回路可得方程

$$U_{CEQ}=U_{CC}-I_{CQ}R_C,\quad I_{CQ}=\beta I_{BQ}$$

所以，静态工作点的 3 个量 I_{BQ}、I_{CQ} 和 U_{CEQ} 可由以上 3 个公式决定，从而求出放大电路的静态工作点。由此可见，估算放大电路的静态工作点归结到根据选定的电源电压和三极管(β)来求 R_B 和 R_C 的值。

2. 静态工作点讨论

静态工作点选取不合适，将使波形产生严重失真。如果静态工作点选择太低，如图 2.2.1 中的 Q_1，因为工作点靠近截止区，将使 i_C 的负半周、u_{CE} 的正半周顶部被削去，产生截止失真；如果静态工作点选择位置太高，如图 2.2.1 中的 Q_2，因为工作点靠近饱和区，使 i_C 的正半周和 u_{CE} 的负半周被削去一部分，产生饱和失真。同理，若信号太强，超出三极管放大线性区域，i_C 和 u_{CE} 的两个半周的顶部都将被削去一部分，这种失真称为双向

限幅失真。截止失真、饱和失真和双向限幅失真统称为非线性失真。

由此可见，若三极管的静态工作点选取在如图 2.2.1 所示的 Q 处，可获得最大不失真的输出信号。在实际使用时，工作点选取的原则是能低则低，以不失真为前提，这样可省电，并减小热噪声。

以上所述即为放大电路的三种工作状态：放大状态、截止状态和饱和状态。这是放大器的主要知识点。这三种状态可通过 Multisim 仿真软件观察波形图，确定此时的器件值。

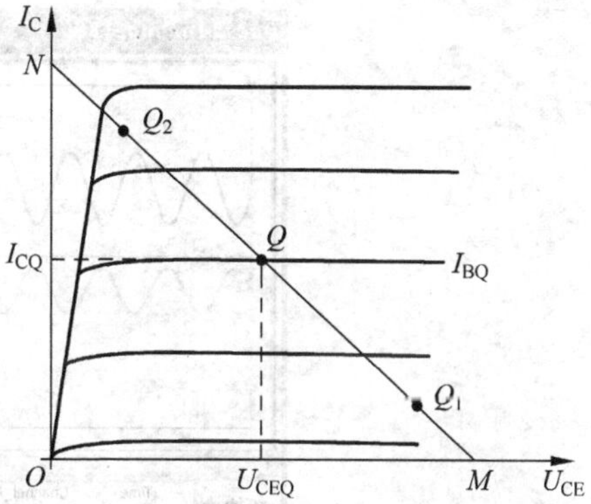

图 2.2.1 静态工作点讨论

2.3 放大器电路的仿真测试

放大器静态工作点的设置是最重要的设计内容。工作点偏低，信号进入截止区，产生截止失真；工作点偏高，信号进入饱和区，产生饱和失真。下面具体讨论放大器的三种状态，即放大状态、截止状态和饱和状态。

2.3.1 放大状态时的电路及仿真

1. 放大状态时的波形观察

在 Multisim 中输入如图 2.3.1 所示放大器电路，然后用双踪示波器来观察输入端(红色)和输出端(蓝色)波形。输入端信号由示波器通道 A(红色)输入，输出端信号由示

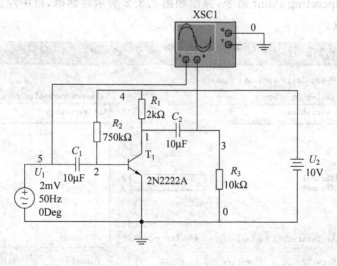

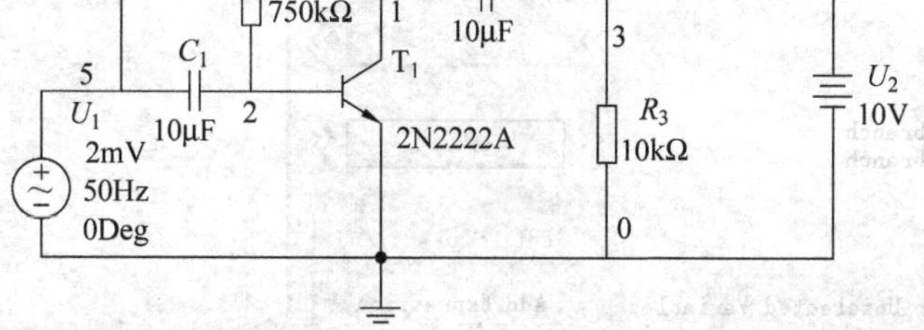

图 2.3.1 放大器仿真图

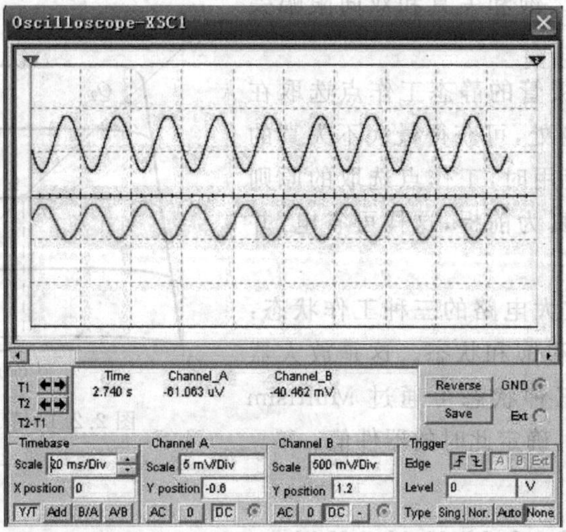

图 2.3.1(续)

波器通道 B(蓝色)输入,从示波器可见波形被放大。放大从两处体现,一是从波形上看,二是从 Y 轴放大倍数上看。示波器通道 A 的 Y 轴放大倍数设定为 5mV,示波器通道 B 的 Y 轴放大倍数设定为 500mV,可见输入、输出的 Y 轴放大倍数相差 100 倍。波形幅度还要大,这就是放大的具体表现。

2. 放大状态时的静态工作点仿真分析

仿真成功后,可进行静态工作点的仿真分析。电路分析有多种方法,包括直流工作点分析、交流分析、瞬态分析、傅里叶分析(频谱分析)、噪声分析、失真分析、直流扫描分析、灵敏度分析、参数扫描分析、温度扫描分析、极点—零点分析、传输函数分析和最坏情况分析等。下面介绍静态工作点的仿真分析,方法是:打开 Multisim,然后执行 Simulate | Analyses | DC Operating Point 命令,弹出如图 2.3.2 所示对话框,框中左边列出了与电路图对应的测试点。

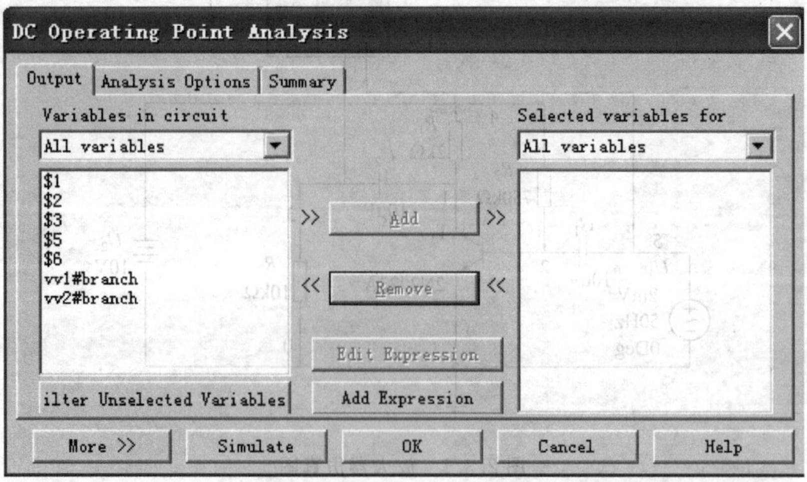

图 2.3.2 静态工作点仿真分析设置对话框

从图 2.3.2 可知,“$1”为基极电压,“$2”为集电极电压。在左框中选中“$1”,此时 Add 按钮变黑(反色)。单击 Add,“$1”跳入右边框中。同理可选中其他各项。设置完成后,单击 Simulate 按钮,出现如图 2.3.3 所示的结果。“$1”代表的基极电压为 648.3mV,“$2”代表的集电极电压为 6.685V。

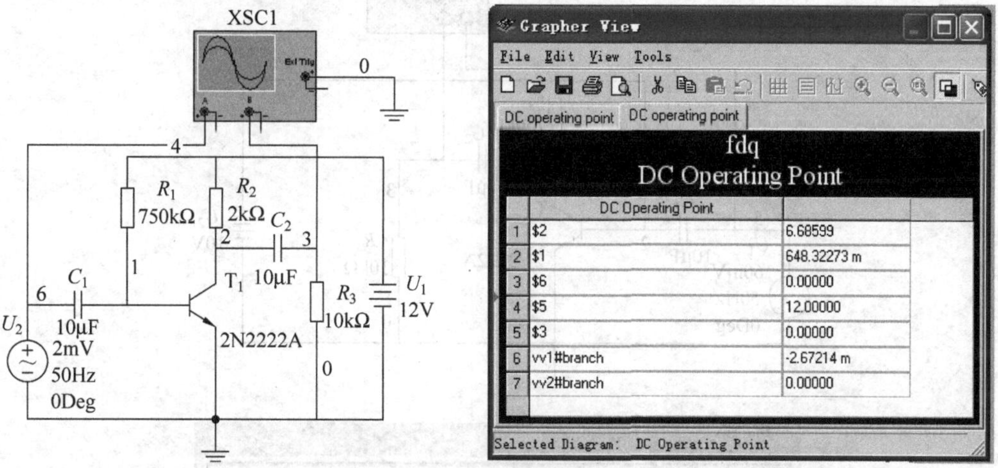

图 2.3.3　静态工作点仿真分析结果

3. 放大状态时的电流测试

以上方法还不能测出电流值,下面仿真电流测量方法,如图 2.3.4 所示,基极电流为 15μA,集电极电流为 2.6mA。

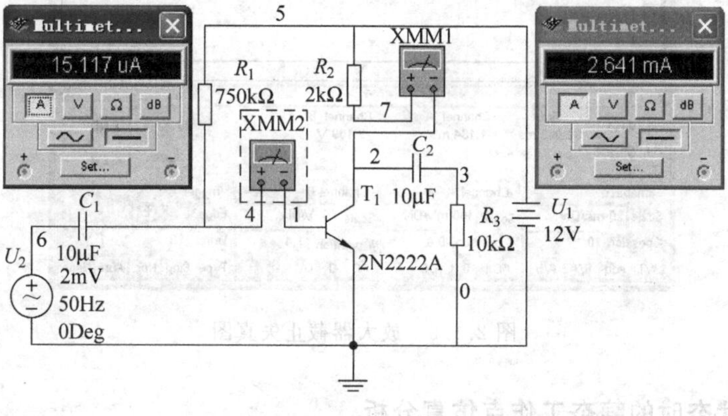

图 2.3.4　静态工作点仿真电流测试

2.3.2　截止失真时的电路及仿真

1. 截止状态时的波形观察

只要增大 R_1 的阻值,同时加大输入信号幅度,静态工作点就慢慢进入截止区,波形上半部分开始失真。图 2.3.5 所示为 R_1 取值 750kΩ 时的放大器截止图,可见波形上半部分严重压缩，此时示波器通道A的Y轴放大倍数为100mV，示波器通道B的Y轴放大倍数为1V，放大能力很弱。

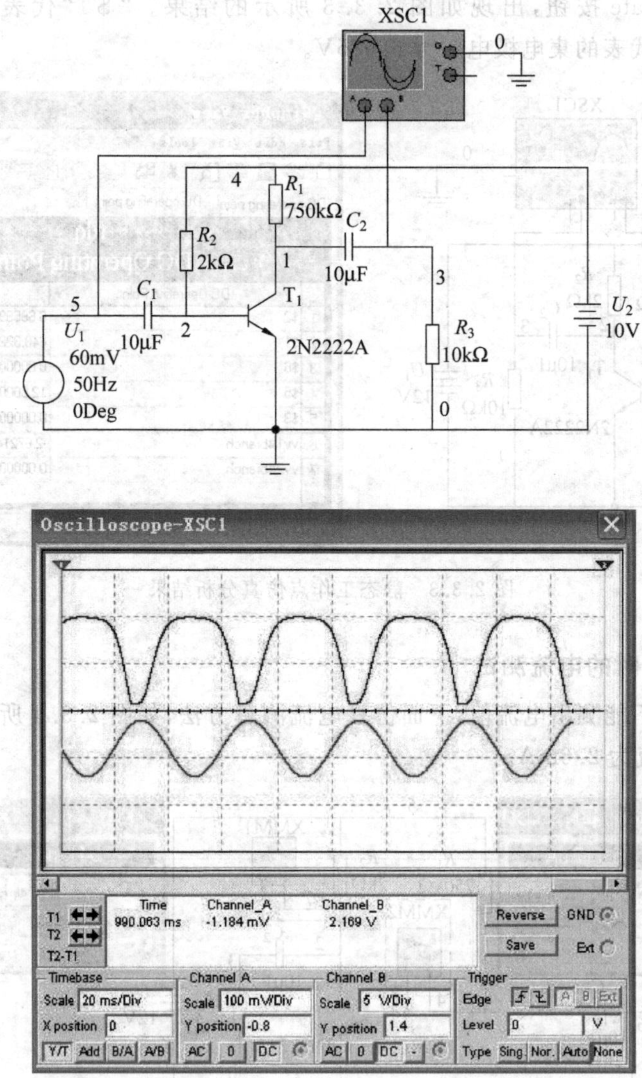

图 2.3.5　放大器截止失真图

2. 截止状态时的静态工作点仿真分析

在放大状态下将 R_1 的阻值改为7500kΩ，仿真后的参数如图2.3.6所示，图中"$1"代表的基极电压为571.8mV，"$2"代表的集电极电压为11.5V。

3. 截止状态时的电流测试

以上方法还不能测出电流值，下面仿真电流测量方法，如图2.3.7所示，基极电流为1.5μA，集电极电流为247.9μA。

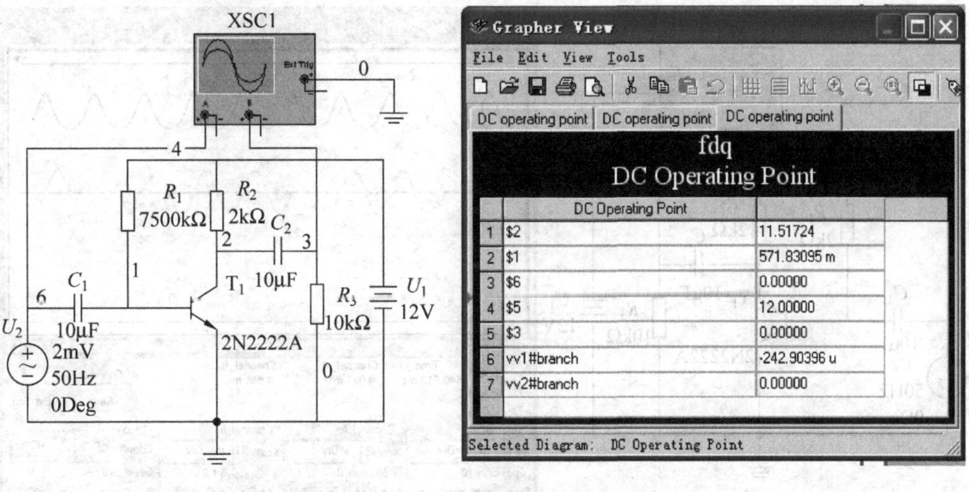

图 2.3.6 静态工作点仿真分析结果

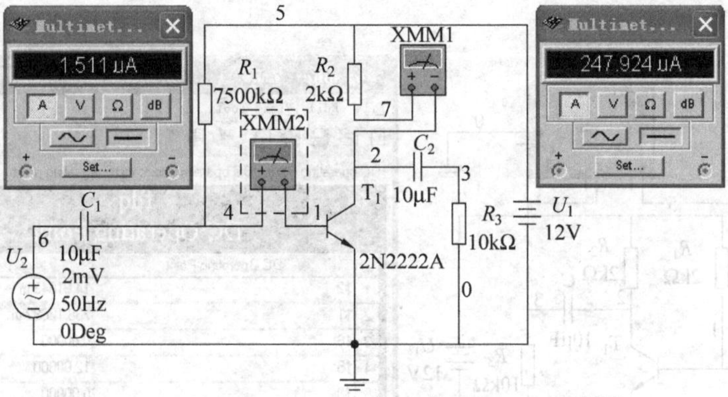

图 2.3.7 静态工作点仿真电流测试

2.3.3 饱和失真时的电路及仿真

1. 饱和状态时的波形观察

只要减小 R_1 的阻值，静态工作点就慢慢进入饱和区，同时加大输入信号幅度，波形下半部分开始失真。图 2.3.8 所示为 R_1 取值 2kΩ，输入信号为 1V 时的放大器失真图，可见波形下半部分严重压缩，不但没有放大，反而减小了信号。此时，示波器通道 A 的 Y 轴放大倍数为 2V，示波器通道 B 的 Y 轴放大倍数为 20mV。输出波形幅度反而比输入波形幅度小。

2. 饱和状态时的静态工作点仿真分析

在放大状态下，将 R_1 的阻值改为 2kΩ，仿真后的参数如图 2.3.9 所示，“＄1”代表的基极电压为 738.1mV，“＄2”代表的集电极电压为 14.8mV。

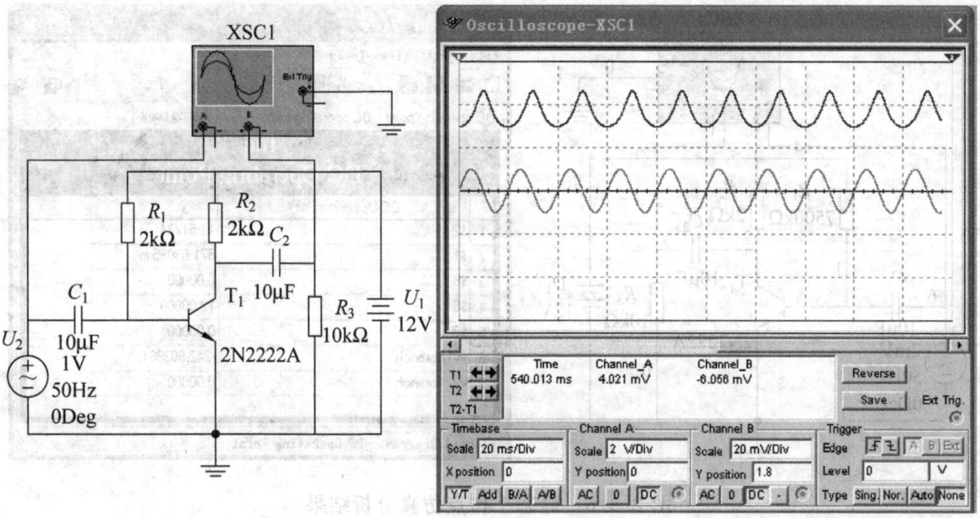

图 2.3.8 放大器饱和失真图

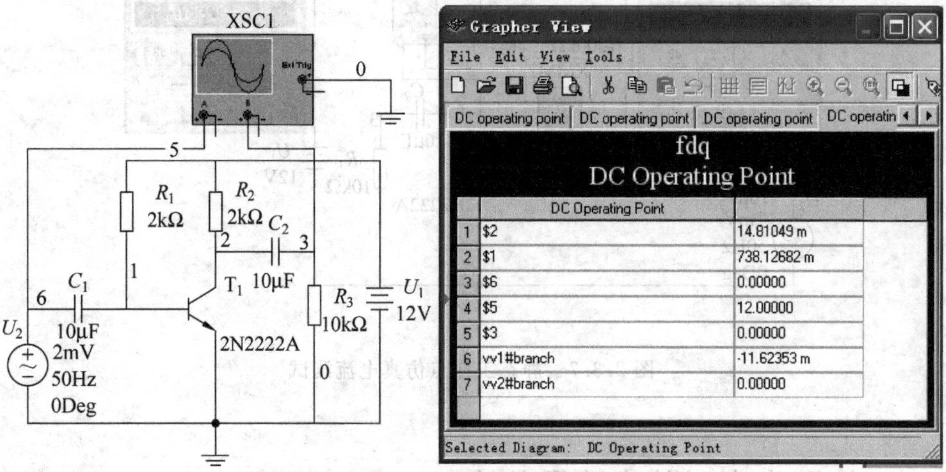

图 2.3.9 静态工作点仿真分析结果

3. 饱和状态时的电流测试

以上方法还不能测出电流值，下面仿真电流测量方法，如图 2.3.10 所示，基极电流为 5.6mA，集电极电流为 5.99mA。

2.3.4 放大电路的故障现象仿真

除了以上 3 种状态外，还会发生如元器件损坏、焊接等造成的故障。如图 2.3.11 所示就是 R_1 虚焊引起故障现象。从图中可见，输出为“0”。

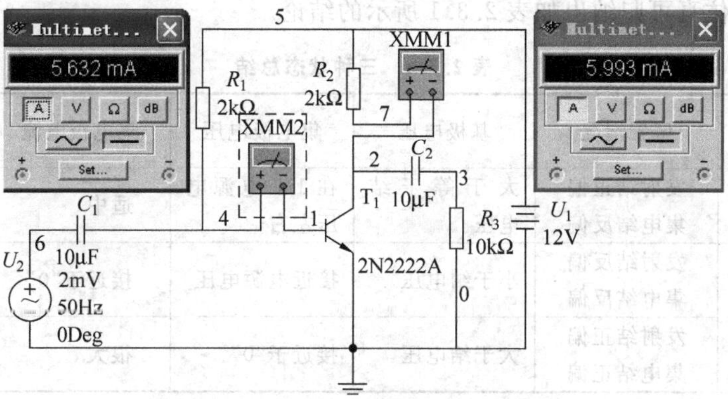

图 2.3.10　静态工作点仿真电流测试

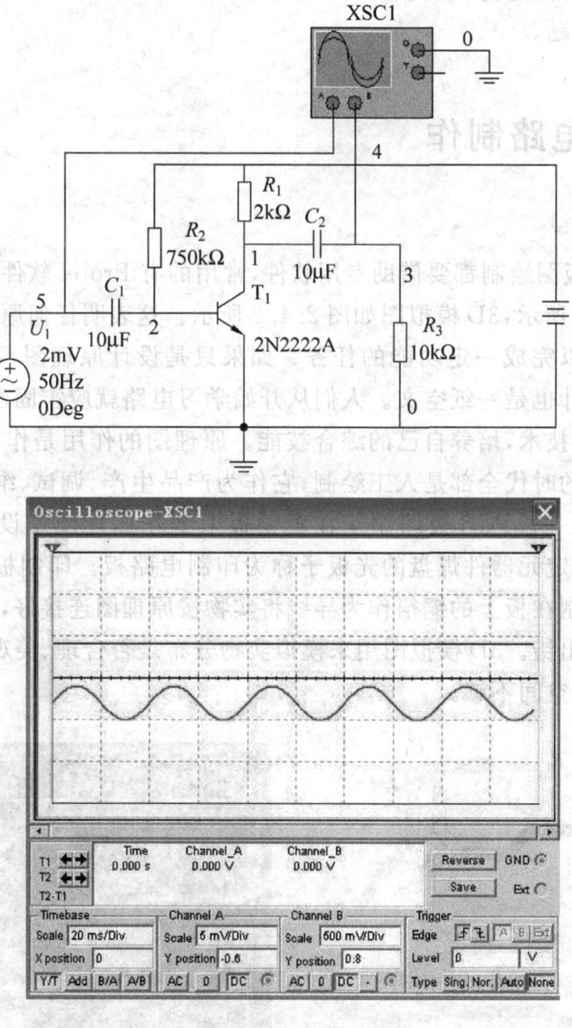

图 2.3.11　故障现象图

综合以上仿真可归纳出如表 2.3.1 所示的结论。

表 2.3.1 三种状态总结

项别 状态	偏置情况	基极电压	集电极电压	集电极电流	波 形
放大	发射结正偏 集电结反偏	大于等于结电压	在 1/2 电源电压左右	适中	正常
截止	发射结反偏 集电结反偏	小于结电压	接近电源电压	接近于“0”	输出波上半部分削波
饱和	发射结正偏 集电结正偏	大于结电压	接近于“0”	很大	输出波下半部分削波

放大电路的多项重要技术指标都与其静态工作点的位置有密切关系，如果静态工作点不稳定，放大电路的性能将发生改变。因此在设计放大电路时，保持稳定的静态工作点是一个十分重要的问题。

2.4 放大器电路制作

1. PCB 板制作

原理图和 PCB 板图绘制都要借助专用软件，常用的有 Protel 软件。用该软件作出的 PCB 板图如图 2.4.1 所示，3D 模拟图如图 2.4.2 所示。这表明任何原理图的最终目的是作出实用的实物图，以完成一定功能的任务。如果只是设计原理图，不做成实物进行验证，再好的原理图设计也是一纸空文。人们从开始学习电路就应牢固建立一个概念，即学习的目的是学习实用技术，培养自己的综合技能。原理图的作用是作为设计电路的技术图纸，在没有计算机的时代全部是人工绘制，它作为产品生产、调试、维修的技术依据，是最重要的技术资料之一。PCB 板图用于在覆铜板上制作原理图中设计的电路图文件。制作出的有铜线和固定元器件焊盘的光板子称为印制电路板。印制板用来安装、固定元器件实物，并且用印制在板上的铜箔作为导线将实物按原理图连接好，该实物和连线与原理图一一对应，不能出错。3D 模拟图用来模拟实物分布是否合理、美观，特别是要注意防止元器件拥挤和放置空间不够。

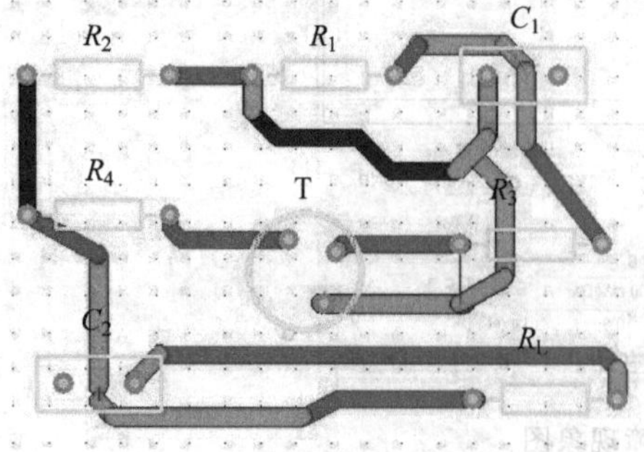

图 2.4.1 PCB 板图

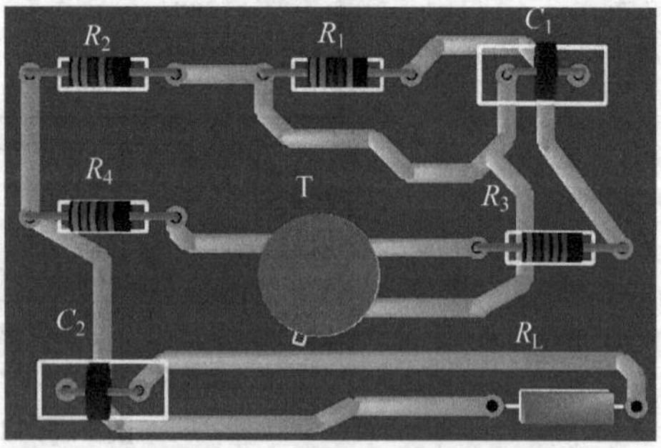

图 2.4.2 实物模拟图

电路板设计好后要用覆铜板制作成电路板。制作电路板的方法一般有如下几种。

(1) 专门的 PCB 板制作厂家制作

专业 PCB 板制作厂家制作时，只要将在 Protel 软件中制作的 PCB 板图文件发到制作厂家，厂家就会按设计内容做好板子，用户拿来焊接元器件就可以了。但是 PCB 板小批量制作价格较贵，而且制作时间较长，最少要一周时间，一般是集体提前制作。

(2) 用雕刻机制作印制电路图

若有雕刻机，首先把在 Protel 软件中绘制成的印制电路转换成雕刻机所需的文件，然后准备好如雕刻头及铜覆板等进行雕刻。雕刻好以后，打孔、上锡处理，最后制成实用的电路板。

(3) 手工制作

手工制作电路板是基本技能之一，简单的电路最好自己动手制作。先买好覆铜板(到电子元器件市场购买，最好买边角料板，可以省钱)、三氯化铁溶液、油漆或透明胶带。制作方法如下。

① 手工设计出如图 2.4.3 所示的电路，并绘制出印制电路图，如图 2.4.4 所示。可以采用 Protel 软件辅助设计。

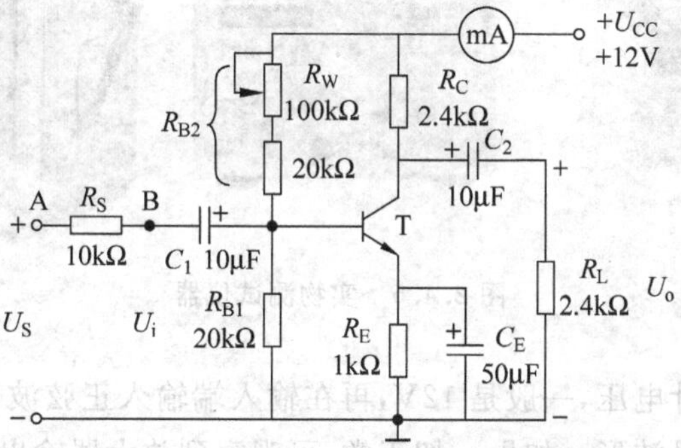

图 2.4.3　分压式基本共射电路电原理图

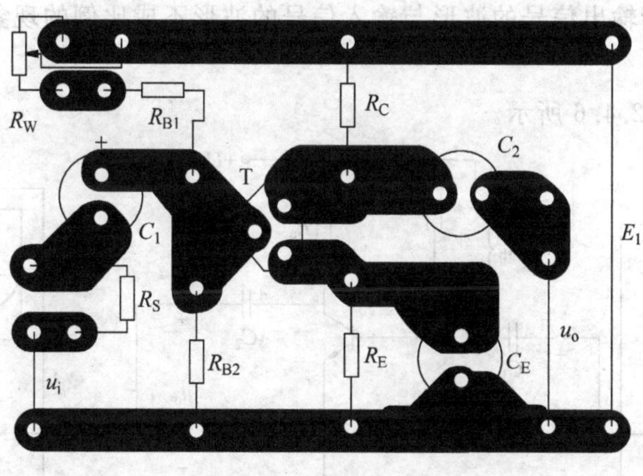

图 2.4.4　图 2.4.3 所示电路的印制电路图

对于单面板，将透明胶带贴满覆铜板有铜的那面，再用小刀将要腐蚀的部分刻掉，保留如图 2.4.4 所示的黑线部分。

② 将刻好的覆铜板放入三氯化铁溶液中进行腐蚀，完成后冲洗干净、晾干。

③ 给腐蚀好的板子打孔并上锡处理，电路板即制作成功。

(4) 用万能板制作

由于制作印制电路板较贵，所需时间较长，一般先用万能板替代印制板，用户可以自己按原理图焊接好电路，更利于锻炼技能。这对于初学者来说特别重要，首先必须通过手工连线、焊接。焊接时采用耐高温连接线，可焊接出很美观的电路。

用万能板制作时，也应首先开列元器件清单，然后到市场购买器件，再按照电路图焊接。

2. 放大器电路测试

测试放大器电路需要直流稳压电源、信号发生器和示波器 3 种仪器，如图 2.4.5 所示。传统的模拟电子实验室中都购买了这些仪器。

图 2.4.5 实物测试仪器

给放大器加上设计电压，一般是 12V，再在输入端输入正弦波信号，然后在输出端接入示波器观察输出信号波形。如果一切正常，可观察到放大器输出波形。

3. 放大电路的失真现象分析

所谓失真，是指输出信号的波形与输入信号的波形不成比例的现象。

(1) 演示电路

演示电路如图 2.4.6 所示。

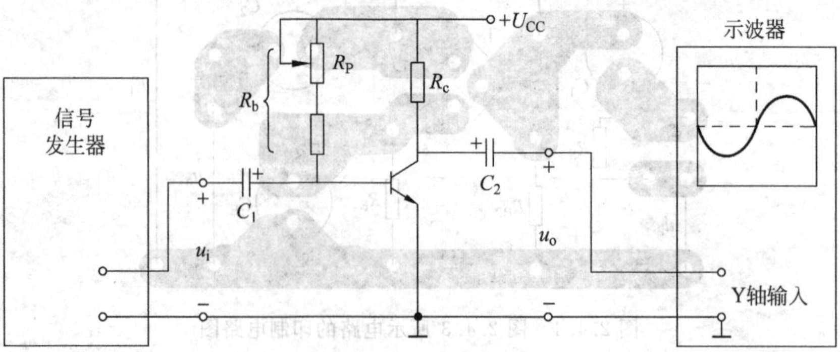

图 2.4.6 演示电路

(2) 演示过程

① 通过信号发生器产生频率为1000Hz的正弦波信号 u_i 并输入放大电路，调整 u_i 的幅值和电位器 R_P，然后通过示波器在输出端观察到最大不失真输出信号的波形，如图2.4.7(a)所示。此时固定电位器 R_P，再慢慢调大输入信号波形电压，然后通过示波器在输出端观察到如图2.4.7(d)所示的底部、顶部都失真的信号。

② 调节 R_P，使 R_b 减小，通过示波器在输出端观察到如图2.4.7(b)所示的底部失真信号。

③ 调节 R_P，使 R_b 增大，通过示波器在输出端观察到如图2.4.7(c)所示的顶部失真信号。

(3) 现象分析

底部失真为饱和失真，顶部失真为截止失真，底部、顶部都失真为大信号失真。由此可见，放大器只能放大较小信号。

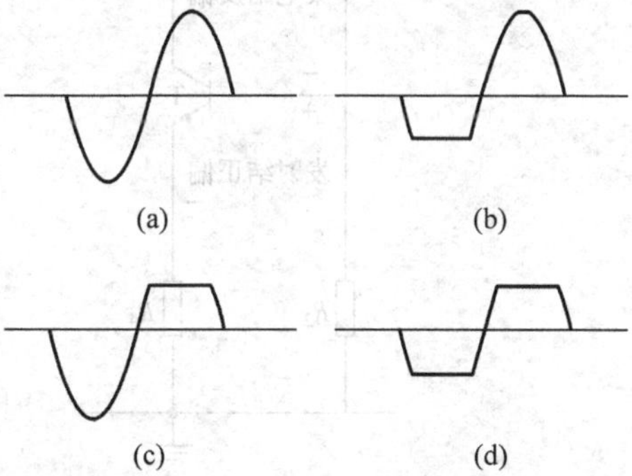

图2.4.7　通过示波器观察到的输出波形

2.5　放大电路的检修方法

1. 电压检查法

用测量电路各有关点的电压来检查电路，是一种最常用也是最基本的检查方法。常规的电压检查是以电原理图所标注的各点的直流电压(即对地直流电压)为标准进行的。这种常规的电压测量比较简单，用户只要会使用万用表就可进行。

2. 一般放大电路的偏置特点与检查方法

放大电路是最基本的电路，有高放、中放、低放、功放等电路。这些电路不论是阻容耦合、电感耦合还是直接耦合，晶体管都工作在放大区，其偏置特点相同。放大电路的偏置特点较简单，以图2.5.1所示为例，正常时e、b间(即发射结)为正偏，其压降对于硅管为0.6～0.7V，锗管为0.1～0.2V；b、c间(即集电结)为反偏，反偏电压的大小由电路决定，其范围较大。当e、b间正偏不足甚至为反偏时，说明该管被截止，电路有故障；当b、c间为正偏时，说明该管饱和，对放大级来说也是故障。对于单级放大电路，一般不需要分别测量e、b和b、c极间电压，只要测量管子的e、b、c极的对地电压就可以检查出电路工作是否正常。对于多级直流放大电路，只测各管的e、b、c极的对地电压还不能判断电路工作是否正常时，可以分别测量e、b和b、c间的电压来检查电路的工作状态。这是因为测量e、b和b、c极间电压比测量对地电压要敏感和准确。放大电路的基极偏置正确，不能说明交流信号的有无，因而测量各点直流电压只能用来检查直流工作点。

3. 短路与断路检查法

短路与断路检查是一种较特殊的方法。所谓短路和断路检查，是指根据电路的故障

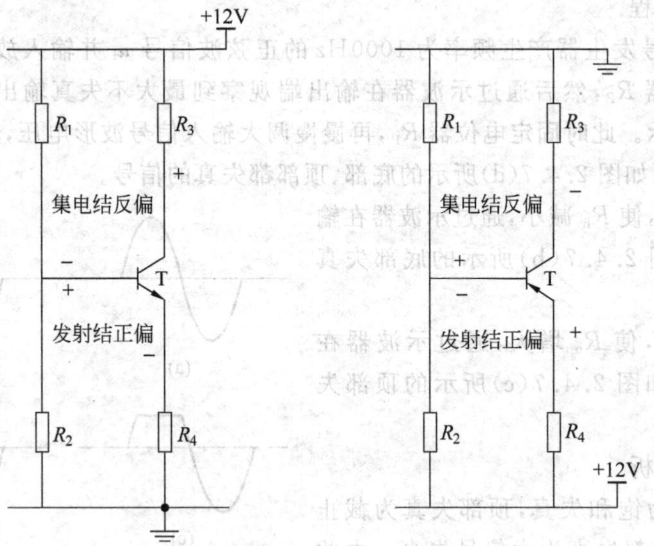

图 2.5.1 放大电路

情况来选定某一个合适的部位，人为地将电路的某处作交流或直流短路或断路，然后观察电路的变化和反应，以此判断电路的故障。

短路和断路检查法既可以用来检查单级电路，也可以用来检查多级电路，尤其适合检查多级直流耦合的大回环形电路。大回环形的电路在其某处短路和断路后可以使电路断环，变成链式结构，以避免电路前、后级之间存在的相互牵制作用，便于电路检查，同时提高故障判断的准确性。

短路和断路检查不可以随意在电路的任何部位进行，必须遵循一定的规律；否则，不仅得不到应有的检查结果，还可能使元器件损坏。选择部位应注意下列两个问题。

① 不应使元件因过载（过电流或过电压）而造成损失。一般来说，当集电极为电感负载，且电源中无退耦电阻或退耦电阻过小时，都不应在这些部位进行直流和交流短路检查。当电路的断路会使电路产生过电压时，也不宜进行断路检查。

② 必须便于检查和判断电路故障，也就是说，部位的选择必须能够使电路的反应符合一定的逻辑规律。例如，当被检查电路的电压（或电流）超过正常值时，如果选择的部位被短路或断路，根据电路的内在关系应该能使电压（或电流）恢复正常或下降。

(1) 交流短路检查法

交流短路指不破坏电路的直流工作状态，将交流信号去掉（短路）。交流短路法比较简单，采用旁路电容即可使交流信号短路。在低频时，旁路电容的容量可大些，为几微法至几十微法；在频率较高时，如对行频和视频可用 0.1～0.47μF，对中频以上的频率可以用几千微微法至 0.01 微法。交流短路适用于下列检查内容。

① 用于电路自激时的检查。可逐一将各级输入/输出交流电路短路，根据自激消失与否，确定自激可能产生的部位。

② 当电路存在干扰时，通过交流短路，检查干扰信号的窜入部位。

例如，当显像管上产生黑白影条干扰时，可以用一个 0.1μF 的电容将显像管各极一一对地交流短路。如影条消失或改善，说明行干扰是从该级窜入；如各级旁路均无效，说明故障可能由偏转电流的失真引起。

(2) 直流短路、断路和断环检查法

直流短路或断路检查主要用于检查电路的直流工作状态。直流短路或断路可根据具体情况来实施。通常，如某个部位可以对地(或对电源)短路，一般就不采用断路方法，因为短路要比断路方便。当对地或对电源短路而引起电路过载或其他问题时，只能采取断路的方法。

单级电路的直流短路大多用来检查晶体管的工作情况。在图 2.5.1 中，若晶体管良好，短路 e 极和 b 极可使晶体管 c 极电压上升至电源电压；e 极对地短路，可以使晶体管 c 极电压几乎下降为零。此方法只在集电极采用电阻负载或者电感回路上串有较大的电源退耦电阻时采用；若集电极仅为电感回路而无电源退耦电阻，则不宜采用。这是因为无法反映集电极电压变化，而且会引起集电极电流过大而损坏晶体管。

对于集电极为电感回路或者电源的退耦电阻很小的共集电极电路，可以采用对地短路 b 极的方法进行电路检查。采用此法时，e 极电压为零(如有电压，说明管子的 e、c 极间击穿或穿透电流过大)。采用 b 极和 e 极短路的方法时，e 极电位应明显下降，若不下降，说明 c 极开路或 e、b 极之间击穿。

2.6　常用三极管单元电路介绍

三极管构成的放大电路有很多形式，下面介绍常用单元电路的结构及特点。

2.6.1　分压式偏置共发射极放大电路

图 2.6.1 所示为分压式偏置共射放大电路。该电路与前述基本共射电路相比，不同之处在于基极的偏置采用电阻 R_{B1} 和 R_{B2} 的分压形式，而且发射极接一个反馈电阻 R_E。该电路能够稳定其静态工作点。由实践可知，三极管的参数(包括穿透电流 I_{CEO}、电流放大系数 β 和发射结的正向压降 U_{BE} 等)都会随着环境温度的改变而变化，使已设置好的静态工作点 Q 发生较大的移动，严重时将使波形失真，如图 2.6.2 所示。

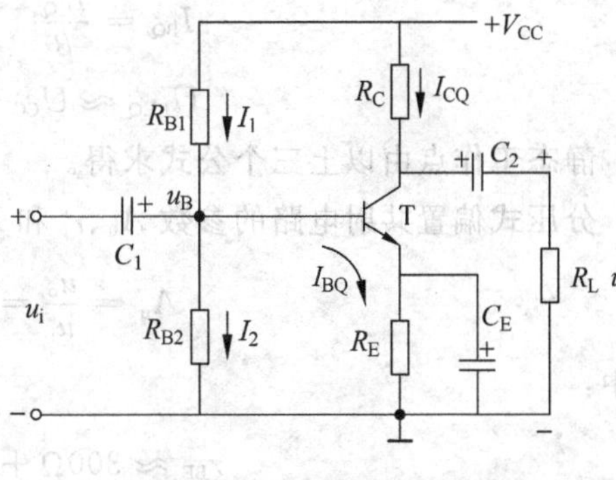

图 2.6.1　分压式偏置电路

环境温度 T 上升时，β 及 I_{CEO} 随之上升，整个输出特性的曲线族将上移，曲线间隔加宽，在相同的偏流 I_B 的情况下 I_C 增大，因而静态工作点 Q 上移，波形产生饱和失真。分压式偏置电路从以下两个方面稳定静态工

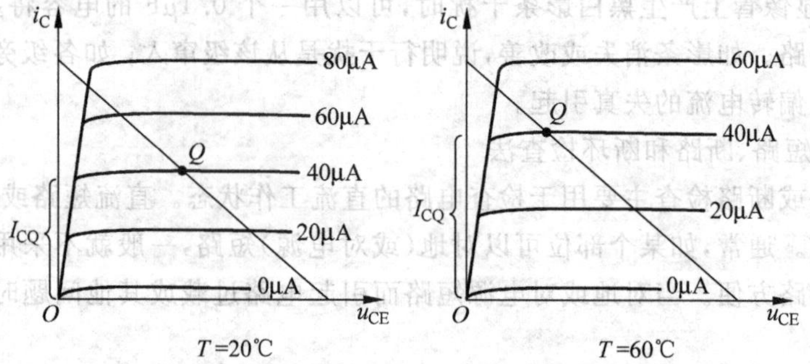

图 2.6.2　温度对静态工作点的影响

作点。

① 利用电阻固定基极电位 U_B。设流过电阻 R_{B1} 和 R_{B2} 的电流分别是 I_1 和 I_2，显然 $I_1 = I_2 + I_{BQ}$。由于一般 I_{BQ} 较小，只要合理选择参数，使 $I_1 \gg I_{BQ}$，即可认为 $I_1 \approx I_2$，这样，基极电位为

$$U_B = \frac{U_{CC}}{R_{B1} + R_{B2}} R_{B2}$$

该式表示，U_B 只与 U_{CC} 和电阻 R_{B1}、R_{B2} 有关，它们受温度的影响小，可认为固定值不随温度的变化而变化。

② 利用发射极电阻 R_E 起负反馈作用，实现静态工作点的稳定。其稳定静态工作点的过程如下：$T\uparrow \rightarrow I_{CQ}\uparrow \rightarrow U_{EQ}\uparrow \rightarrow U_{BEQ}\downarrow \rightarrow I_{BQ}\downarrow \rightarrow I_{CQ}\downarrow$。如果合理选择参数，使 $U_B \gg U_{BE}$，则有

$$I_{CQ} \approx I_{EQ} = \frac{U_B - 0.7(\text{V})}{R_E} \approx \frac{U_B}{R_E}$$

上式说明，I_{CQ} 是稳定的，只与固定电压和电阻有关，和 β 无关，同时在更换管子时，不会改变原先已调好的静态工作点，且有

$$I_{BQ} = \frac{I_{CQ}}{\beta}$$

$$U_{CEQ} \approx U_{CC} - I_{CQ}(R_C + R_E)$$

静态工作点由以上三个公式求得。

分压式偏置共射电路的参数 A_u、r_i 和 R_o 计算如下：

$$A_u = \frac{u_o}{u_i} = -\frac{\beta(R_C \,//\, R_L)}{r_{BE}}$$

式中：

$$r_{BE} \approx 300\Omega + (1+\beta)\frac{26(\text{mV})}{I_{EQ}(\text{mA})}$$

$$r_i = R_{B1} \,//\, R_{B2} \,//\, r_{BE}$$

$$r_o \approx R_C$$

式中符号“//”表示电阻并联。

2.6.2 调谐放大器

调谐放大电路是指以电容器和电感器组成的回路为负载，增益和负载阻抗随频率而变的放大电路。这种回路通常被调谐到待放大信号的中心频率上。由于调谐回路的并联谐振阻抗在谐振频率附近的数值很大，放大器可得到很大的电压增益；而在偏离谐振点较远的频率上，回路阻抗下降很快，使放大器增益迅速减小，因而调谐放大器通常是一种增益高且频率选择性好的窄带放大器。

调谐放大器的调谐回路可以是单调谐回路，也可以是由两个回路相耦合的双调谐回路。它可以通过互感与下一级耦合，也可以通过电容与下一级耦合。一般来说，采用双调谐回路的放大器，其频率响应在通频带内可以做得较为平坦，在频带边缘上有更陡峭的截止。超外差接收机中的中频放大器常采用双回路的调谐放大器。单级调谐放大器的增益与带宽的乘积受到放大器件参数的限制。在器件已选定时，放大器的增益越高，带宽就越窄。为保证有足够的增益和适当的带宽，往往采用几级调谐放大器级联。有时将两级(或三级)放大器的回路分别调谐到两个(或三个)不同的频率上，构成参差调谐放大器。这种放大器具有较宽的频带，总增益较高，但放大器的调整较麻烦。下面分别讨论各种放大器。

1. 单回路调谐放大器

单回路调谐放大器的通频带和选择性取决于谐振曲线，与理想的矩形谐振曲线相比相差甚远，因此这种电路只能用于通频带和选择性要求不高的场合。其电路优点是调整方便、工作稳定；缺点是失真大。

读者可分别作出该电路的直流通路和交流通路，进行更详细的分析。

(1) LC 并联谐振回路的频率特性

LC 正弦波振荡电路中经常用到的 LC 并联谐振回路如图 2.6.3 所示，图中的 R 是回路的等效损耗电阻。由图 2.6.3 可求出 LC 并联谐振回路的等效阻抗。

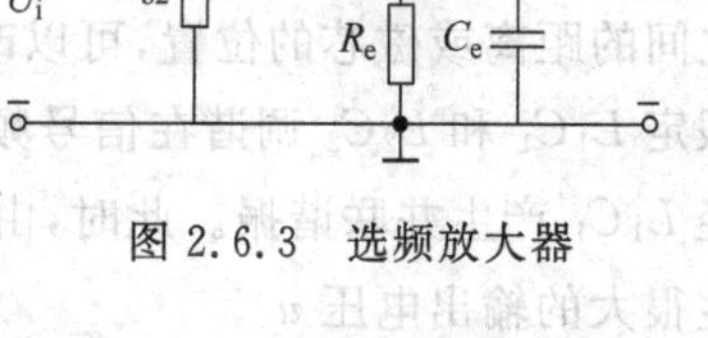

图 2.6.3 选频放大器

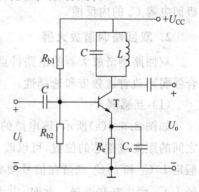

当 $\omega L=\frac{1}{\omega C}$时，电路发生并联谐振，其谐振角频率为

$$\omega_0=\frac{1}{\sqrt{LC}}$$

谐振频率为

$$f_0=\frac{1}{2\pi\sqrt{LC}}$$

谐振时，LC 回路的等效阻抗为纯电阻，阻值最大。

分析 LC 并联谐振回路可得出如下结论：当外加信号频率 $f=f_0$时，产生并联谐振，回路等效阻抗达到最大值 Z_0，且为纯电阻，相位角 $\varphi=0°$；当 f 偏离 f_0 时，等效阻抗减小。总之，LC 并联谐振回路的阻抗 Z 在某一特殊频率 f_0 上具有阻抗模达到最大值且为纯电阻性，而在其他频率上阻值相应减小且为某一电抗性质(感性或容性)的特点，这就是

LC 并联谐振回路的选频特性。选频能力的强弱与回路的 Q 值有关，Q 值越大，幅频特性曲线越尖锐，相位角随频率变化越快，选频特性越好。

(2) 选频放大器

选频放大器是构成 LC 正弦波振荡电路的基础，其电路如图 2.6.3 所示。电感抽头和变压器的作用是减少外界对谐振回路的影响，以保证有高的 Q 值。

LC 并联谐振回路作为共射放大电路的集电极负载，其电路的静态工作情况已讨论过。根据 LC 并联谐振回路的频率特性，当 $f=f_0$ 时，阻抗 Z 呈纯电阻性且其值最大，此时电压放大倍数的数值最大，且无附加相移；对于其他频率的信号，电压放大倍数不但数值减小，而且有附加相移，这就是选频放大器的选频特性。也就是说，选频放大器只对某一特殊频率 f_0 及其附近很窄的频率范围内的信号有放大作用，对其他频率的信号则加以抑制。

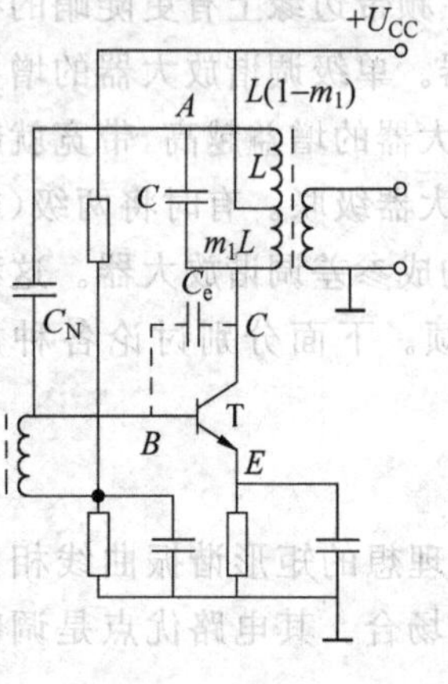

图 2.6.4 单调谐回路

(3) 电路实做

可以用万能板替代印制板，自己焊接电路。首先开列元器件清单，然后到市场购买器件，再按电路图焊接，最后用示波器实测振荡器波形。

注意，应上网查询所买器件的使用说明书或购买时索要使用说明书，弄懂器件各管脚的作用以及使用电压范围等，然后再焊接。焊接时不要出错。

放大器件的杂散参量对调谐放大器的性能有影响。例如，由于晶体管集电结电容 C_e 的反馈作用，可能使放大器工作不稳定，甚至产生自激振荡，通常用中和的方法来消除。图 2.6.4 所示是带中和电路的调谐放大器，C_N 是中和电容器。输出信号由回路电感 L 经 C_N 反馈至放大器的输入端，以抵消极间电容 C_e 的内反馈。

2. 双回路调谐放大器

双回路调谐放大器的电路特点是集电极负载采用两个谐振回路，利用它们之间的耦合强弱来改善通频带和选择性。

(1) 互感耦合

如图 2.6.5(a)所示，该电路的特点是双调谐回路依靠互感实现耦合。调节 L_1 和 L_2 之间的距离或磁芯的位置，可以改变耦合程度，从而改善通频带和选择性，其工作原理是：假定 L_1C_1 和 L_2C_2 调谐在信号频率上，输入信号 u_i 通过 T_1 送到 T 时，集电极信号电流经 L_1C_1 产生并联谐振。此时，由于互感耦合，L_1 中的电流在 L_2C_2 回路电感的抽头处产生很大的输出电压 u_o。

(2) 电容耦合

如图 2.6.5(b)所示，该电路的特点是通过外接电容 C_k 实现两个调谐回路之间的耦合，改变 C_k 的大小就可以改变耦合程度，从而改善通频带和选择性。

选择性和通频带与耦合程度的关系如图 2.6.6 所示。弱耦合时，谐振曲线出现单峰；强耦合时，谐振曲线出现双峰，中心频率 f_0 处下凹的程度与耦合强度成正比；临界耦合时，谐振曲线也呈单峰，但中心频率 f_0 处曲线较平坦。可见，谐振曲线在临界耦合时与理想的矩形谐振曲线很接近。

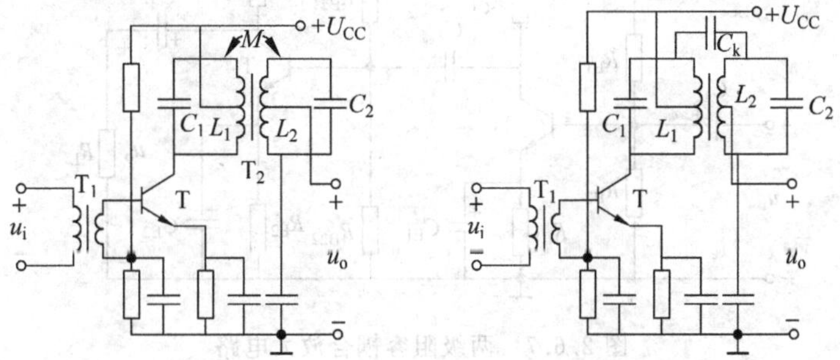

(a) 互感耦合　　(b) 电容耦合

图 2.6.5　双回路调谐放大器

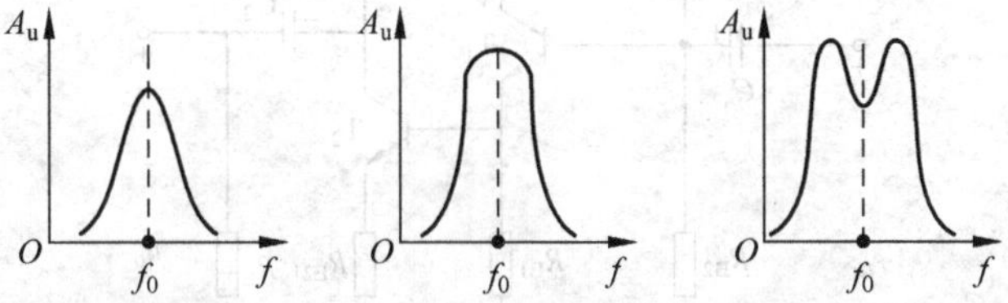

(a) 耦合较弱　　(b) 耦合适当　　(c) 耦合较强

图 2.6.6　双回路调谐的谐振曲线

双回路调谐放大器有较好的通频带和选择性，所以应用广泛。读者可分别作出该电路的直流通路和交流通路，进行更详细的分析。

2.6.3　多级电压放大器的几种耦合方式

为了获得较高的电压增益，可以把若干个单级放大电路连接起来，构成多级放大器。在多级放大器中，各级间的连接方式称为耦合方式。常用的耦合方式有阻容耦合、直接耦合和变压器耦合。

1. 阻容耦合放大电路

图 2.6.7 所示是由两级分压式偏置电路组成的阻容耦合多级电压放大电路，其特点是各级静态工作点互相独立，每一级可以单独调试静态工作点，调好后互不影响。

2. 直接耦合放大电路

图 2.6.8 所示是共集、共射直接耦合多级电压放大电路，其各级静态工作点互相不独立。在图 2.6.8 中，T_1 和 T_2 的静态工作点的 I_{CQ} 计算方法如下。

$$U_{B1}=\frac{U_{CC}R_{B2}}{R_{B1}+R_{B2}}$$

$$I_{CQ1}\approx I_{EQ1}=\frac{U_B-0.7}{R_{E1}}$$

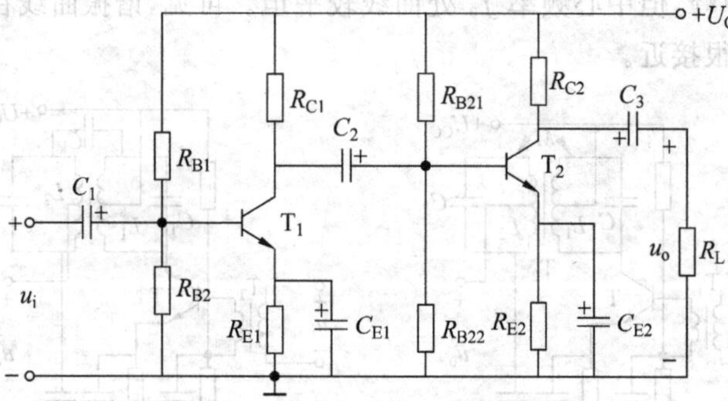

图 2.6.7　两级阻容耦合放大电路

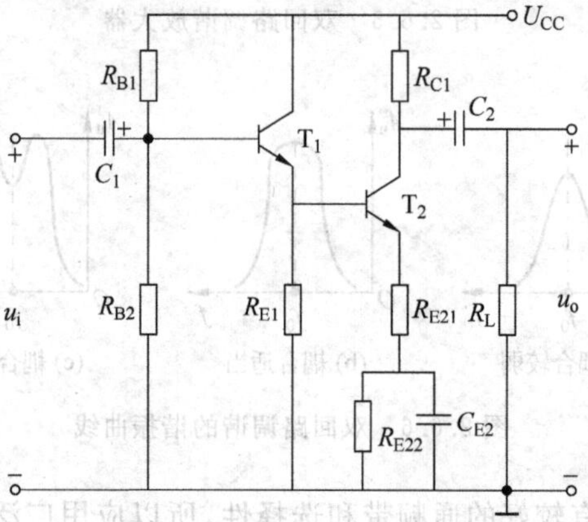

图 2.6.8　直接耦合放大电路

$$I_{CQ2} \approx I_{EQ2} = \frac{U_{B1} - 0.7 - 0.7}{R_{E21} + R_{E22}}$$

3. 变压器耦合放大电路

图 2.6.9 所示是常见的变压器耦合放大电路，变压器原、副边之间具有隔直耦合作用。和阻容耦合一样，变压器耦合电路中各级的静态工作也是独立的，变压器除有隔直耦合作用外，同时具有阻抗变换作用。如图 2.6.10 所示，若变压器的原边匝数为 N_1，副边匝数为 N_2，变压器的变比为 k，则变压器原、副边电流、电压与匝数之间有如下关系。

$$\frac{U_1}{U_2} = \frac{N_1}{N_2} = k$$

$$\frac{I_1}{I_2} = \frac{N_2}{N_1} = \frac{1}{k}$$

所以，从原边看进去的等效电阻为

$$R'_L = \frac{U_1}{I_1} = k^2 R_L$$

合理地选择变压器的匝数比，可以得到所需的等效电阻值。其缺点是变压器体积大，重量重，一般只用于需要进行阻抗变换的大功率的功率放大电路中。

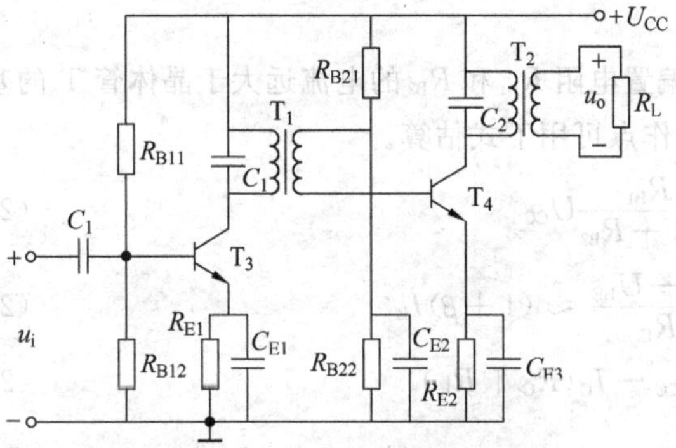

图 2.6.9　变压器耦合放大电路

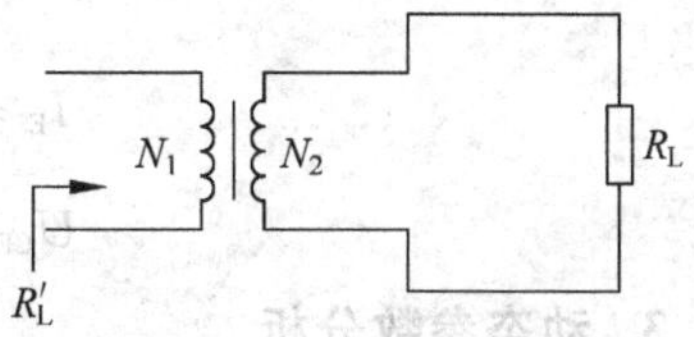

图 2.6.10　变压器实现阻抗匹配

实训 2　三极管放大器的制作及调试

［实训目的］

1. 掌握共射单管放大电路的设计方法。

2. 学会放大器静态工作点的调试方法，理解电路元件参数对静态工作点和放大器性能的影响。

3. 掌握放大器电压放大倍数、输入电阻、输出电阻及最大不失真输出电压的测试方法。

4. 熟悉常用电子仪器及模拟电路实验设备的使用。

［实训原理］

1. 原理简述

实训图 2.1 所示为电阻分压式静态工作点稳定放大器电路。它的偏置电路采用 R_{B1} 和 R_{B2} 组成的分压电路，并在发射极中接有电阻 R_E，以稳定放大器的静态工作点。当在放大器的输入端加入输入信号 u_i 后，在放大器的输出端可得到一个与 u_i 相位相反，幅值被放大了的输出信号 u_o，实现电压放大。

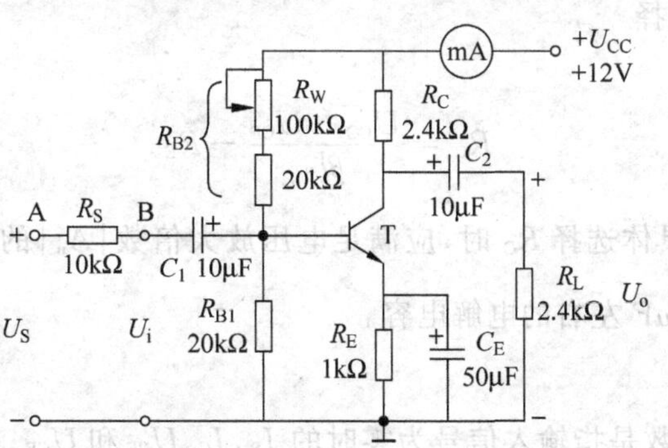

实训图 2.1　共射极单管放大器实训电路

2. 静态参数分析

在实训图 2.1 所示电路中，当流过偏置电阻 R_{B1} 和 R_{B2} 的电流远大于晶体管 T 的基极电流 I_B 时(一般 5～10 倍)，则其静态工作点可用下式估算。

$$U_B \approx \frac{R_{B1}}{R_{B1}+R_{B2}}U_{CC} \tag{2.1}$$

$$I_E \approx \frac{U_B - U_{BE}}{R_E} \approx (1+\beta)I_B \tag{2.2}$$

$$U_{CE} = U_{CC} - I_C(R_C + R_E) \tag{2.3}$$

3. 动态参数分析

电压放大倍数为

$$A_u = -\beta\frac{R_C /\!/ R_L}{r_{be}} \tag{2.4}$$

输入电阻为

$$R_i = R_{B1} /\!/ R_{B2} /\!/ r_{be} \tag{2.5}$$

输出电阻为

$$R_o \approx R_C \tag{2.6}$$

4. 电路参数的设计

(1) 电阻 R_E 的选择

根据式(2.1)和式(2.2)得

$$R_E = \frac{U_B}{(1+\beta)I_B} \tag{2.7}$$

式中，β 的取值范围为 60～150，U_B 选择 3～5V，I_B 可根据 β 和 I_{CM} 选择。

(2) 电阻 R_{B1} 和 R_{B2} 的选择

流过 R_{B2} 的电流 I_{RB} 一般为(5～10)I_B，所以 R_{B1} 和 R_{B2} 可由下式确定。

$$R_{B1} = \frac{U_B}{I_{RB} - I_B} \tag{2.8}$$

$$R_{B2} = \frac{U_{CC} - U_B}{I_{RB}} \tag{2.9}$$

(3) 电阻 R_C 的选择

根据式(2.3)得

$$R_C = \frac{U_{CC} - U_{CE}}{\beta I_B} - R_E \tag{2.10}$$

式中，$U_{CE} \approx \frac{1}{2}U_{CC}$。具体选择 R_C 时，应满足电压放大倍数 $|A_u|$ 的要求。此外，电容 C_1、C_2 和 C_e 可选择为 10μF 左右的电解电容。

5. 测量与调试

放大器的静态参数是指输入信号为零时的 I_B、I_C、U_{BE} 和 U_{CE}。动态参数为电压放大倍数、输入电阻、输出电阻、最大不失真电压和通频带等。

(1) 静态工作点的测量

测量放大器的静态工作点，应在输入信号 $u_i=0$ 的情况下进行，即将放大器输入端与地端短接，然后选用量程合适的直流毫安表和直流电压表分别测量晶体管的集电极电流 I_C 以及各电极对地的电位 U_B、U_C 和 U_E。一般实验中，为了避免断开集电极，采用测量电压 U_E 或 U_C，然后算出 I_C 的方法。例如，只要测出 U_E，即可用 $I_C \approx I_E=\dfrac{U_E}{R_E}$ 算出 I_C $\left(\text{也可根据 } I_C=\dfrac{U_{CC}-U_C}{R_C}\text{，由 } U_C \text{ 确定 } I_C\right)$，同时算出 $U_{BE}=U_B-U_E$，$U_{CE}=U_C-U_E$。

为了减小误差，提高测量精度，应选用内阻较高的直流电压表。

(2) 静态工作点的调试

放大器静态工作点的调试是指对三极管集电极电流 I_C(或 U_{CE})的调整与测试。

静态工作点是否合适，对放大器的性能和输出波形都有很大影响。若工作点偏高，放大器在加入交流信号以后易产生饱和失真，此时 u_o 的负半周将被削底(底部失真)，如实训图 2.2(a)所示；若工作点偏低，易产生截止失真，即 u_o 的正半周被缩顶(一般情况下，截止失真不如饱和失真明显)，如实训图 2.2(b)所示。这些情况都不符合不失真放大的要求。所以在选定工作点以后还必须进行动态调试，即在放大器的输入端加入一定的输入电压 u_i，检查输出电压 u_o 的大小和波形是否满足要求。若不满足，应调节静态工作点的位置。

改变电路参数 U_{CC}、R_C、R_B(R_{B1}、R_{B2})都会引起静态工作点的变化，如实训图 2.3 所示。通常采用调节偏置电阻 R_{B2} 的方法来改变静态工作点，如减小 R_{B2}，可使静态工作点提高。

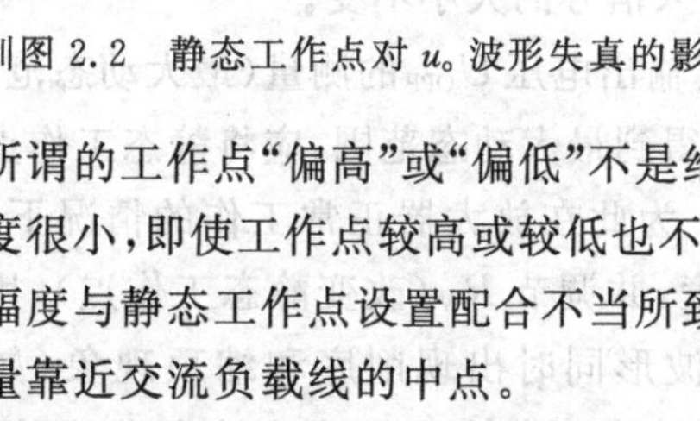

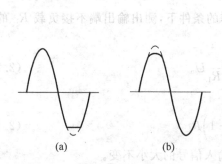

实训图 2.2 静态工作点对 u_o 波形失真的影响

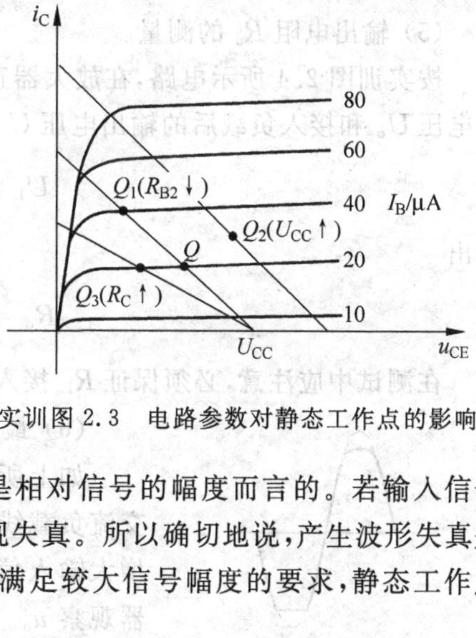

实训图 2.3 电路参数对静态工作点的影响

所谓的工作点“偏高”或“偏低”不是绝对的，是相对信号的幅度而言的。若输入信号的幅度很小，即使工作点较高或较低也不一定出现失真。所以确切地说，产生波形失真是信号幅度与静态工作点设置配合不当所致。如需满足较大信号幅度的要求，静态工作点应尽量靠近交流负载线的中点。

(3) 电压放大倍数 A_u 的测量

调整放大器到合适的静态工作点，然后加上输入电压 u_i，在输出电压 u_o 不失真的情况下，用交流毫伏表测出 u_i 和 u_o 的有效值 U_i 和 U_o，则

$$A_u = \frac{U_o}{U_i} \tag{2.11}$$

(4) 输入电阻 R_i 的测量

为了测量放大器的输入电阻，按实训图 2.4 所示电路在被测放大器的输入端与信号源之间串入一个已知电阻 R。在放大器正常工作的情况下，用交流毫伏表测出 U_S 和 U_i，再根据输入电阻的定义可得

$$R_i = \frac{U_i}{I_i} = \frac{U_i}{\frac{U_R}{R}} = \frac{U_i}{U_S - U_i} R \tag{2.12}$$

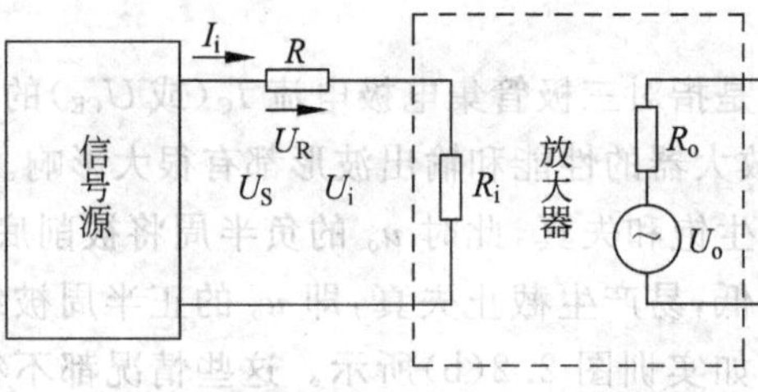

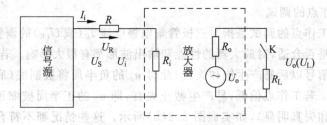

实训图 2.4 输入、输出电阻测量电路

测量时应注意下列两点。

① 由于电阻 R 两端没有电路公共接地点，所以测量 R 两端电压 U_R 时，必须分别测出 U_S 和 U_i，然后按 $U_R = U_S - U_i$ 求出 U_R 值。

② 电阻 R 的值不宜取得过大或过小，以免产生较大的测量误差。通常取 R 与 R_i 为同一数量级为好，本实验可取 $R = 1 \sim 2\text{k}\Omega$。

(5) 输出电阻 R_o 的测量

按实训图 2.4 所示电路，在放大器正常工作的条件下，测出输出端不接负载 R_L 的输出电压 U_o 和接入负载后的输出电压 U_L，根据

$$U_L = \frac{R_L}{R_o + R_L} U_o \tag{2.13}$$

求出

$$R_o = \left(\frac{U_o}{U_L} - 1\right) R_L \tag{2.14}$$

在测试中应注意，必须保证 R_L 接入前、后输入信号的大小不变。

(6) 最大不失真输出电压 U_{OPP} 的测量（最大动态范围）

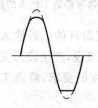

实训图 2.5 静态工作点正常，输入信号太大引起的失真

如上所述，为了得到最大动态范围，应将静态工作点调在交流负载线的中点。为此在放大器正常工作的情况下，逐步增大输入信号的幅度，并调节 R_W（改变静态工作点），用示波器观察 u_o。当输出波形同时出现削底和缩顶现象（如实训图 2.5所示）时，说明静态工作点已调在交流负载线的中点。反复调整输入信号，使波形输出幅度最大且无明显失真时，用交流毫伏表测出 U_o（有效值），则动态范围等于 $2\sqrt{2}U_o$；或用

示波器直接读出U_{OPP}值。

(7) 放大器幅频特性的测量

放大器的幅频特性是指放大器的电压放大倍数A_u与输入信号频率f之间的关系曲线。单管阻容耦合放大电路的幅频特性曲线如实训图2.6所示，A_{um}为中频电压放大倍数，通常将电压放大倍数随频率变化下降到中频放大倍数的$1/\sqrt{2}$，即$0.707A_{um}$时所对应的频率分别称为下限频率f_L和上限频率f_H，则通频带$f_{BW}=f_H-f_L$。

测量放大器的幅频特性就是测量不同频率信号时的电压放大倍数A_u。为此，采用前述测量A_u的方法，每改变一次信号频率，测量其相应的电压放大倍数。测量时应注意取点恰当，在低频段与高频段应多测几点，在中频段可以少测几点。此外，在改变频率时，要保持输入信号的幅度不变，且输出波形不得失真。

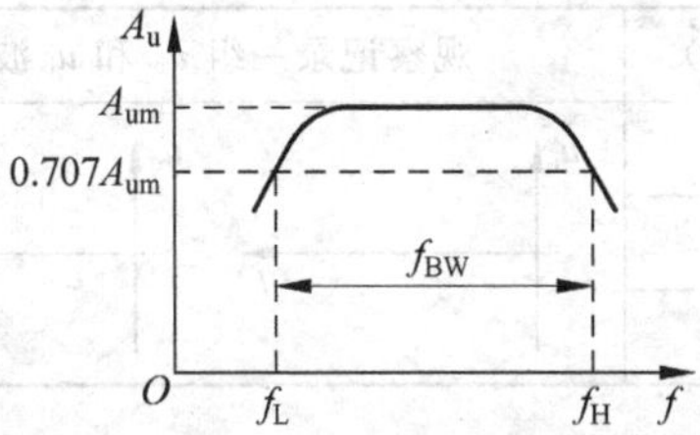

实训图2.6 幅频特性曲线

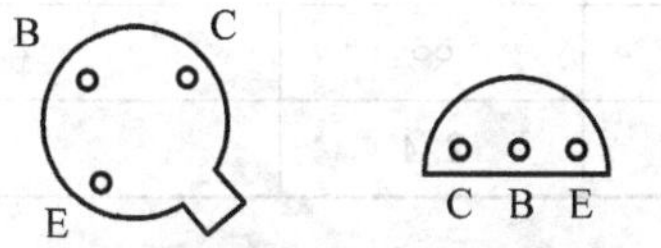

实训图2.7 晶体三极管管脚排列

[实训设备与器件]

+12V直流电源、函数信号发生器、双踪示波器、交流毫伏表、直流电压表、直流毫安表、频率计、万用电表、晶体三极管3DG6($\beta=50\sim150$)或9011(管脚排列如实训图2.7所示，9011(NPN)、9012(PNP)、9013(NPN))以及电阻器、电容器若干。

[实训内容与步骤]

设计一个负载电阻为$R_L=2.4\text{k}\Omega$，电压放大倍数$|A_u|>50$的静态工作点稳定的放大电路。晶体管可选择3DG6、9011，电流放大系数$\beta=60\sim150$，$I_{CM}\geqslant100\text{mA}$，$P_{CM}\geqslant450\text{mW}$。

画出放大电路的原理图，可以利用Multisim进行仿真或者在实验设备上实现，并按要求测量出放大电路的各项指标。

实训电路如实训图2.1所示。正确连接各电子仪器，为防止干扰，各仪器的公共端必须连在一起，同时信号源、交流毫伏表和示波器的引线应采用专用电缆线或屏蔽线。若使用屏蔽线，则屏蔽线的外包金属网应接在公共接地端上。

(1) 调试静态工作点

接通直流电源前，先将R_W调至最大，将函数信号发生器输出旋钮旋至零。接通+12V电源并调节R_W，使$I_C=2.0\text{mA}$(即$U_E=2.0\text{V}$)，用直流电压表测量U_B、U_E和U_C值，用万用电表测量R_{B2}值并记入实训表2.1。

(2) 测量电压放大倍数

在放大器输入端加频率为1kHz的正弦信号u_S，然后调节函数信号发生器的输出旋钮，使放大器输入电压$u_i\approx10\text{mV}$，同时用示波器观察放大器输出电压u_o的波形。在波形

实训表 2.1 调试静态工作点实训表

$I_C=2mA$

测 量 值				计 算 值		
U_B/V	U_E/V	U_C/V	R_{B2}/kΩ	U_{BE}/V	U_{CE}/V	I_C/mA

不失真的条件下,用交流毫伏表测量下述三种情况下的 u_o 值,并用双踪示波器观察 u_o 和 u_i 的相位关系,记入实训表 2.2。

实训表 2.2 测量电压放大倍数实训表

$I_C=2.0mA$, $u_i=10mV$

R_C/kΩ	R_L/kΩ	u_o/V	A_u(计算)	观察记录一组 u_o 和 u_i 波形
2.4	∞			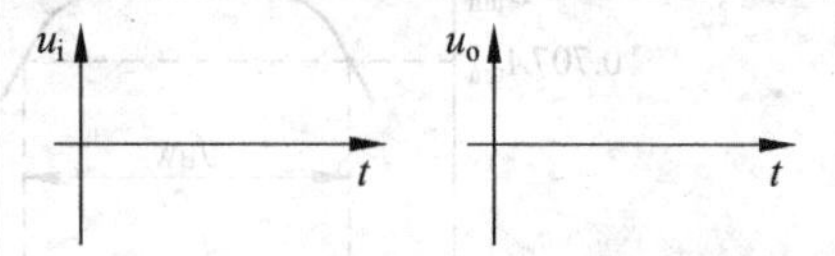
1.2	∞			
2.4	2.4			

(3) 观察静态工作点对电压放大倍数的影响

置 $R_C=2.4k\Omega$,$R_L\to\infty$,U_i 适量,然后调节 R_W,用示波器监视输出电压波形。在 u_o 不失真的条件下,测量 I_C 和 u_o 的值,记入实训表 2.3。

实训表 2.3 观察静态工作点对电压放大倍数的影响实训表

$R_C=2.4k\Omega$, $R_L\to\infty$, $u_i=$ mV

I_C/mA			2.0		
u_o/V					
A_u(计算)					

测量 I_C 时,要先将信号源输出旋钮旋至零(即使 $u_i=0$)。

(4) 观察静态工作点对输出波形失真的影响

置 $R_C=2.4k\Omega$,$R_L=2.4k\Omega$,$u_i=0$,然后调节 R_W 使 $I_C=2.0mA$,测出 U_{CE} 值;再逐步加大输入信号,使输出电压 u_o 足够大但不失真。然后,保持输入信号不变,分别增大和减小 R_W,使波形出现失真,绘出 u_o 的波形,并测出失真情况下的 I_C 和 U_{CE} 值,记入实训表 2.4。每次测 I_C 和 U_{CE} 值时,都要将信号源的输出旋钮旋至零。

(5) 测量最大不失真输出电压

置 $R_C=2.4k\Omega$,$R_L=2.4k\Omega$,按照实验原理中所述方法,同时调节输入信号的幅度和电位器 R_W,用示波器和交流毫伏表测量 U_{OPP} 及 u_o 值,记入实训表 2.5。

(6) 测量输入电阻和输出电阻

置 $R_C=2.4k\Omega$,$R_L=2.4k\Omega$,$I_C=2.0mA$。输入 $f=1kHz$ 的正弦信号,在输出电压 u_o 不失真的情况下,用交流毫伏表测出 u_S、u_i 和 u_L;保持 u_S 不变,断开 R_L,测量输出电压

u_o,记入实训表 2.6。

实训表 2.4 观察静态工作点对输出波形失真的影响实训表

$R_C = 2.4\text{k}\Omega$, $R_L = \infty$, $u_i =$ mV

I_C/mA	U_{CE}/V	u_o 波形	失真情况	三极管工作状态
		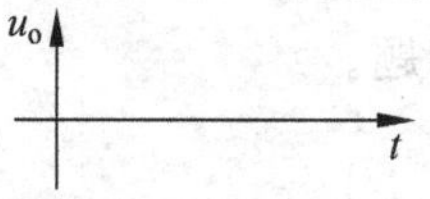		
2.0		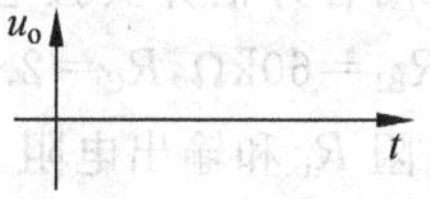		
		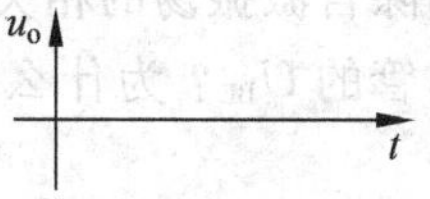		

实训表 2.5 测量最大不失真输出电压实训表

$R_C = 2.4\text{k}\Omega$, $R_L = 2.4\text{k}\Omega$

I_C/mA	u_{im}/mV	u_{om}/V	U_{OPP}/V

实训表 2.6 测量输入电阻和输出电阻实训表

$I_C = 2\text{mA}$, $R_C = 2.4\text{k}\Omega$, $R_L = 2.4\text{k}\Omega$

u_S/mV	u_i/mV	R_i/kΩ		u_L/V	u_o/V	R_o/kΩ	
		测量值	计算值			测量值	计算值

(7) 测量幅频特性曲线

取 $I_C = 2.0\text{mA}$, $R_C = 2.4\text{k}\Omega$, $R_L = 2.4\text{k}\Omega$。保持输入信号 u_i 的幅度不变,改变信号源频率 f,逐点测出相应的输出电压 u_o 记入实训表 2.7。

实训表 2.7 测量幅频特性曲线实训表

$u_i =$ mV

输入频率	f_l	f_o	f_n
f/kHz			
u_o/V			
$A_u = u_o/u_i$			

为了信号源频率 f 取值合适,可先粗测估计一下,找出中频范围,然后再仔细读数。

说明:本实验内容较多,(3)、(7)项可作为选做内容。

[**实训总结**]

1. 列表整理测量结果，并把实测的静态工作点、电压放大倍数、输入电阻、输出电阻之值与理论计算值进行比较(取一组数据来比较)，分析产生误差的原因。

2. 总结 R_C、R_L 及静态工作点对放大器电压放大倍数、输入电阻和输出电阻的影响。

3. 讨论静态工作点变化对放大器输出波形的影响。

4. 分析讨论在调试过程中出现的问题。

[**预习要求**]

1. 阅读教材中有关单管放大电路的内容并估算实验电路的性能指标。

假设 3DG6 的 $\beta=100$，$R_{B1}=20\text{k}\Omega$，$R_{B2}=60\text{k}\Omega$，$R_C=2.4\text{k}\Omega$，$R_L=2.4\text{k}\Omega$，估算放大器的静态工作点、电压放大倍数 A_u、输入电阻 R_i 和输出电阻 R_o。

2. 查阅有关放大器抗干扰技术和消除自激振荡的相关知识。

3. 能否用直流电压表直接测量晶体管的 U_{BE}？为什么实验中要采用测量 U_B、U_E，再间接算出 U_{BE}的方法？

4. 怎样测量 R_{B2}阻值？

5. 当调节偏置电阻 R_{B2}，使放大器输出波形出现饱和或截止失真时，晶体管的管压降 U_{CE}怎样变化？

6. 改变静态工作点对放大器的输入电阻 R_i 有否影响？改变外接电阻 R_L 对输出电阻 R_o 有否影响？

7. 在测试 A_u、R_i 和 R_o 时，怎样选择输入信号的大小和频率？为什么信号频率一般选 1kHz，而不选 100kHz 或更高？

8. 测试中，如果将函数信号发生器、交流毫伏表、示波器中任一仪器的两个测试端子接线换位(即各仪器的接地端不再连在一起)，将会出现什么问题？

chapter 3 ◇第 3 章

集成运算放大器及其应用

在第 2 章已经讨论了三极管组成的放大电路，该电路的放大倍数与三极管本身的属性（放大系数 β）有关。放大电路的放大倍数很不稳定，随着环境温度的变化而变化。集成运算放大器的放大倍数与其本身的属性无关，只与电阻有关，很好地解决了放大器的稳定问题。下面具体讨论集成运算放大器的相关知识。

3.1 集成运算放大器的主要参数和特点

集成运算放大器是模拟集成电路的一个重要分支，它实际上就是一个高增益、高输入电阻、低输出电阻的多级直接耦合放大器。集成运算放大器利用了集成工艺，将运算放大器的所有元件集成制作在同一块硅片上，然后封装在管壳内。集成运算放大器简称为集成运放。随着电子技术的飞速发展，集成运放的各项性能不断提高，目前，其应用领域涉及计算技术、信息处理以及通信工程等各个方面。使用集成运放，只需另加少数几个外部元件，就可以方便地实现很多电路功能。可以说，集成运放是模拟电子技术领域中的核心器件之一。

3.1.1 集成运算放大器的主要参数

1. 集成运放的组成框图

集成运算放大器的典型电路结构由输入级、中间级、输出级和偏置电路四部分组成，如图 3.1.1 所示。

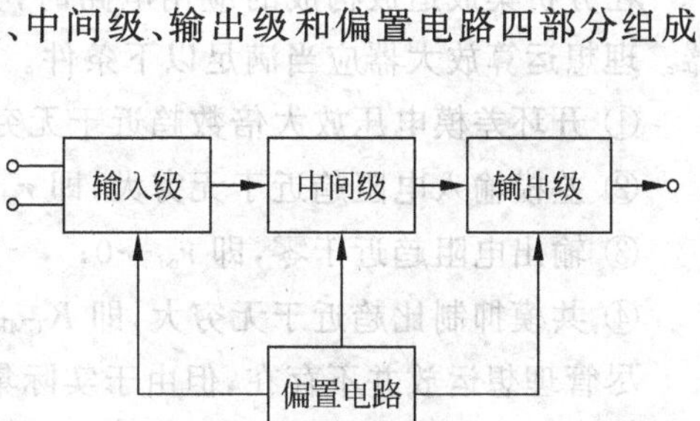

图 3.1.1　集成运算放大器的组成框图

输入级是集成运放性能好坏的关键，通常采用差分放大电路组成，不仅要求其零漂（将输入端接地，即输入端电压为零，输出端电压不为零的现象称为零漂）小，还要求其输入电阻高、输入电压范围大等。

中间级主要是提供足够的电压放大倍数，同时承担将输入级的双端输出在本级变为单端输出。为提高电压增益，一般采用复合管电路和带有有源负载的共射极放大电路。

输出级主要考虑具有较大的输出电压和电流，要求输出功率大和带负载能力强。常用的输出级电路形式是射极输出器和互补对称功放电路，有些还附加过载保护电路。

偏置电路用来向各放大级提供稳定的静态工作点。在集成电路中，广泛采用各种形式的电流源电路作为各级的恒流偏置。

2. 集成运放的主要参数

集成运放的参数指标比较多，主要的有以下几项。

(1) 开环差模电压放大倍数 A_{ud}

开环差模电压放大倍数是指集成运放工作在线性区，在开环(无外加反馈)情况下的差模电压放大倍数，即开环输出电压与差模输入电压之比，用 A_{ud} 表示。集成运放的开环差模电压放大倍数通常很大，经常用分贝(dB)表示。

(2) 开环差模输入电阻 r_{id}

运算放大器开环时，从两个差动输入端之间看进去的等效交流电阻称为差模输入电阻，表示为 r_{id}，其值越大越好。高质量运放的差模输入电阻可达几兆欧姆。

(3) 开环输出电阻 r_{od}

r_{od} 是集成运放开环时，从集成运放的输出端和地之间看进去的等效交流电阻。其值越小，说明运放的带负载能力越强。

(4) 共模抑制比 K_{CMRR}

集成运放工作于线性区时，其差模电压放大倍数与共模电压放大倍数之比的绝对值称为共模抑制比，即

$$K_{CMRR} = \left|\frac{A_{ud}}{A_{uc}}\right|$$

它表示集成运放对共模信号的抑制能力。一般情况下，共模抑制比的数值较大，高质量的运放的 K_{CMRR} 可达 160dB。

除上述指标外，集成运放还有输入失调电压 U_{IO}、输入偏置电流 I_{IB}、输入失调电流 I_{IO}、温度漂移、最大差模输入电压 U_{idmax}、最大共模输入电压 U_{icmax} 等技术指标。

在分析集成运放构成的应用电路时，为了简化，通常将集成运放看成理想运算放大器。理想运算放大器应当满足以下条件。

① 开环差模电压放大倍数趋近于无穷大，即 $A_{ud}\to\infty$；

② 差模输入电阻趋近于无穷大，即 $r_{id}\to\infty$；

③ 输出电阻趋近于零，即 $r_{od}\to 0$；

④ 共模抑制比趋近于无穷大，即 $K_{CMRR}\to\infty$。

尽管理想运放并不存在，但由于实际集成运放在低频工作时的技术指标比较理想，在具体分析时将其理想化一般是允许的。这种分析计算带来的误差一般不大，只是在需要对运算结果进行误差分析时才予以考虑。本书除特别指出外，均按理想运放对待。

3. 集成运算放大器的符号

图 3.1.2 所示为集成运算放大器的电路符号。在这个符号中,▷代表信号的传输方向,∞表示该集成运放具有理想特性。由于集成运算放大器的输入级是差动输入,因此有两个输入端:用"+"表示同相输入端,用"-"表示反相输入端,输出电压为 $u_o=A_{ud}(u_+-u_-)$。当从同相端输入电压信号且反相输入端接地时,输出电压信号与输入信号同相;当从反相端输入电压信号且同相输入端接地时,输出电压信号与输入信号反相。集成运放可以有同相输入、反相输入及差动输入三种输入方式。

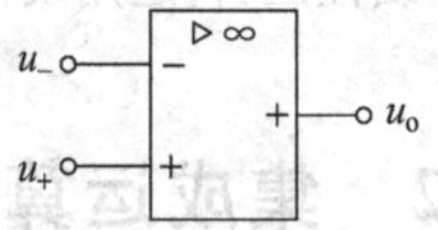

图 3.1.2 集成运算放大器的符号

3.1.2 集成运算放大器的特点

在分析集成运放应用电路时,必须了解运放是工作在线性区还是非线性区,以便按照不同区域所具有的特点与规律进行分析。

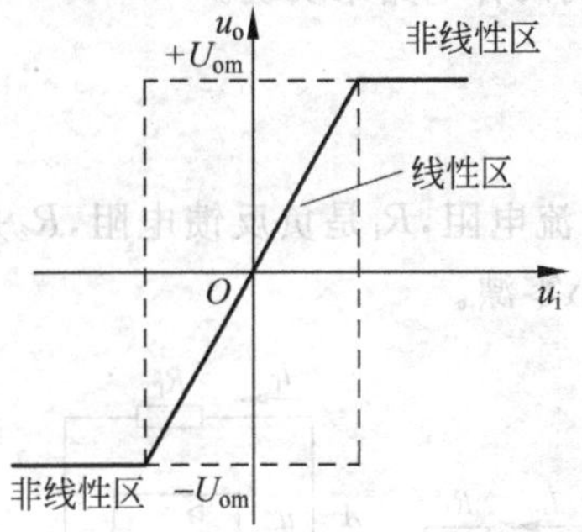

图 3.1.3 集成运放的电压传输特性

1. 集成运放的传输特性

集成运放的电压传输特性是输出电压 u_o与输入电压 u_i(同相输入端与反相输入端之间电压差值 $u_i=u_+-u_-$)的关系曲线。实际电路中的集成运放的传输特性如图 3.1.3 所示。

由图 3.1.3 可知,集成运放有两个工作区:一是非线性区(又称饱和区),运放由双电源供电时,输出值不是 $+U_{om}$就是 $-U_{om}$;二是线性区(又称放大区),曲线的斜率为电压放大倍数,理想运放的 A_{ud}趋向于无穷大。

2. 集成运放工作在线性区和非线性区的特点

(1) 集成运放工作在线性区的特点

由于在线性区 u_o为有限值,且 $A_{ud}\to\infty$,所以 $u_o=A_{ud}(u_+-u_-)=A_{ud}u_{id}$,则 $u_+-u_-=u_o/A_{ud}\approx0$,有 $u_+\approx u_-$(虚短)。又因为理想集成运放差模输入电阻 $r_{id}\to\infty$,故其输入端相当于短路,因而流入集成运放的电流必然趋于零,即 $i_+\approx i_-\approx0$(虚断)。

利用这两条根据理想集成运放模型建立的基本运算法则,来分析运放线性应用电路将十分简单,而且所得到的结果与实际集成运放的分析结果相差不大。

(2) 集成运放工作在非线性区的特点

在非线性区工作的集成运放具有的特点是:输出电压只有两种状态,不是正饱和电压 $+U_{om}$,就是负饱和电压 $-U_{om}$,即

① 当同相端电压大于反相端电压,即 $u_+>u_-$时,$u_o=+U_{om}$;

② 当反相端电压大于同相端电压,即 $u_+<u_-$时,$u_o=-U_{om}$。

由此可知,集成运放工作在非线性区时,"虚短"不再成立,但由于理想集成运放差

模输入电阻趋近于无穷大，所以运放的输入电流接近于零，仍满足“虚断”，即 $i_+ \approx i_- \approx 0$。

综上所述，在分析具体的集成运放应用电路时，首先要判断集成运放工作在线性区还是非线性区，再运用线性区和非线性区的特点分析电路的工作原理。

3.2 集成运算放大器的线性应用电路

集成运放接入适当的反馈电路就可以构成各种运算电路，主要有比例运算、加减法运算和微积分运算等。集成运放的两个输入端之间满足“虚短”和“虚断”，根据这两个特点很容易分析各种运算电路。

3.2.1 比例运算放大电路

比例运算放大电路可以分别用反相比例和同相比例两种电路来实现。

1. 反相比例运算放大器

(1) 电路原理及分析

反相比例运算电路如图 3.2.1 所示。图中 R_1 是限流电阻，R_f 是负反馈电阻，R_2 是平衡电阻。$R_2 = R_1 /\!/ R_f$，目的是使输入电路对称，以减小零漂。

根据“虚断”的性质，有 $i_+ \approx i_- \approx 0$，所以 $i_1 = i_f$，$u_+ = i_+ \cdot R_2 = 0$。

根据“虚短”的性质，有 $u_- \approx u_+ = 0$，又因为

$$i_1 = \frac{u_i}{R_1},\quad i_f = \frac{0 - u_o}{R_f} = -\frac{u_o}{R_f}$$

所以

$$\frac{u_i}{R_1} = -\frac{u_o}{R_f}$$

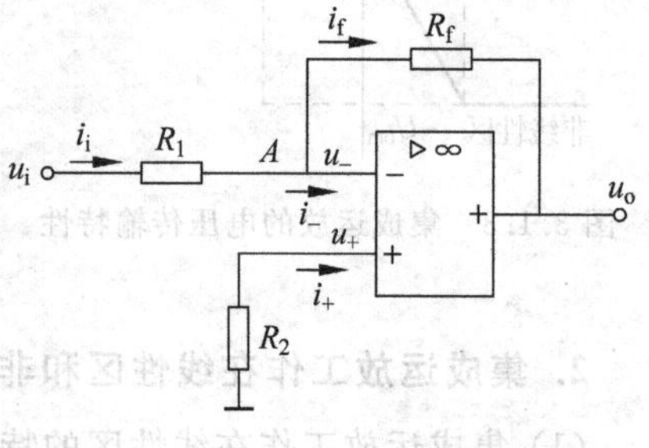

图 3.2.1　反相比例运算放大电路

即

$$A_{uf} = -\frac{R_f}{R_1} \quad 或 \quad u_o = -\frac{R_f}{R_1}u_i$$

由于 $u_- \approx 0$，由图 3.2.1 可得反相比例运算电路的输入电阻 $R_i = R_1$。输出电压与输入电压成比例关系，且相位相反。

比例运算放大器的特点是：可作为反相放大器，$A_{uf} = -R_f/R_1$，调节 R_f 和 R_1 的比值即可调节放大倍数；A_{uf} 值可大于 1 也可小于 1；输入电阻较小，$R_i = R_1$。

(2) 电路仿真

在 Multisim 中仿真反相比例运算放大电路如图 3.2.2 所示。示波器仿真波形图如图 3.2.3 所示，从图中数据显示可看出电压放大了 −10 倍。

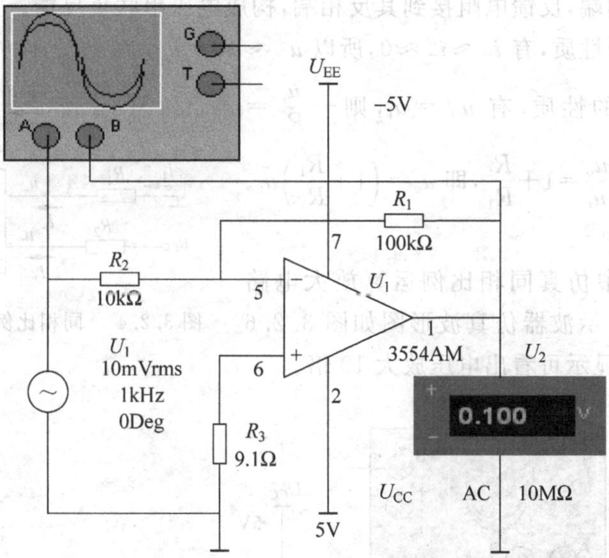

图 3.2.2 反相比例运算放大器仿真图

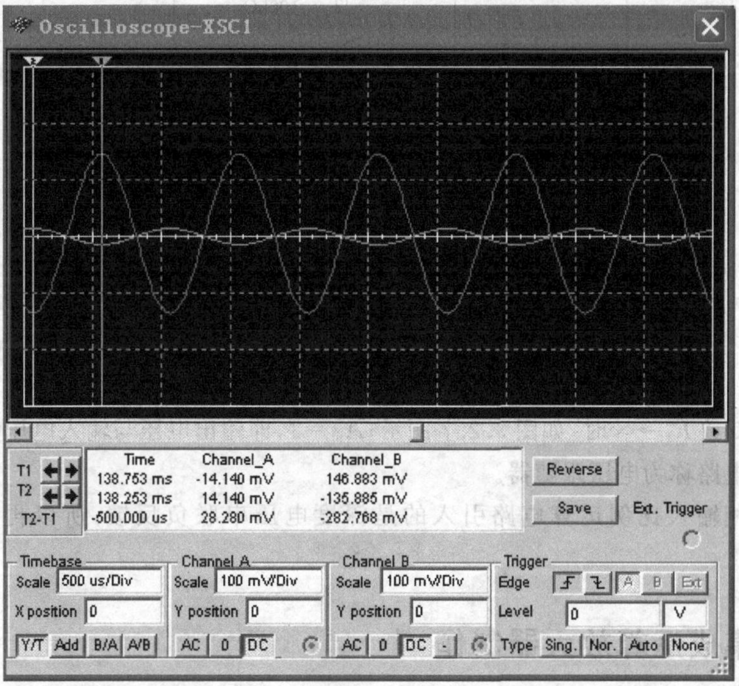

图 3.2.3 反相比例运算放大器波形图

2. 同相比例运算放大器

(1) 电路原理及分析

同相比例运算放大器的电路如图 3.2.4 所示。图中，输入信号 u_i 经过外接电阻 R_2 接到集成运放的同相端，反馈电阻接到其反相端，构成电压串联负反馈。

根据“虚断”的性质，有 $i_+ \approx i_- \approx 0$，所以 $u_- \approx u_+ = u_i$。

根据“虚短”的性质，有 $u_+ = u_i$，则 $-\dfrac{u_i}{R_1} = \dfrac{u_i - u_o}{R_f}$，所以 $A_{uf} = \dfrac{u_o}{u_i} = 1 + \dfrac{R_f}{R_1}$，即 $u_o = \left(1 + \dfrac{R_f}{R_1}\right) u_i$。

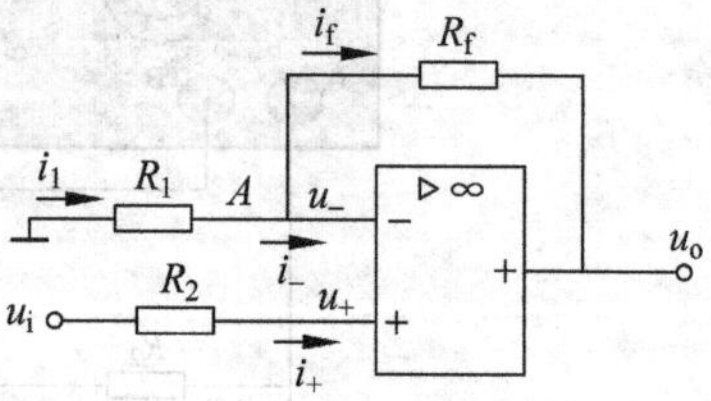

图 3.2.4　同相比例运算放大器电路

(2) 电路仿真

在 Multisim 中仿真同相比例运算放大电路如图 3.2.5 所示。示波器仿真波形图如图 3.2.6 所示，从图中数据显示可看出电压放大 10 倍。

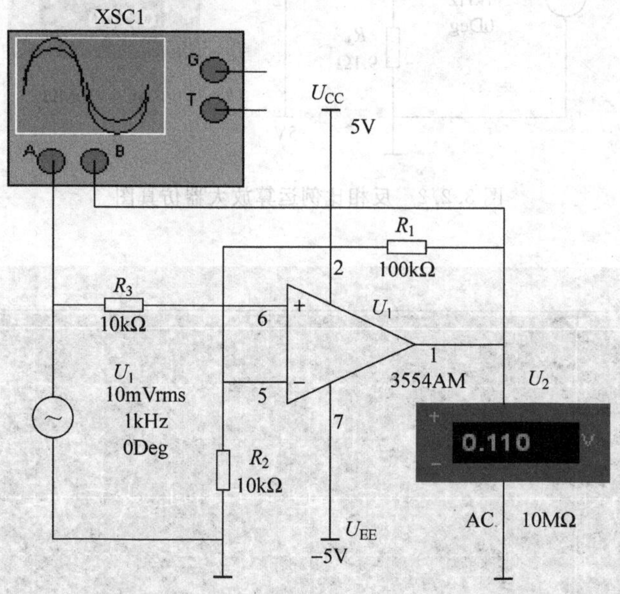

图 3.2.5　同相比例运算放大电路仿真图

当 $R_f = 0$ 或 $R_1 \to \infty$ 时，如图 3.2.7 所示，$A_{uf} = 1$，即输出电压与输入电压大小相等，相位相同。该电路称为电压跟随器。

由于同相输入比例运算电路引入的是深度电压串联负反馈，所以再输入电阻为 $R_i \approx \infty$。

3.2.2　集成运算放大器制作

制作集成运算放大器时，可以用万能板替代印制板，读者自己焊接电路。首先开列元器件清单，再到市场购买器件，然后按电路图焊接。若有示波器和信号发生器，可做实测；若没有仪器，可按上述内容虚拟仿真。

集成运算放大器常用仙童 μA741 通用高增益运算放大器，双列直插 8 脚或圆筒 8 脚封装。其管脚与 OP07(超低失调精密运放)完全一样，外形如图 3.2.8 所示，管脚功能如

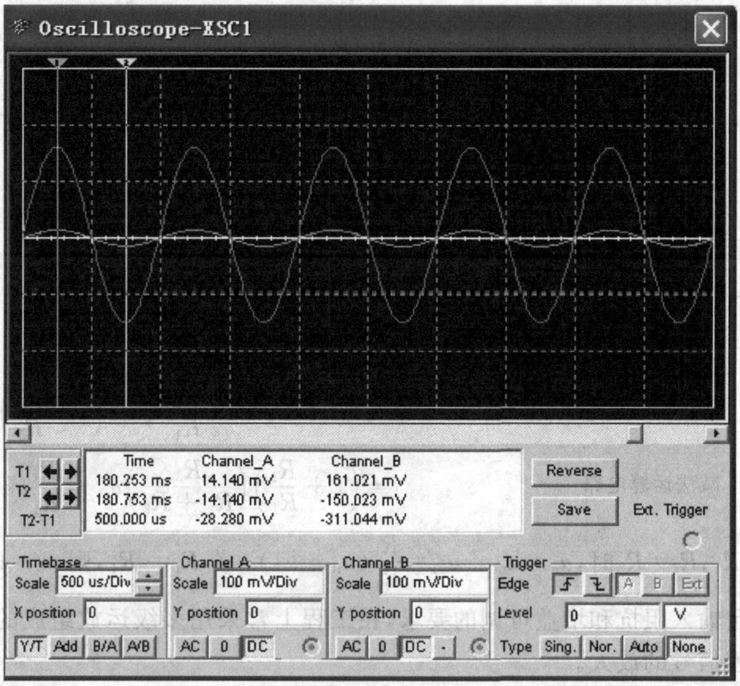

图 3.2.6 同相比例运算放大电路仿真波形图

图 3.2.9 所示，可以代换的其他运放有 μA741、μA709、LM301、LM308、LF356、OP07、OP37、MAX427 等。另外，LM324、LM324 是四运放集成电路，它采用 14 脚双列直插塑料封装，其内部包含四组形式完全相同的运算放大器，除电源共用外，四组运放相互独立。

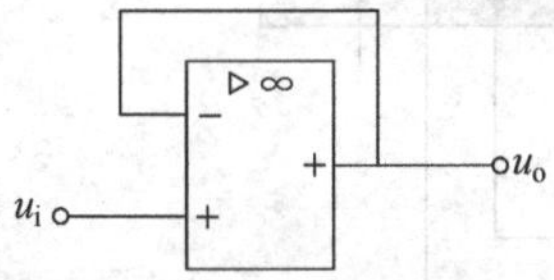

图 3.2.7 电压跟随器

图 3.2.8 μA741 的外形

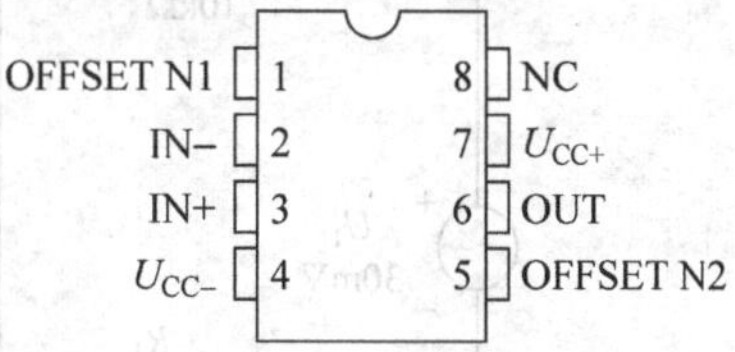

图 3.2.9 μA741 的引脚功能

上网查询所买集成运放的使用说明书或购买时索要使用说明书，先弄懂各引脚的作用及使用的电压范围等，然后再焊接。焊接时不要出错。

3.2.3 减法运算电路

(1) 电路原理及分析

图 3.2.10 所示为减法运算电路，输出信号 u_o为输入信号 u_{i1} 和 u_{i2} 的差。这种形式的电路也称为差分运算电路，可以采用叠加原理来分析。

根据叠加定理，首先令 $u_{i1}=0$，当 u_{i2} 单独作用时，电路成为反相比例运算电路，其输

出电压为

$$u_{o2} = -\frac{R_f}{R_1}u_{i2}$$

再令 $u_{i2}=0$，u_{i1} 单独作用时，电路成为同相比例运算电路，同相端电压为

$$u_+ = \frac{R_3}{R_2+R_3}u_{i1}$$

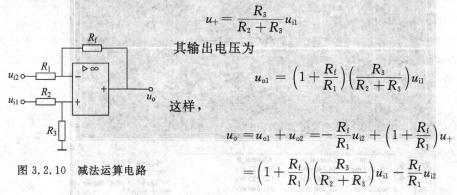

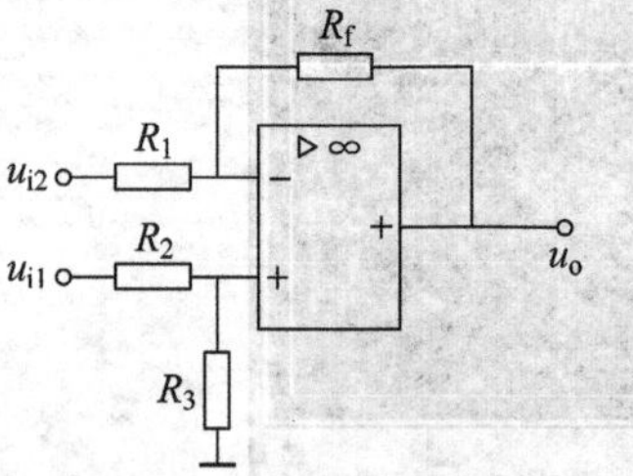

图 3.2.10　减法运算电路

其输出电压为

$$u_{o1} = \left(1+\frac{R_f}{R_1}\right)\left(\frac{R_3}{R_2+R_3}\right)u_{i1}$$

这样，

$$u_o = u_{o1} + u_{o2} = -\frac{R_f}{R_1}u_{i2} + \left(1+\frac{R_f}{R_1}\right)u_+$$

$$= \left(1+\frac{R_f}{R_1}\right)\left(\frac{R_3}{R_2+R_3}\right)u_{i1} - \frac{R_f}{R_1}u_{i2}$$

当 $R_1=R_2$，$R_f=R_3$ 时，$u_o=u_{o1}+u_{o2}=\frac{R_f}{R_1}(u_{i1}-u_{i2})$；若 $R_f=R_1$，则 $u_o=u_{i1}-u_{i2}$。

为了满足输入阻抗和增益可调的要求，在工程上常采用多级运放组成的差动放大器来完成对差模信号的放大。

(2) 电路仿真

在 Multisim 中仿真减法运算电路如图 3.2.11 所示。示波器仿真波形图如图 3.2.12 所示，从图中数据显示可以看出输出电压值为输入的差值。

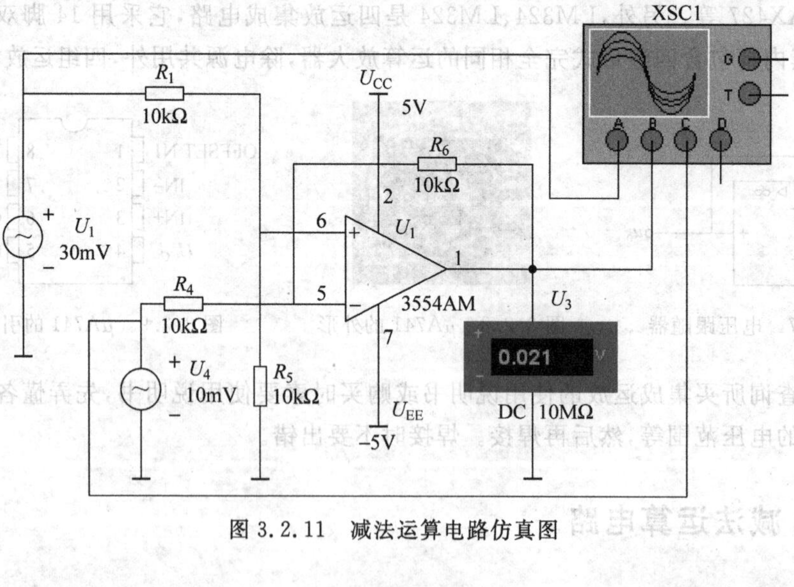

图 3.2.11　减法运算电路仿真图

例 3.1　图 3.2.13 所示是一个由三级集成运放组成的放大器，试分析该电路的输出电压与输入电压的关系。

由于电路采用同相输入结构，故具有很高的输入电阻。利用"虚短"特性，可得可调电阻 R_1 上的电压降为 $u_{i1}-u_{i2}$。鉴于理想运放的"虚断"特性，流过 R_1 的电流 $(u_{i1}-u_{i2})/R_1$

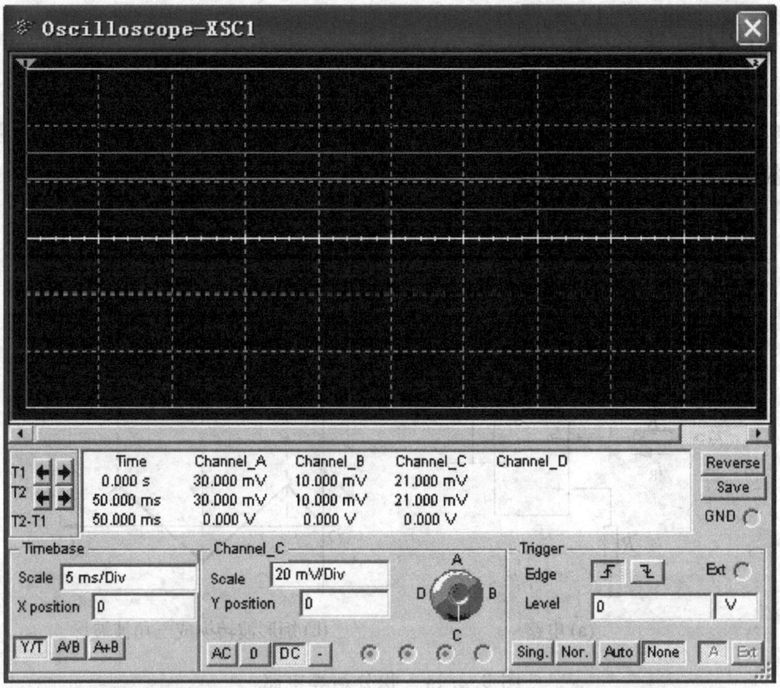

图 3.2.12　减法运算电路仿真波形图

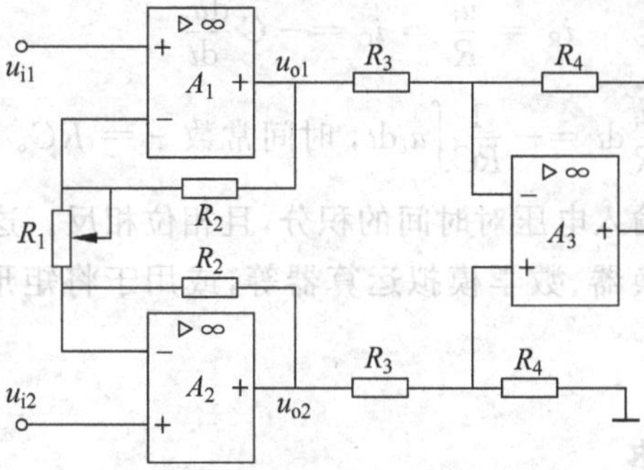

图 3.2.13　由三级集成运放组成的放大器

就是流过电阻 R_2 的电流，这样，

$$\frac{u_{o1}-u_{o2}}{R_1+2R_2}=\frac{u_{i1}-u_{i2}}{R_1}$$

得

$$u_{o1}-u_{o2}=\left(1+\frac{2R_2}{R_1}\right)(u_{i1}-u_{i2})$$

A_3 组成的差动放大器与图 3.2.10 所示的完全相同，所以电路的输出电压为

$$u_o=-\frac{R_4}{R_3}\left(1+\frac{2R_2}{R_1}\right)(u_{i1}-u_{i2})$$

3.2.4 积分运算电路

积分电路不但是控制和测量系统中的重要单元，而且利用它的充放电过程可实现延时、定时和波形产生电路。假设电容 C 的初始电压为零，积分运算电路如图 3.2.14(a)所示。

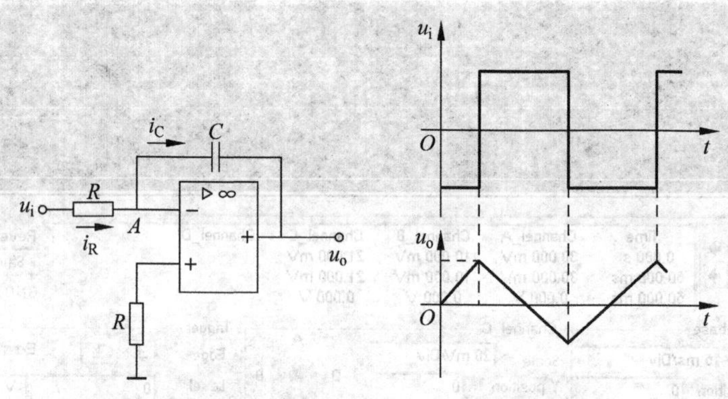

(a) 电路　　(b) 矩形波转换成三角波波形

图 3.2.14　积分运算电路

根据“虚短”和“虚断”的性质，得到

$$i_R = \frac{u_i}{R} = i_C = -C\frac{du_o}{dt}$$

则 $u_o = -\dfrac{1}{C}\int i_C dt = -\dfrac{1}{C}\int \dfrac{u_i}{R}dt = -\dfrac{1}{RC}\int u_i dt$，时间常数 $\tau = RC$。

上式表明，输出电压为输入电压对时间的积分，且相位相反。这种积分器可用作显示器的扫描电路以及模/数转换器、数学模拟运算器等，或用于将矩形波转换成三角波，如图 3.2.14 (b)所示。

3.2.5 微分运算电路

将积分电路中的 R 和 C 互换，可得到微分运算电路，如图 3.2.15(a)所示。假设电容 C 的初始电压为零，则

$$i_C = C\frac{du_i}{dt}$$

输出电压为 $u_o = -i_R R = -RC\dfrac{du_i}{dt}$，时间常数 $\tau = RC$。

上式表明，输出电压为输入电压对时间的微分，且相位相反。

微分电路应用广泛，可用于自动控制、自动化仪表等领域。它可以将矩形波变成尖脉冲输出，波形变换作用如图 3.2.15(b)所示。

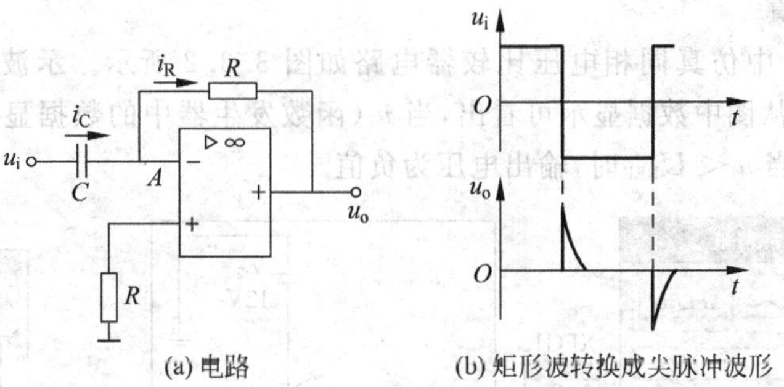

图 3.2.15 微分运算电路

3.3 集成运算放大器的非线性应用电路

电压比较器是用来将模拟输入电压信号与另一个电压信号(或参考电压信号)进行比较,并根据结果在输出端用高电平或低电平表示出来的一种电路。电压比较器是模拟电路与数字电路之间转换的桥梁,它在自动控制、信号处理、波形产生等方面应用很广。

电压比较器是集成运放的非线性应用,可以使用处于开环工作或加有正反馈的运放来构成,分为单门限电压比较器与滞回电压比较器两类。

3.3.1 单门限电压比较器

1. 同相电压比较器

(1) 电路原理及分析

同相电压比较器电路如图 3.3.1(a)所示,运算放大器工作在开环状态。运放同相输入端加上输入信号 u_i,反相输入端加上参考电压 U_{REF} ($U_{REF}>0$)。当 $u_i>U_{REF}$时,输出电压为正饱和值$+U_{om}$;当 $u_i<U_{REF}$时,输出电压为负饱和值$-U_{om}$,其传输特性如图 3.3.1(b)所示。将比较器输出电压发生跳变时所对应的输入电压值称为阈值电压或门限电压 U_{th}。在如图 3.3.1 所示的电路中 $U_{th}=U_{REF}$。因为这种电路只有一个阈值电压,故称为单门限电压比较器。可见,只要输入电压在基准电压 U_{REF} 处稍有正负变化,输出电压 u_o就在负最大值到正最大值间变化。

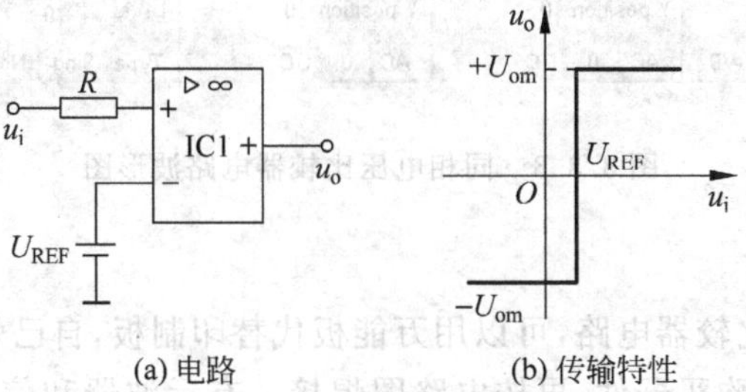

图 3.3.1 同相电压比较器

(2) 电路仿真

在 Multisim 中仿真同相电压比较器电路如图 3.3.2 所示。示波器仿真波形图如图 3.3.3 所示。从图中数据显示可看出，当 u_i(函数发生器中的数据显示值)＞U_{REF}时，其输出为正值；当 u_i＜U_{REF}时，输出电压为负值。

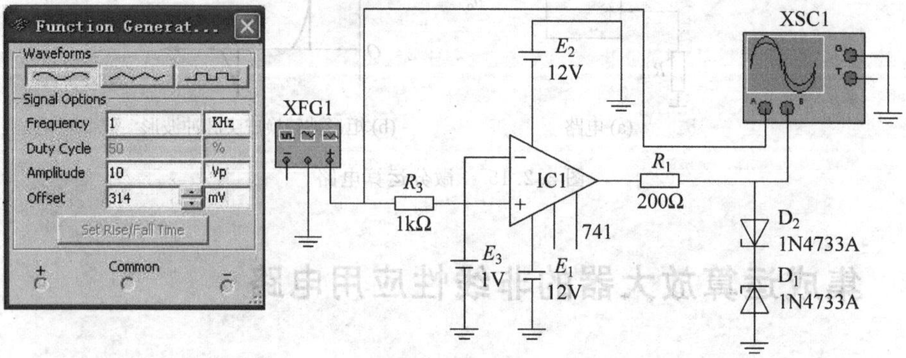

图 3.3.2　同相电压比较器电路仿真图

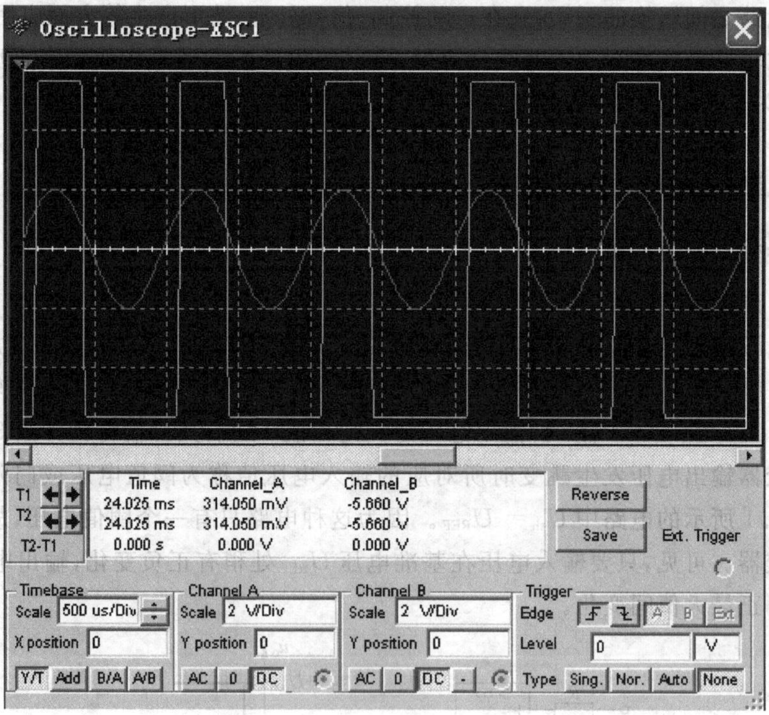

图 3.3.3　同相电压比较器电路波形图

(3) 电路实做

要制作同相电压比较器电路，可以用万能板代替印制板，自己焊接电路。首先开列元器件清单，然后到市场购买器件，再按电路图焊接。有示波器和信号发生器时可做实测；

若没有仪器，可以按上述内容进行虚拟仿真。

2. 反相电压比较器

(1) 电路原理及分析

反相电压比较器电路如图 3.3.4(a)所示。与同相电压比较器相比，反相电压比较器的反相输入端加输入信号 u_i，同相输入端加参考电压 U_{REF}($U_{REF}>0$)。

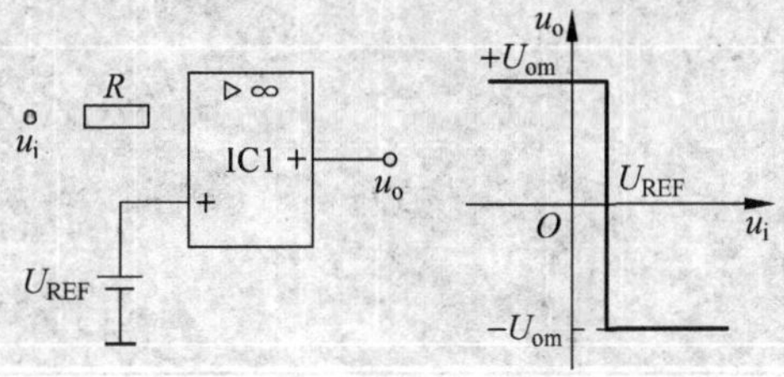

(a) 电路　　(b) 传输特性

图 3.3.4　反相电压比较器

由图 3.3.4(b)所示传输特性可见，与同相电压比较器相比，对于反相电压比较器而言，由于 u_i 加在运放反相端，故当 $u_i > U_{REF}$ 时，输出电压为负饱和值 $-U_{om}$；当 $u_i < U_{REF}$ 时，输出电压为正饱和值 $+U_{om}$。

(2) 电路仿真

在 Multisim 中仿真反相电压比较器电路如图 3.3.5 所示。示波器仿真波形图如图 3.3.6 所示。从图中数据显示可以看出，当 $u_i > U_{REF}$ 时，其输出电压为负值；当 $u_i < U_{REF}$ 时，输出电压为正值。

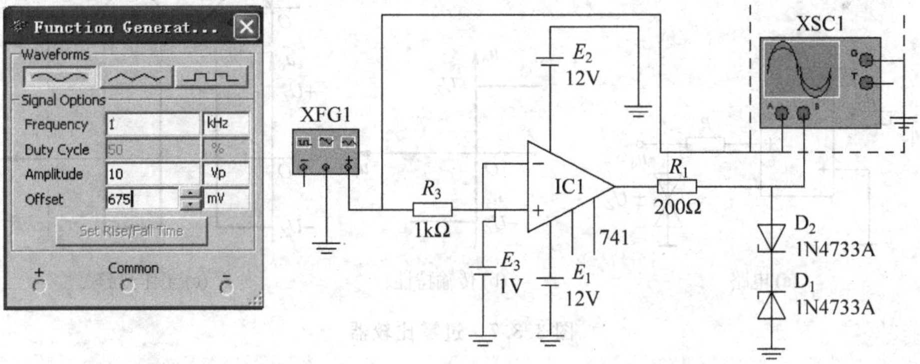

图 3.3.5　反相电压比较器电路仿真图

如果令参考电压 $U_{REF}=0$，如图 3.3.7(a)所示，将构成最简单的电压比较器，即过零比较器。图中，比较器的输出端对地串接两只稳压管，用以限定输出高、低电平幅度。忽略稳压管正向导通压降，R 为稳压管限流电阻，则当 $u_i > 0$ 时，输出电压为低电平 $U_{OL}=-U_Z$；当 $u_i < 0$ 时，输出电压为高电平 $U_{OH}=+U_Z$，其工作波形如图 3.3.7(c)所示。

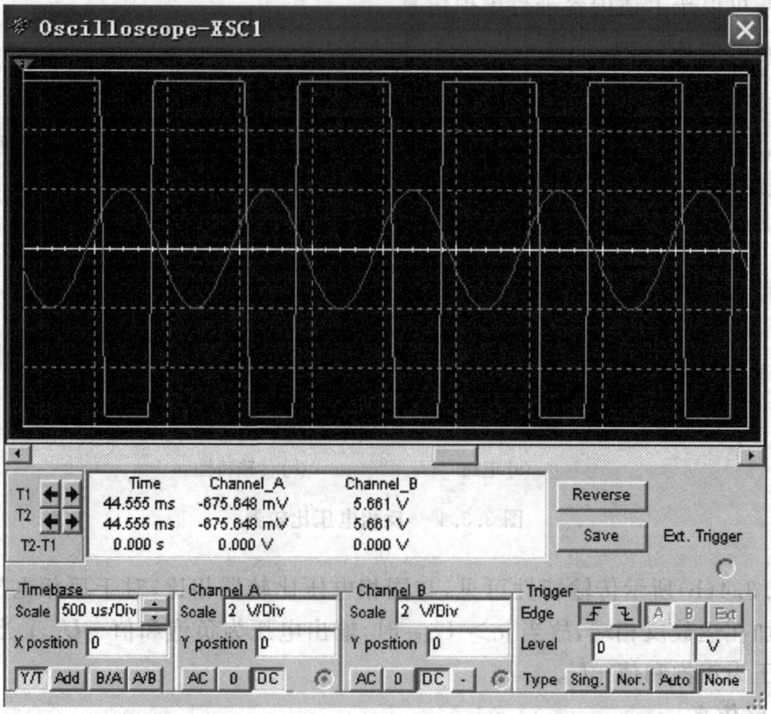

图 3.3.6 反相电压比较器波形图

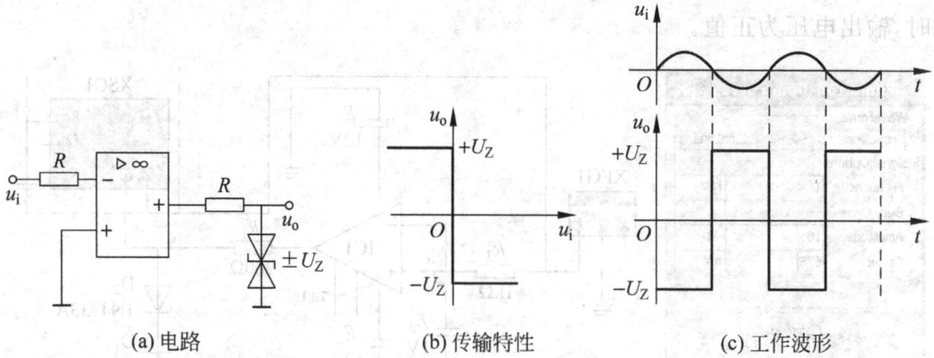

图 3.3.7 过零比较器

3.3.2 滞回电压比较器

单门限电压比较器虽然有电路简单、灵敏度高等特点，但当其输入电压在门限附近有微小的干扰时，就会导致状态翻转，使比较器输出电压不稳定。为了增强比较器的抗干扰性能，常采用滞回电压比较器。滞回电压比较器分为反相滞回电压比较器和同相滞回电压比较器。

1. 反相滞回电压比较器

(1) 电路原理及分析

过零比较器和单门限比较器抗干扰能力差，在阈值附近，只要有很小的干扰信号，都可能使电路误动作。为解决这个问题，将输出电压通过反馈电阻 R_f 引向同相输入端，形成正反馈，将参考电压 U_{REF} 通过 R_2 接于同相输入端，将输入信号通过 R_1 接于反相输入端，构成如图 3.3.8(a)所示的反相滞回电压比较器。图 3.3.8(b)和(c)所示分别是其传输特性曲线和输入/输出波形。

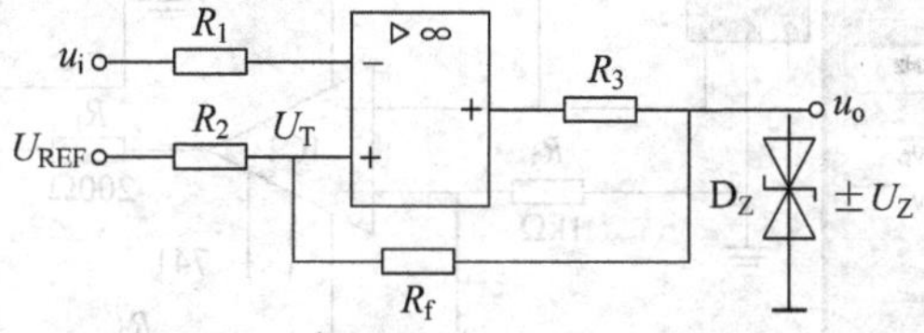

(a) 反相滞回电压比较器电路

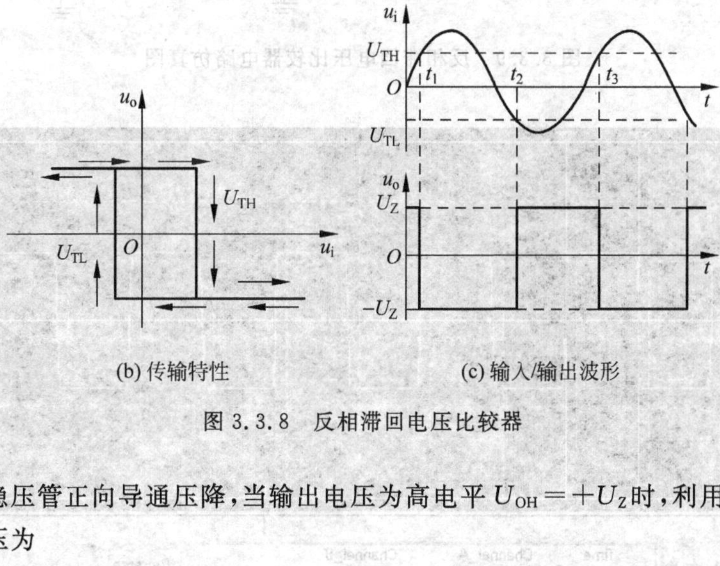

(b) 传输特性　　(c) 输入/输出波形

图 3.3.8　反相滞回电压比较器

若忽略稳压管正向导通压降，当输出电压为高电平 $U_{OH}=+U_Z$时，利用叠加原理，求得同相端电压为

$$U_{TH1}=u_+=U_{REF}\frac{R_f}{R_f+R_2}+U_Z\frac{R_2}{R_2+R_f}$$

当输出电压为高电平 $U_{OL}=-U_Z$时，利用叠加原理，求得同相端电压为

$$U_{TH2}=u_+=U_{REF}\frac{R_f}{R_f+R_2}-U_Z\frac{R_2}{R_2+R_f}$$

显然，$U_{TH1}>U_{TH2}$。当输入信号 u_i由小到大变化，直到 $u_i=U_{TH1}$时，导致输出信号由 $U_{OH}=+U_Z$跳变到 $U_{OL}=-U_Z$，此时的 U_{TH1}称为上限触发电压；反之，当输入信号 u_i由大到小变化，直到 $u_i=U_{TH2}$时，导致输出信号由 $U_{OL}=-U_Z$跳变到 $U_{OH}=+U_Z$，此时的 U_{TH2}称为下限触发电压。两者的差称为门限宽度或回差电压，即

$$\Delta U_{TH}=U_{TH1}-U_{TH2}=2U_Z\frac{R_2}{R_2+R_f}$$

调节 R_2 和 R_f，可以调节 ΔU_{TH}。ΔU_{TH} 越大，比较器的抗干扰能力越强，但分辨度较差。

(2) 电路仿真

在 Multisim 中仿真反相滞回电压比较器电路如图 3.3.9 所示。示波器仿真波形图如图 3.3.10 所示。从图中数据显示可以看出，输出信号在周期输入信号的作用下，在两个固定值之间做周期性变化。

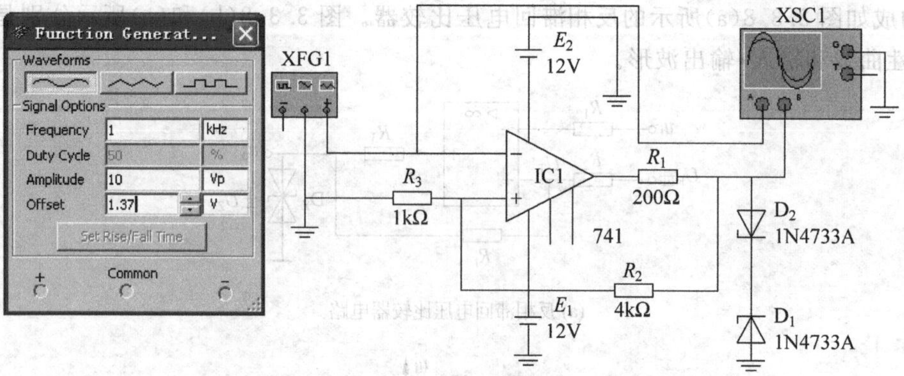

图 3.3.9 反相滞回电压比较器电路仿真图

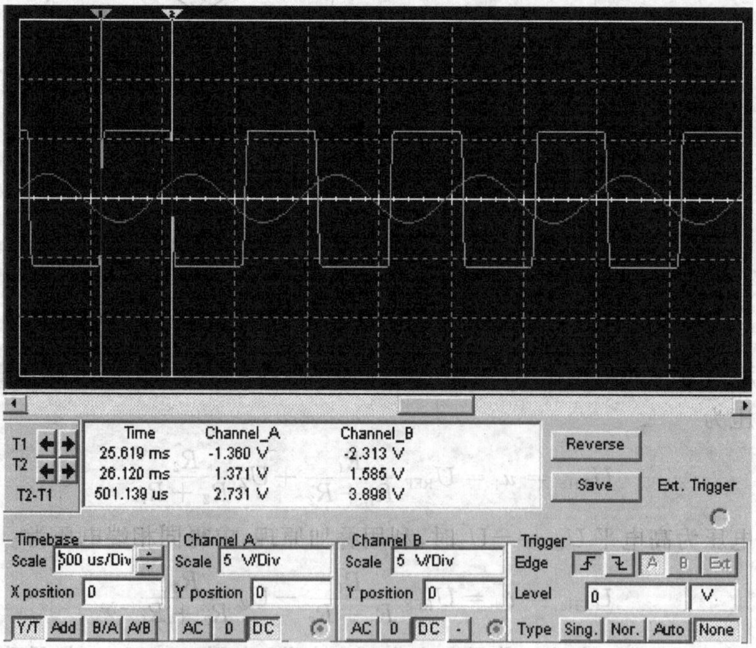

图 3.3.10 反相滞回电压比较器仿真波形图

2. 同相滞回电压比较器

(1) 电路原理及分析

同相滞回电压比较器的电路与传输特性如图 3.3.11(a)和(b)所示。同相滞回电压比较器和反相滞回电压比较器的区别在于同相滞回电压比较器被比较的电压只有一个，即从反相输入的 U_{REF}，但是电路输出有两个不同值，要求和 U_{REF} 相同时的两个 u_i 是不同的。当 $u_o=-U_Z$ 时，要求 $U_P=U_{REF}$ 的 u_i 用 U_{TH} 表示，即

$$U_{TH}=\frac{R_f+R_2}{R_f}U_{REF}+\frac{R_2}{R_f}U_Z$$

当 $u_o=U_Z$ 时，要求 $U_P=U_{REF}$ 的 u_i 用 U_{TL} 表示，即

$$U_{TL}=\frac{R_f+R_2}{R_f}U_{REF}-\frac{R_2}{R_f}U_Z$$

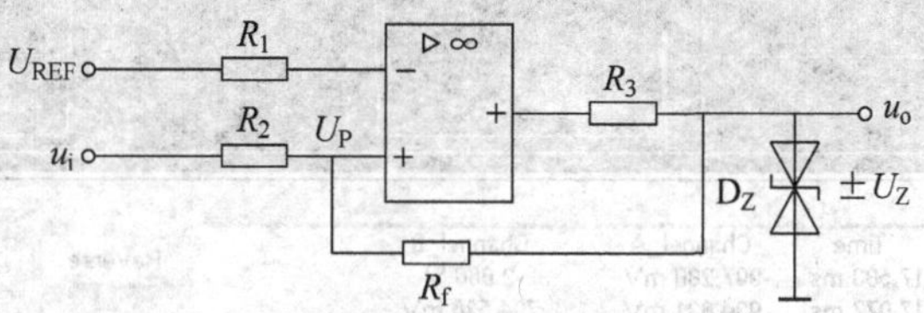

(a) 同相滞回电压比较器电路

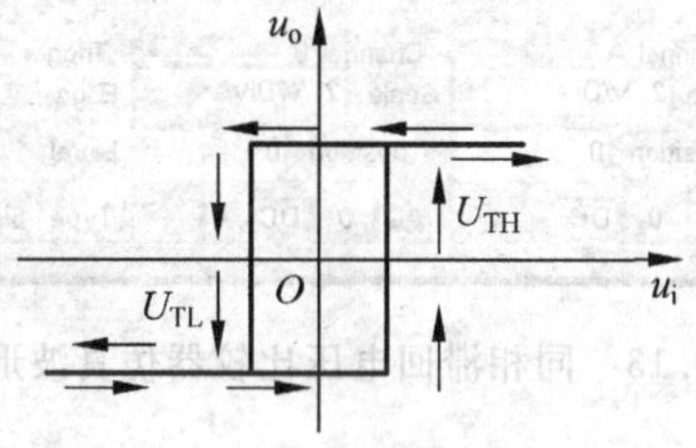

(b) 传输特性

图 3.3.11 同相滞回电压比较器

(2) 电路仿真

在 Multisim 中仿真同相滞回电压比较器电路如图 3.3.12 所示。示波器仿真波形图如图 3.3.13 所示。从图中数据显示可以看出，输出信号在周期输入信号作用下，在两个固定值之间做周期性变化，只是与反相的相位相反。

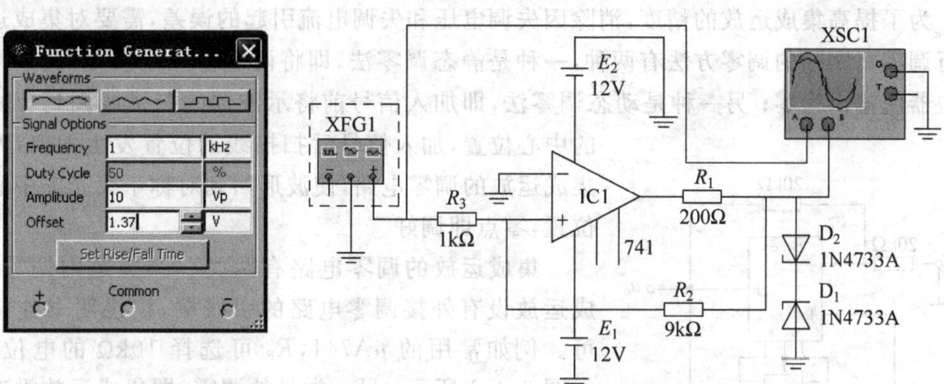

图 3.3.12 同相滞回电压比较器电路仿真图

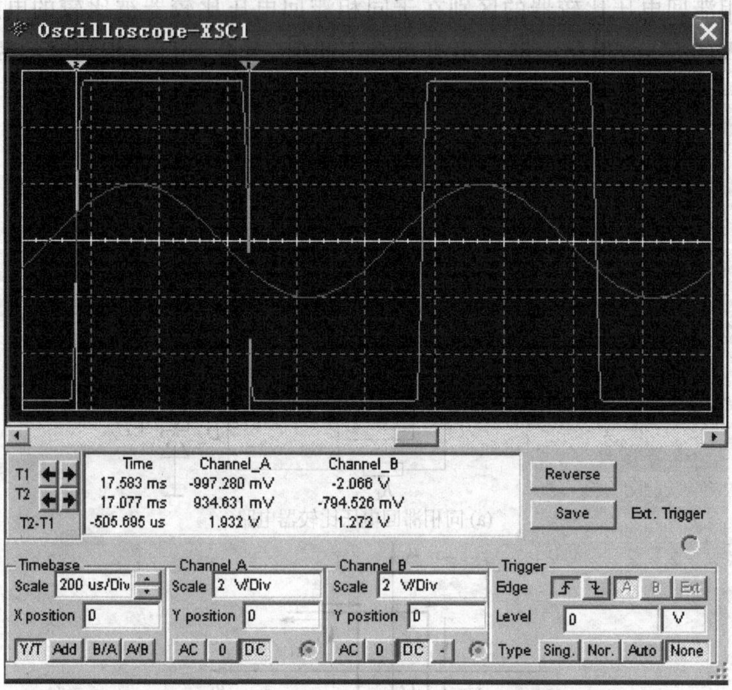

图 3.3.13 同相滞回电压比较器仿真波形图

3.4 集成运算放大器的使用常识

集成运放的用途广泛，在使用前必须测试。使用中应注意其电参数和极限参数符合电路要求，还要注意以下问题。

1. 集成运放的输出调零

为了提高集成运放的精度，消除因失调电压和失调电流引起的误差，需要对集成运放进行调零。实际的调零方法有两种，一种是静态调零法，即将两个输入端接地，调节调零电位器使输出为零；另一种是动态调零法，即加入信号前将示波器的扫描线调到荧光屏的中心位置，加入信号后扫描线的位置发生偏离，调节集成运放的调零电路，使波形回到对称于荧光屏中心的位置，零点即调好。

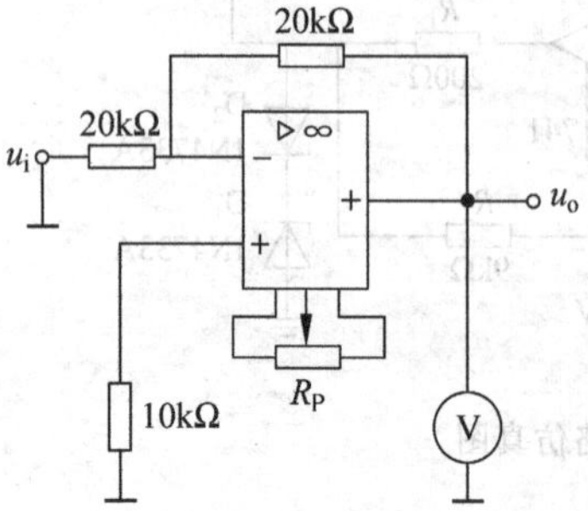

图 3.4.1 μA741 的调零电路

集成运放的调零电路有两类。一类是内调零，集成运放设有外接调零电路的引线端，按说明书连接即可。例如常用的 μA741，R_P 可选择 10kΩ 的电位器，如图 3.4.1 所示；另一类是外调零，即集成运放没有外接调零电路的引线端，可以在集成运放的输入端加一个补偿电压，以抵消集成运放本身的失调电压，达到调零的目的。常用的辅助调零电路如图 3.4.2 所示。

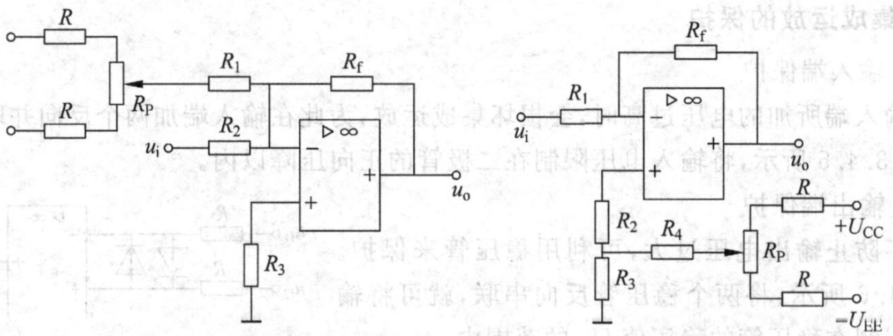

图 3.4.2 辅助调零

2. 单电源供电时的偏置问题

双电源集成运放单电源供电时，该集成运放内部各点对地的电位都将相应提高，因而输入为零时，输出不再为零，这是通过调零电路无法解决的。为了使双电源集成运放在单电源供电下能正常工作，必须将输入端的电位提升，如图 3.4.3 和图 3.4.4 所示。其中，图 3.4.3 所示电路适用于反相输入交流放大，图 3.4.4 所示电路适用于同相输入交流放大。

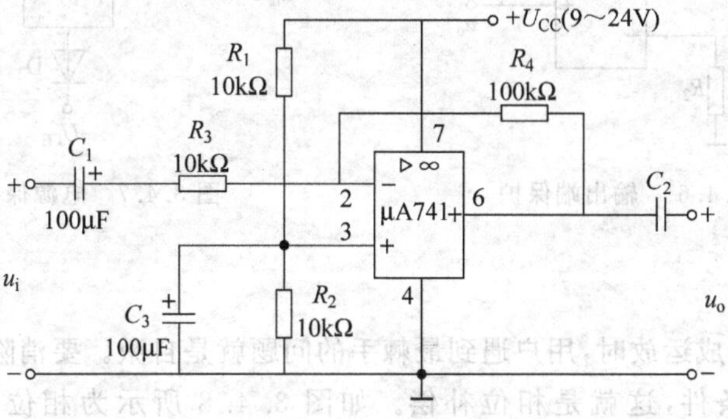

图 3.4.3 单电源反相输入阻容耦合放大电路

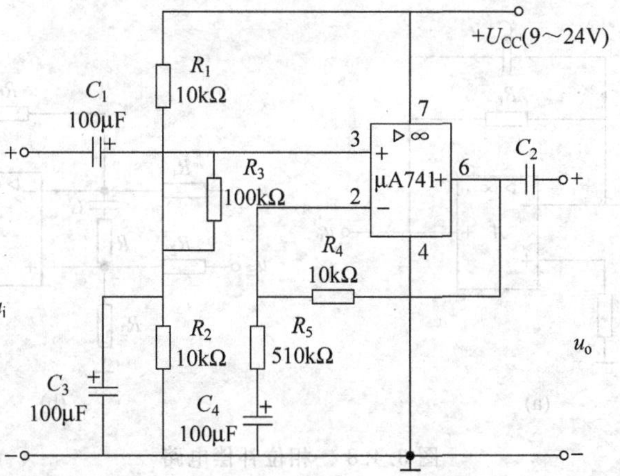

图 3.4.4 单电源同相输入阻容耦合放大电路

3. 集成运放的保护

(1) 输入端保护

当输入端所加的电压过高时，会损坏集成运放，为此在输入端加两个反向并联的二极管，如图 3.4.5 所示，将输入电压限制在二极管的正向压降以内。

(2) 输出端保护

为了防止输出电压过大，可利用稳压管来保护。如图 3.4.6 所示，将两个稳压管反向串联，就可将输出电压限制在稳压管的稳压值 U_Z 的范围内。

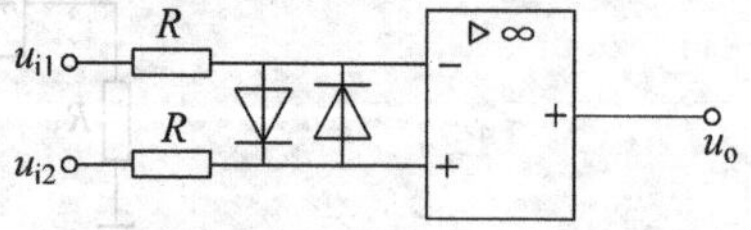

图 3.4.5 输入端保护

(3) 电源保护

为了防止正、负电源接反，可用二极管保护。若电源接错，二极管反向截止，集成运放上无电压，如图 3.4.7 所示。

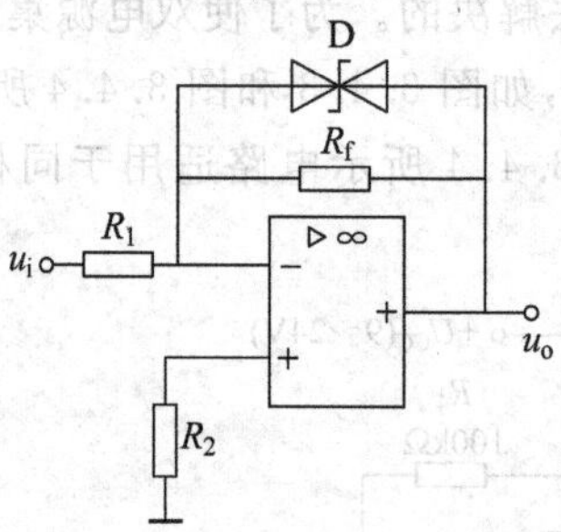

图 3.4.6 输出端保护

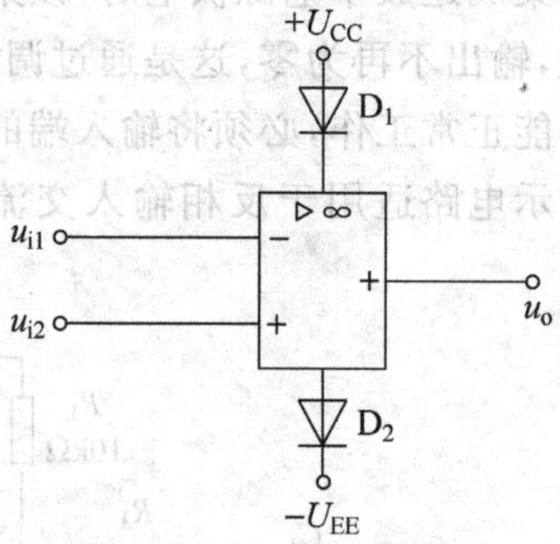

图 3.4.7 电源保护

4. 相位补偿

在实际使用集成运放时，用户遇到最棘手的问题就是自激。要消除自激，通常是破坏自激形成的相位条件，这就是相位补偿。如图 3.4.8 所示为相位补偿电路。其中，图 3.4.8(a)所示是输入分布电容和反馈电阻过大($>1\text{M}\Omega$)引起自激的补偿方法；图 3.4.8(b)所示为输入端补偿法，常用于高速集成运放。

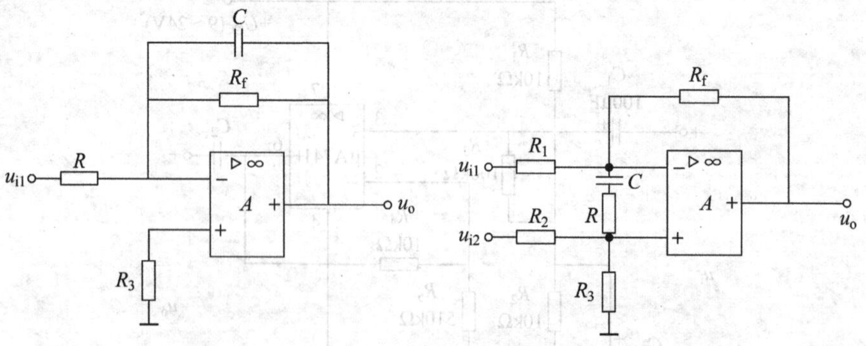

(a) (b)

图 3.4.8 相位补偿电路

实训3　基本集成运算放大器的制作及测试

［实训目的］

1. 研究由集成运算放大器组成的比例、加法和减法等基本运算电路的功能。

2. 了解运算放大器在实际应用时应考虑的一些问题。

［实训原理］

当从外部给集成运算放大器接入不同的线性或非线性元器件组成输入和负反馈电路时，可以灵活地实现各种特定的函数关系。在线性应用方面，可组成比例、加法、减法、积分、微分等模拟运算电路。

［实训设备与器件］

＋12V 直流电源、函数信号发生器、双踪示波器、交流毫伏表、直流电压表、直流毫安表、频率计、万用电表、集成运放 741 或 324 以及电阻器、电容器若干。

［实训内容与步骤］

1. 反相比例运算电路

(1) 按实训图 3.1 连接电路，然后接通±12V 电源，输入端对地短路。

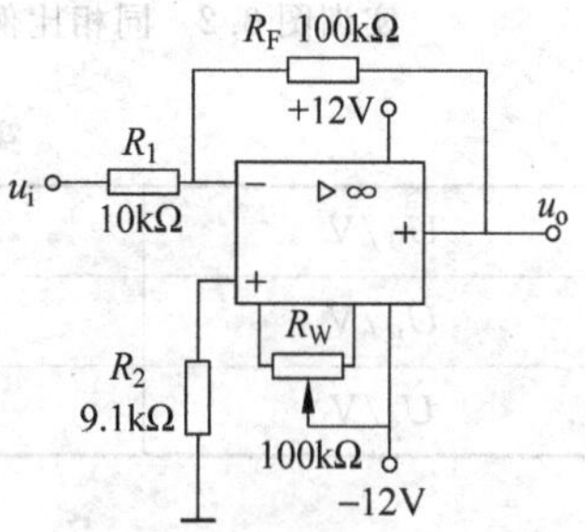

实训图 3.1　反相比例运算电路

(2) 输入 $f=100\text{Hz}$，$u_i=0.5\text{V}$ 的正弦交流信号，测量相应的 u_o。用示波器观察 u_o 和 u_i 的相位关系，并记入实训表 3.1。

实训表 3.1　反相比例运算电路实训表

u_i/V	u_o/V	u_i波形	u_o波形	A_u	
				计算值	测量值
		u_i O t	u_o O t		

2. 同相比例运算电路

按实训图 3.2 连接电路。实训步骤同实训内容 1，将结果记入实训表 3.2。

实训表 3.2　同相比例运算电路实训表

u_i/V	u_o/V	u_i波形	u_o波形	A_u	
				计算值	测量值
		u_i O t	u_o O t		

3. 反相加法运算电路

按实训图 3.3 连接电路。实训时要注意选择合适的直流信号幅度，以确保集成运放工作在线性区。用直流电压表测量输入电压 U_{i1}、U_{i2} 及输出电压 U_o，并记入实训表 3.3。

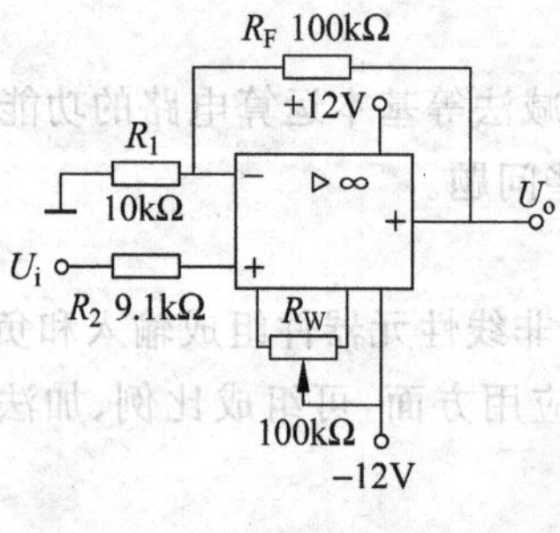

实训图 3.2　同相比例运算电路

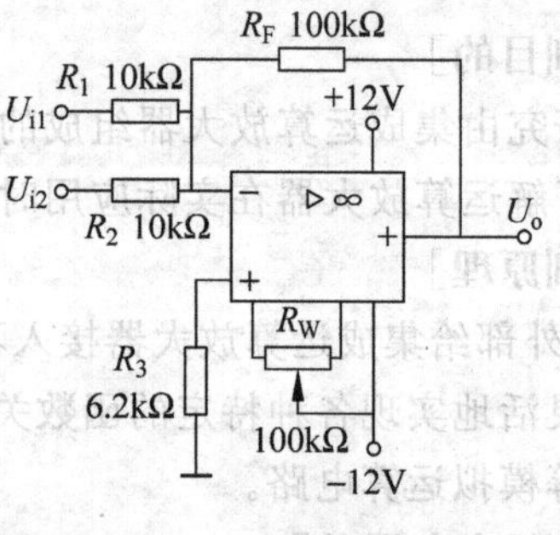

实训图 3.3　反相加法运算电路

实训表 3.3　反相加法运算电路实训表

U_{i1}/V			
U_{i2}/V			
U_o/V			

4. 减法运算电路

(1) 按实训图 3.4 连接电路。

(2) 采用直流输入信号，实训步骤同实训 3，结果记入实训表 3.4。

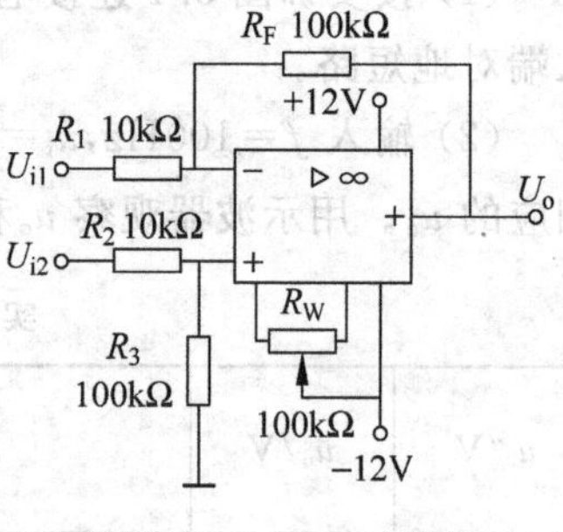

实训图 3.4　减法运算电路

[实训总结]

1. 为了不损坏集成块，实训中应注意什么问题？
2. 使用电阻时应注意哪些问题？
3. 分析、讨论在调试过程中出现的问题。

实训表 3.4　减法运算电路实训表

U_{i1}/V			
U_{i2}/V			
U_o/V			

[预习要求]

1. 复习集成运放线性应用部分的内容，并根据实训电路参数计算各电路输出电压的理论值。

2. 运算放大器与三极管放大器相比有哪些优、缺点？

chapter 4 ◇第 4 章

反馈电路

在现代社会中,反馈几乎无处不在;在电子技术中,负反馈是改善放大器性能的重要手段。本节主要介绍反馈的概念、类型、判断方法和负反馈对放大电路的影响,还介绍了电压串联负反馈电路应用实例。

4.1 反馈概述

在放大电路中,输入信号由输入端加入,经放大后从输出端输出,这是信号的正向传输通道。如果通过一个网络将输出信号(电压或电流)的一部分或全部反方向送回到放大电路的输入回路,并与输入信号相合成,这个过程称为反馈。为了叙述方便,下面定义几个电气符号:$\dot{x}_f$ 为反馈信号;$\dot{x}_i$ 为输入端信号;$\dot{x}_d$ 为净输入信号,等于输入信号与反馈信号的差值。

4.1.1 反馈的分类

1. 正反馈和负反馈

若反馈信号 $\dot{x}_f$ 起削弱 $\dot{x}_i$ 的作用,使净输入信号 $\dot{x}_d$ 减小,使放大电路放大倍数降低,所引起的反馈为负反馈;相反,若 $\dot{x}_f$ 起增强输入信号 $\dot{x}_i$ 的作用,使净输入信号 $\dot{x}_d$ 变大,放大倍数升高,所引起的反馈称为正反馈。

放大电路中常引入负反馈以稳定放大电路的静态工作点,改善放大电路的动态性能,而不引入正反馈,因为正反馈很容易引起自激振荡,造成放大电路工作不稳定。但在振荡电路中必须引入正反馈,这将在后面的内容中详细讨论。

2. 直流反馈和交流反馈

图 4.1.1(a)所示是分压式偏置共射放大电路,在第 2 章已经讨论过,其静态工作点比较稳定,就是因为电路中引入了直流负反馈。为判断是交流反馈还是直流反馈,画出放大电路的直流通路和交流通路,从图 4.1.1(b)、(c)可以看出,R_{E1} 和 R_{E2} 既在输入回路中,又在输出回路中,构成了反馈电路。电阻 R_{E1} 和 R_{E2} 均出现在直流通路中,因而引入了直

流反馈；R_{E2}也出现在交流通路中，对交流信号有反馈作用，因而 R_{E2} 既引入了直流反馈，也引入了交流反馈；R_{E1}被旁路电容 C_E短路了，它没有引入交流反馈。

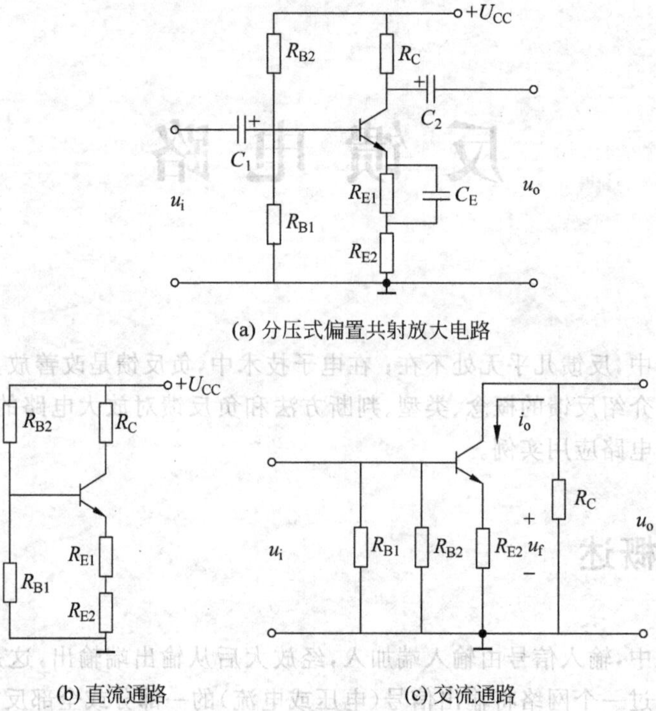

图 4.1.1　直流反馈和交流反馈

3. 串联反馈和并联反馈

如果反馈信号与输入信号相串联，就是串联反馈。在串联反馈中，反馈信号是以电压的形式出现在输入回路中的，如图 4.1.2 所示，图中 A 为开环放大倍数，下为反馈系数。由此可知，在图 4.1.1 中，R_{E1} 和 R_{E2} 引入的反馈是串联反馈。如果反馈信号与输入信号相并联，就是并联反馈。在并联反馈中，反馈信号是以电流形式出现在输入回路中的，如图 4.1.3 所示。显然，图 4.1.4 中的 R_f引入了并联反馈。

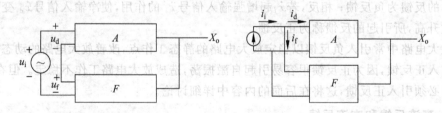

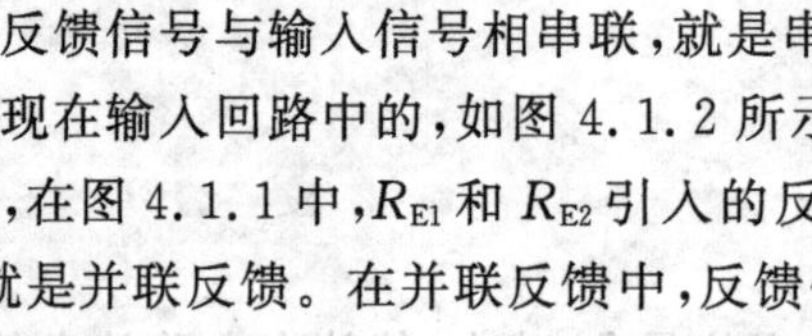

图 4.1.2　串联反馈框图

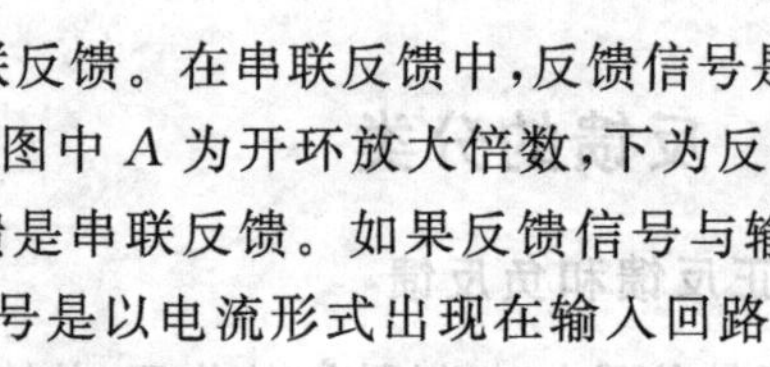

图 4.1.3　并联反馈框图

4. 电流反馈和电压反馈

如果反馈信号取自输出电流并与之成正比，就是电流反馈，如图 4.1.5 所示。在图 4.1.1(c)中，u_f取自输出电流并与之成正比，因而是电流反馈。如果反馈信号取自输出电压并与之成正比，就是电压反馈，如图 4.1.6 所示。在图 4.1.7 中，因为 $u_f = u_o$，所以是电压反馈。

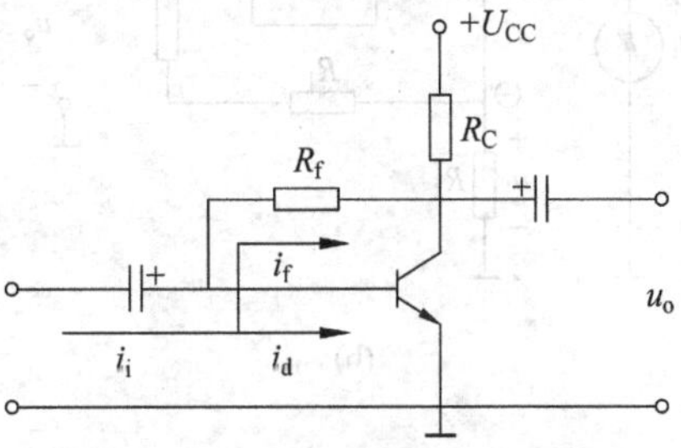

图 4.1.4 R_f引入并联反馈

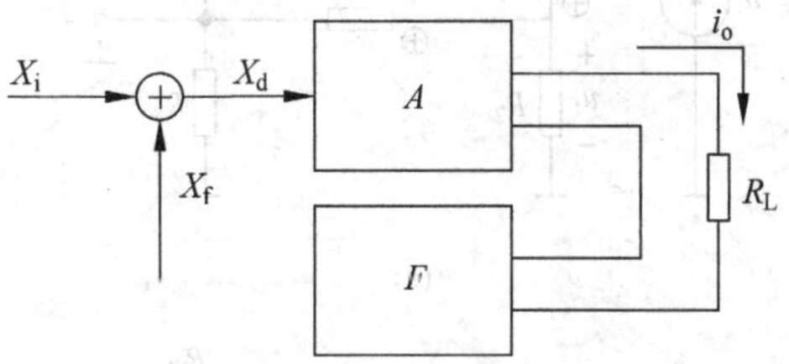

图 4.1.5 电流反馈框图

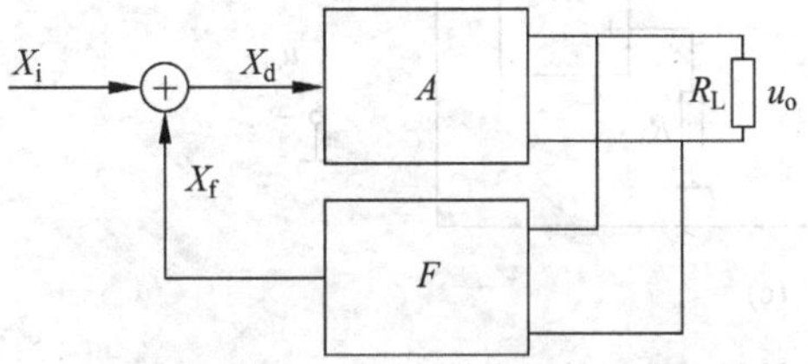

图 4.1.6 电压反馈框图

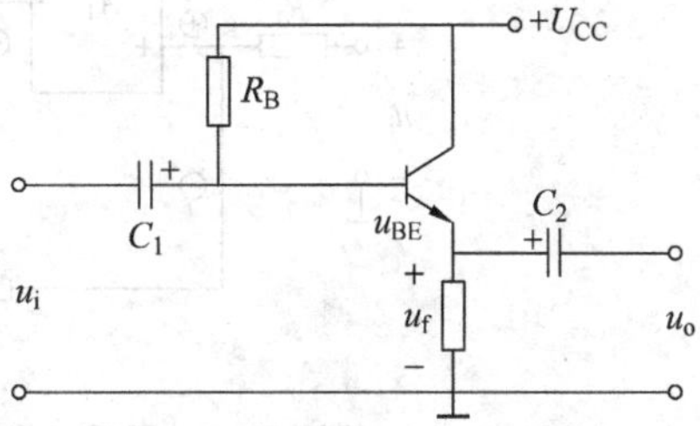

图 4.1.7 电压反馈放大电路

4.1.2 反馈判别法

1. 反馈极性(正、负反馈)

在反馈放大电路中，反馈量使放大器净输入量得到增强的反馈称为正反馈，使净输入量减弱的反馈称为负反馈。通常采用瞬时极性法来区别正反馈和负反馈，具体方法如下。

① 假设输入信号某一瞬时的极性。

② 根据输入与输出信号的相位关系，确定输出信号和反馈信号的瞬时极性。一般情况下，三极管基极与发射极的相位相同，基极与集电极的相位相反；集成运放正端信号与输出端信号相位同相，集成运放负端信号与输出端信号相位反相，如图 4.1.8 所示。

③ 再根据反馈信号与输入信号的连接情况，分析净输入量的变化。如果反馈信号使净输入量增强，即为正反馈，反之为负反馈。

2. 交流反馈与直流反馈判别

在放大电路中存在直流分量和交流分量。若反馈信号是交流量，则称为交流反馈，它影响电路的交流性能；若反馈信号是直流量，则称为直流反馈，它影响电路的直流性能，如静态工作点。若反馈信号中既有交流量又有直流量，则反馈对电路的交流性能和直流性能都有影响。具有不同反馈的电路实例如图 4.1.9 所示。

判断是电流反馈或电压反馈的方法是：将输出端信号对地短路，反馈信号还存在即为电流反馈；将输出端信号对地短路，反馈信号消失即为电压反馈。

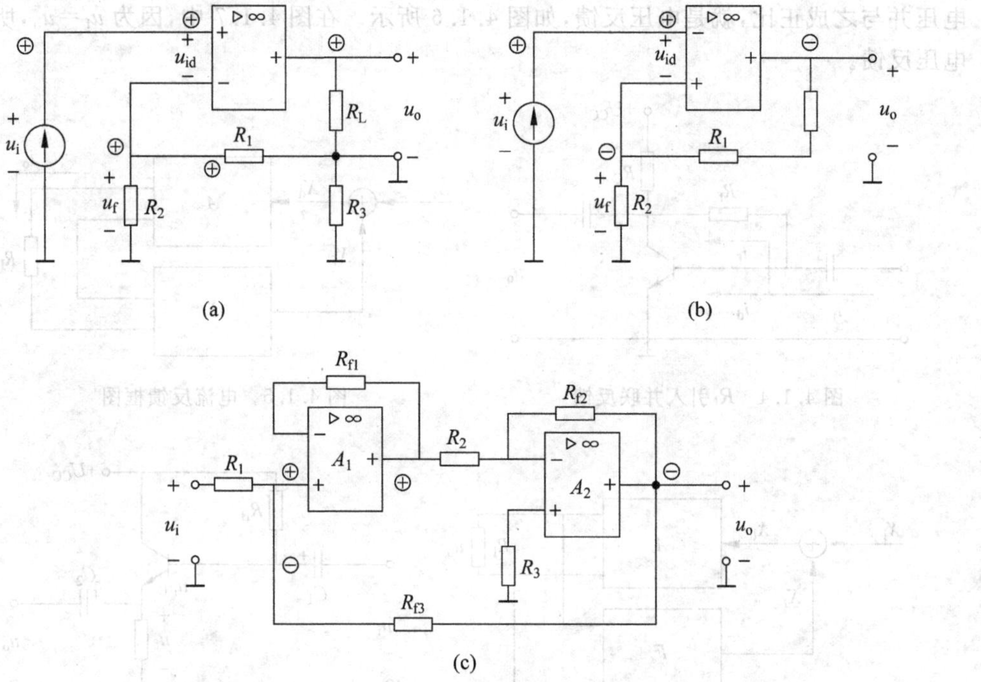

图 4.1.8 用瞬时极性法判断反馈极性的几个例子

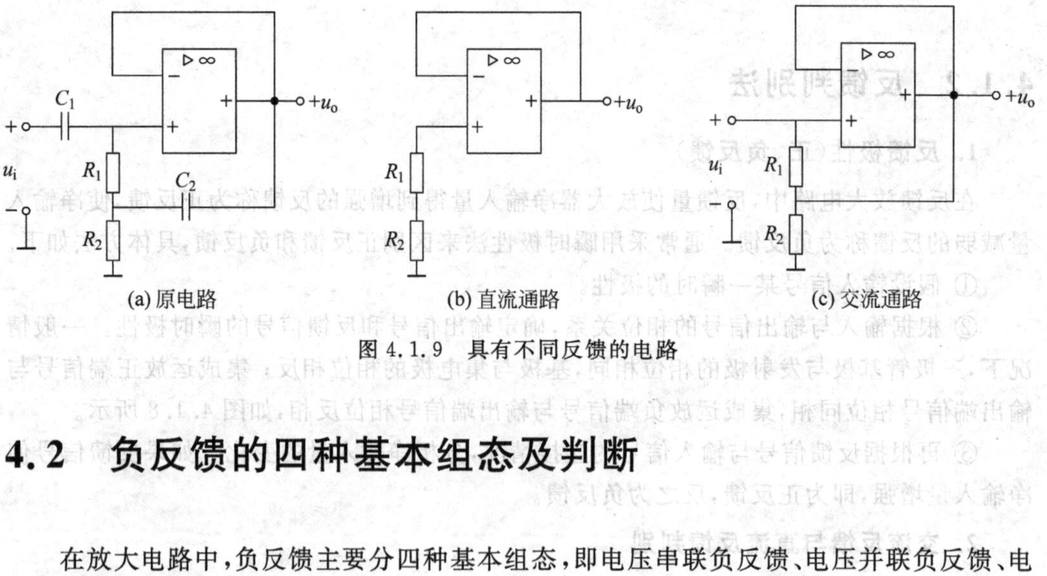

图 4.1.9 具有不同反馈的电路

4.2 负反馈的四种基本组态及判断

在放大电路中，负反馈主要分四种基本组态，即电压串联负反馈、电压并联负反馈、电流串联负反馈和电流并联负反馈。下面通过具体电路进行分析。

4.2.1 电压串联负反馈

1. 电路原理及分析

图 4.2.1 所示的是电压串联负反馈电路。其中，基本放大电路是一个集成运放，由电

阻 R_1 和 R_2 组成的分压器就是反馈网络。判别反馈极性采用瞬时极性法，即假设在同相输入端接入一个电压信号 u_i，设其瞬时极性为正(对地)。因为输出端与同相输入端极性一致，也为正，u_o 经 R_1 和 R_2 分压后，N 点电位仍为正，而在输入回路中有 $u_i=u_d+u_f$，则 $u_d=u_i-u_f$，由于 u_f 的存在使 u_d 减小了，因而所引入的反馈为负反馈；由于反馈信号在输入回路中与输入信号串联，故为串联反馈。从输出端看，R_1 和 R_2 组成分压器，将输出电压的一部分取出作为反馈信号：

$$u_f=\frac{R_1}{R_1+R_2}u_o$$

所以为电压反馈。综合上述讨论可知，图 4.2.1 所示电路中引入的反馈为电压串联负反馈。再如由分立元件构成的反馈放大电路(如图 4.1.7 所示)，设放大管基极电位为正，射极电位为正，则 $u_i=u_{BE}+u_f$，而 $u_{BE}=u_i-u_f$，因为 u_f 的存在使 u_{BE} 比 u_i 小了，因而为负反馈。又因为电路中 $u_f=u_o$，故为电压负反馈；反馈信号以电压形式出现在输入回路中，并与输入电压 u_i 相串联，所以是串联反馈。由此可知，图 4.1.7 中引入的也是电压串联负反馈。引入电压负反馈可以稳定放大电路的输出电压。

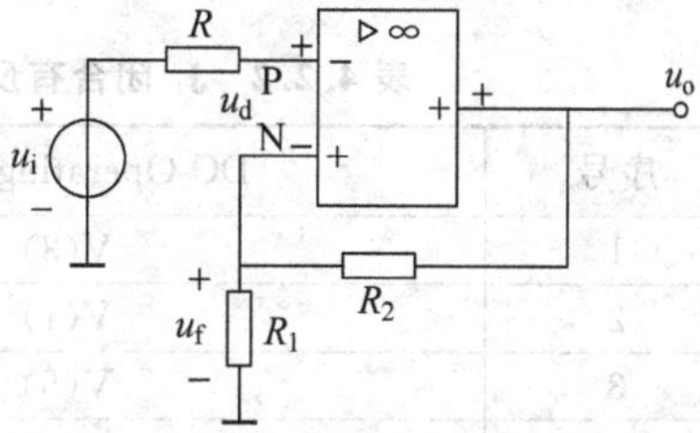

图 4.2.1 电压串联负反馈放大电路

2. 电路仿真

在 Multisim 中仿真电压串联负反馈放大电路如图 4.2.2 所示。

① 开关 J_1 闭合时，负反馈存在。

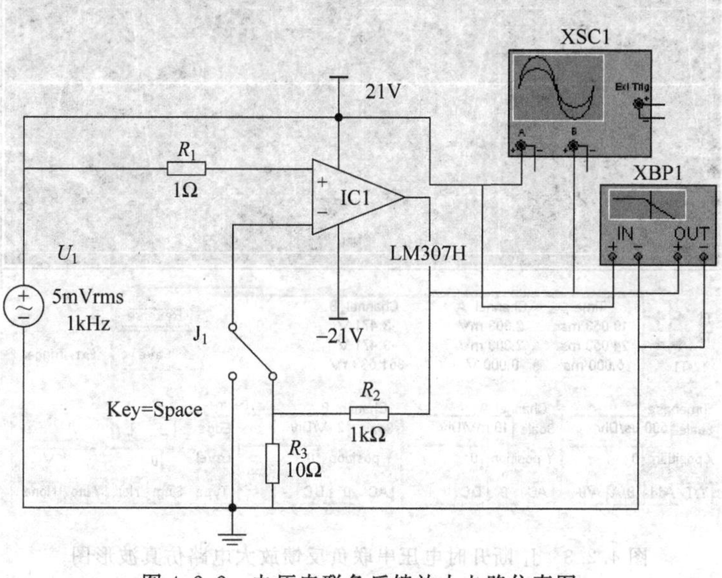

图 4.2.2 电压串联负反馈放大电路仿真图

② 静态仿真，J_1 断开，即没有负反馈时的静态值如表 4.2.1 所示。

表 4.2.1 J_1 断开无反馈时电压串联负反馈放大电路的静态工作点

序号	DC Operating Point	静 态 值
1	V(3)	−0.00069p
2	V(1)	−69.45440n
3	V(5)	19.96501
4	V(2)	0.00000
5	V(4)	197.67332m

③ 静态仿真，J_1 闭合，即有负反馈时的静态值如表 4.2.2 所示。

表 4.2.2 J_1 闭合有反馈时电压串联负反馈放大电路的静态工作点

序号	DC Operating Point	静 态 值
1	V(3)	2.02699m
2	V(1)	−67.89595n
3	V(5)	204.79639m
4	V(2)	0.00000
5	V(4)	2.02699m

④ 示波器仿真，J_1 断开，即没有负反馈时的波形图如图 4.2.3 所示，输出很大。

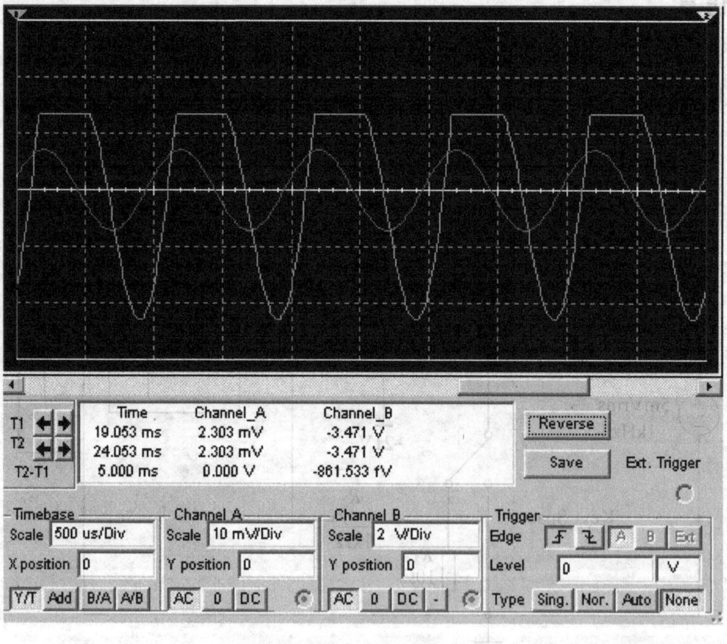

图 4.2.3 J_1 断开时电压串联负反馈放大电路仿真波形图

⑤ 示波器仿真，J_1 闭合，即有负反馈时的波形图如图 4.2.4 所示。比较有反馈和无反馈的波形可知，放大倍数减小了。

⑥ 动态仿真，J_1 断开，即没有负反馈时的动态值，伯德图如图 4.2.5 所示。

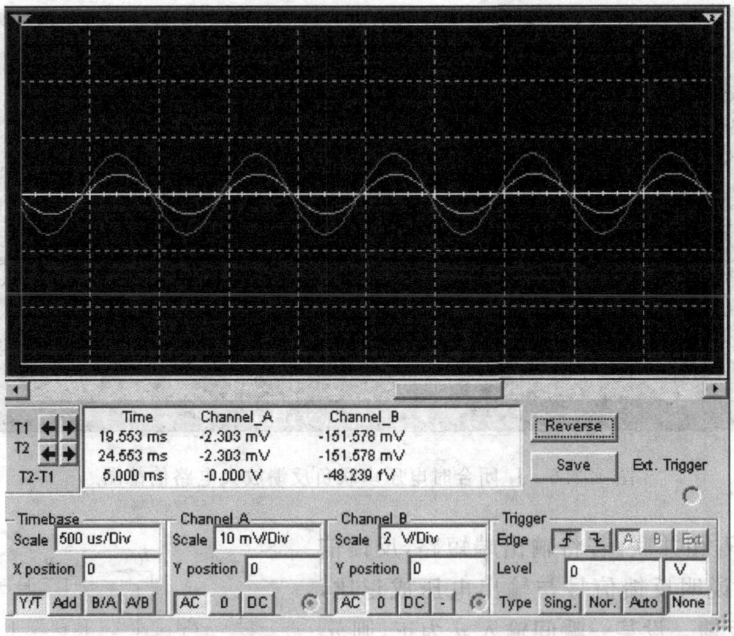

图 4.2.4 J_1 闭合时电压串联负反馈放大电路仿真波形图

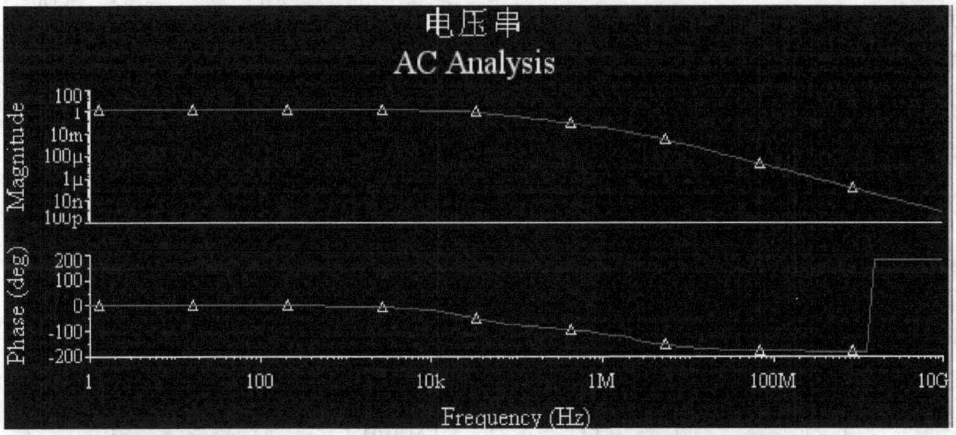

图 4.2.5 J_1 断开时电压串联负反馈放大电路伯德图

⑦ 动态仿真，J_1 闭合，即有负反馈时的动态值，伯德图如图 4.2.6 所示。比较有反馈和无反馈的伯德图可知，频带变宽了(相位幅值变大，与横轴交点处的频率变大)。

4.2.2 电压并联负反馈

1. 电路分析

图 4.2.7 所示是一个电压并联负反馈放大电路。从图 4.2.7 中输入端看，反馈信号 i_f与输入信号 i_d 相并联，所以为并联反馈；从输出端看，反馈电路(由 R_f构成)与基本放大

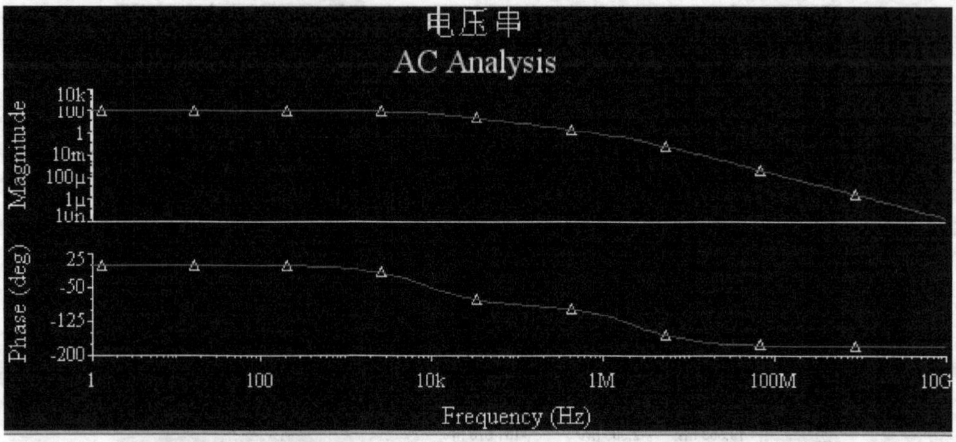

图 4.2.6 J_1 闭合时电压串联负反馈放大电路伯德图

电路和负载 R_L 相并联，若将输出端短路，反馈信号就消失了，说明反馈信号与输出电压成正比，因而为电压反馈。设某一瞬间输入 u_i 为正，则 u_o 为负，i_f 和 i_d 的方向如图 4.2.7 中所标示，可见净输入电流 $i_d=i_i-i_f$。由于 i_f 的存在，i_d 变小了，故为负反馈。由上述分析可知，电路所引反馈为电压并联负反馈。

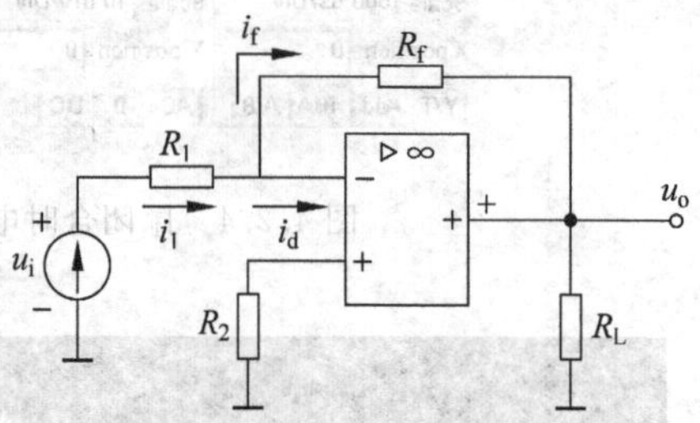

图 4.2.7 电压并联负反馈放大电路

2. 电路仿真

在 Multisim 中仿真电压并联负反馈放大电路如图 4.2.8 所示。

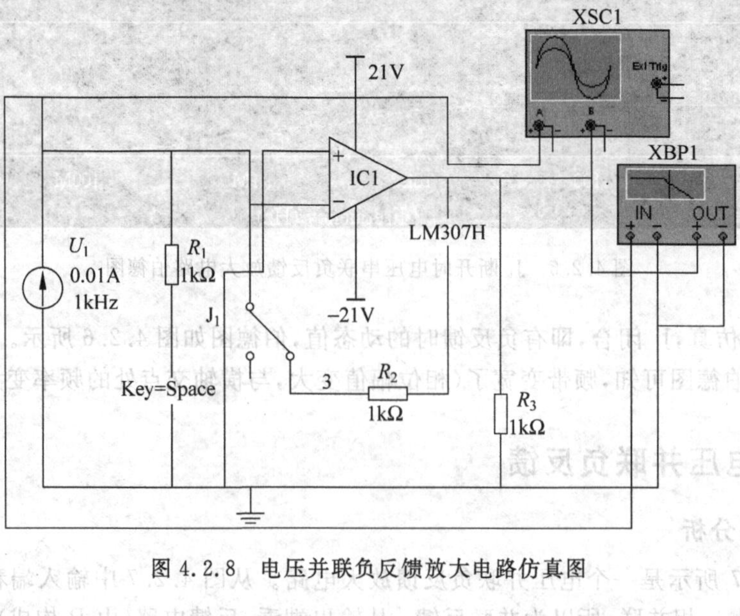

图 4.2.8 电压并联负反馈放大电路仿真图

① 开关 J_1 闭合时，负反馈存在。

② 静态仿真，J_1 断开，即没有负反馈时的静态值如表 4.2.3 所示。

表 4.2.3 J_1 断开无反馈时电压并联负反馈放大电路的静态工作点

序号	DC Operating Point	静 态 值
1	V(1)	−69.20454u
2	V(6)	19.96465
3	V(3)	19.96465

③ 静态仿真，J_1 闭合，即有负反馈时的静态值如表 4.2.4 所示。

表 4.2.4 J_1 闭合有反馈时电压并联负反馈放大电路的静态工作点

序号	DC Operating Point	静 态 值
1	V(1)	2.02845m
2	V(6)	4.12782m
3	V(3)	2.02845m

④ 示波器仿真，J_1 断开，即没有负反馈时的波形图如图 4.2.9 所示。

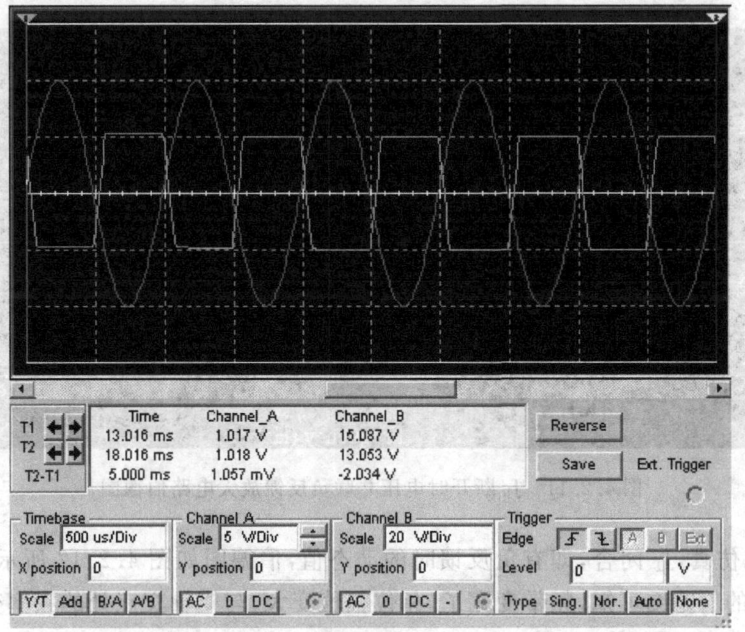

图 4.2.9 J_1 断开时电压并联负反馈放大电路仿真波形图

⑤ 示波器仿真，J_1 闭合，即有负反馈时的波形图如图 4.2.10 所示。比较有反馈和无反馈的波形可知，放大倍数减小了。

⑥ 动态仿真，J_1 断开，即没有负反馈时的动态值，伯德图如图 4.2.11 所示。

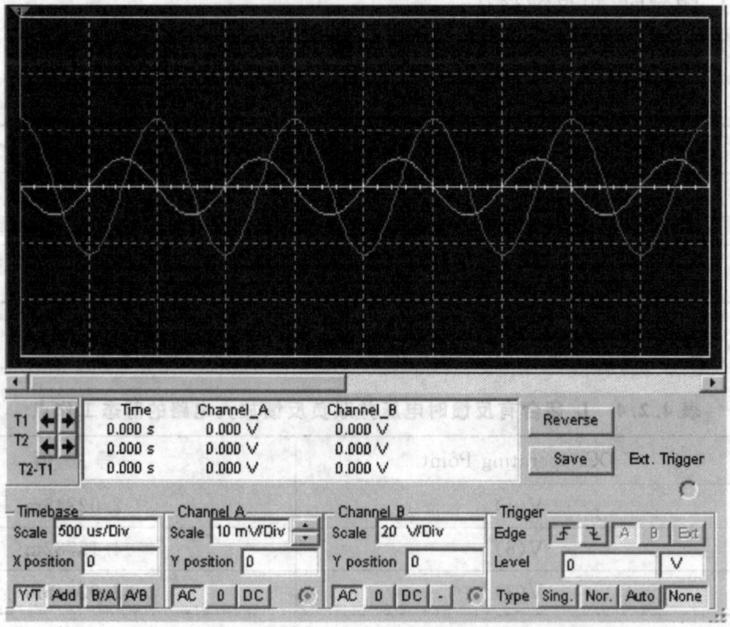

图 4.2.10 J_1 闭合时电压并联负反馈放大电路仿真波形图

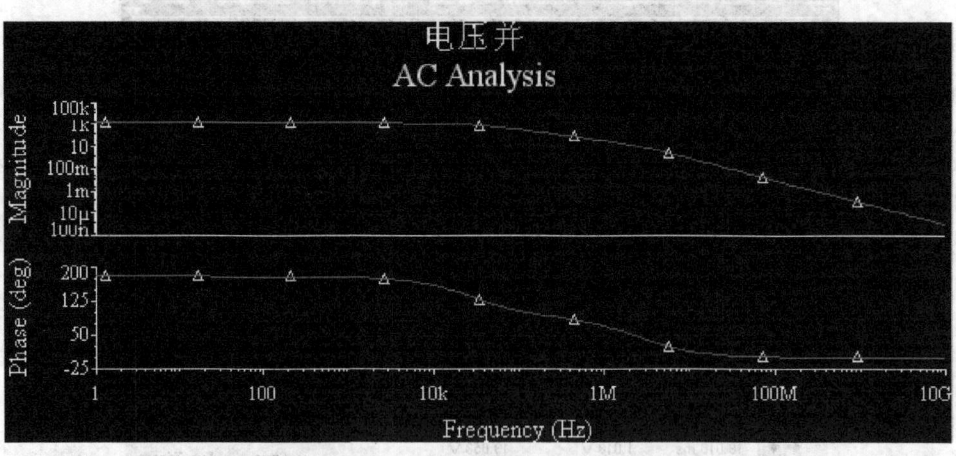

图 4.2.11 J_1 断开时电压并联负反馈放大电路伯德图

⑦ 动态仿真，J_1 闭合，即有负反馈时的动态值，伯德图如图 4.2.12 所示。比较有反馈和无反馈的伯德图可知，频带变宽了（相位幅值变大，与横轴交点处的频率变大）。

4.2.3 电流串联负反馈

1. 电路原理

图 4.2.13 所示是一个电流串联负反馈放大电路。在图 4.2.13 中，反馈信号 u_f 与输入信号 u_i 和净输入信号 u_d 串联在输入回路中，故为串联反馈。从输出端看，反馈电阻 R_f

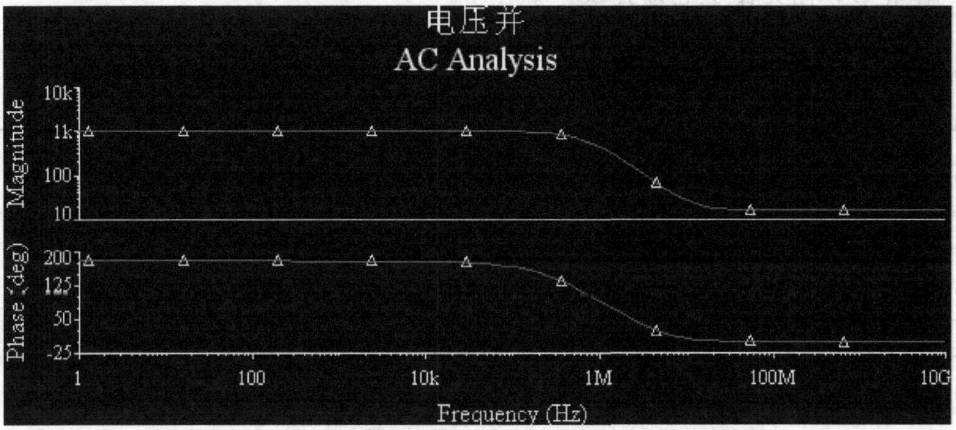

图 4.2.12 J_1 闭合时电压并联负反馈放大电路伯德图

和负载电阻 R_L 相串联，若输出端被短路即 $u_o=0$，而 $u_f=i_oR_f$ 仍存在，故为电流反馈。设 u_i 瞬时极性对地为正，输出电压 u_o 对地也为正，i_o 流向如图 4.2.13 中所标示，u_f 的极性已标出，在输入回路中有 $u_i=u_d+u_f$，则 $u_d=u_i-u_f$，u_f 的存在使 u_d 减小了，所以为负反馈。因此，电路所引反馈为电流串联负反馈。引入电流负反馈可以稳定输出电流。

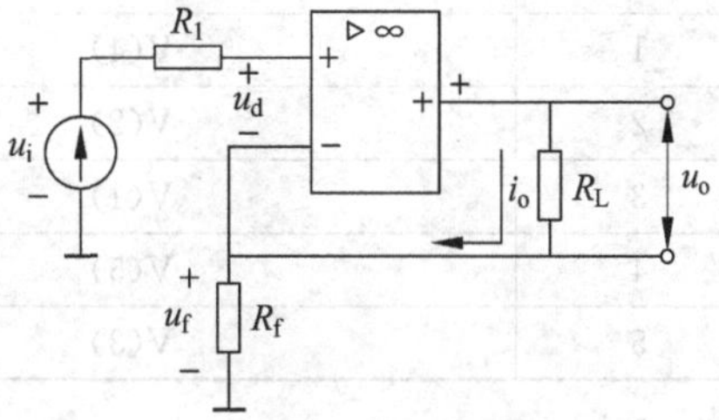

图 4.2.13 电流串联负反馈放大电路

2. 电路仿真

在 Multisim 中仿真电流串联负反馈放大电路如图 4.2.14 所示。

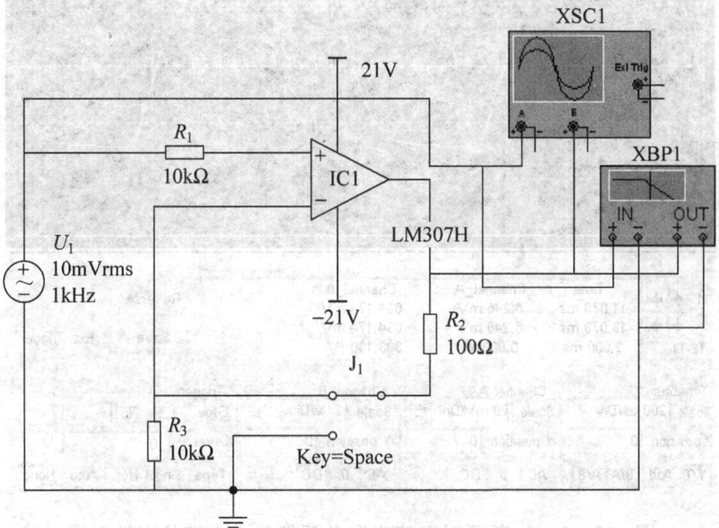

图 4.2.14 电流串联负反馈放大电路仿真图

① 开关 J_1 闭合时，负反馈存在。

② 静态仿真，J_1 断开，即没有负反馈时的静态工作点如表 4.2.5 所示。

表 4.2.5 J_1 断开无反馈时电流串联负反馈放大电路的静态工作点

序号	DC Operating Point	静 态 值
1	V(4)	0.00000
2	V(2)	−687.09877u
3	V(1)	−699.82030n
4	V(5)	2.73177
5	V(3)	273.17697p

③ 静态仿真，J_1 闭合，即有负反馈时的静态工作点如表 4.2.6 所示。

表 4.2.6 J_1 闭合有反馈时电流串联负反馈放大电路的静态工作点

序号	DC Operating Point	静 态 值
1	V(4)	0.00000
2	V(2)	2.02779m
3	V(1)	−678.94857n
4	V(5)	2.05516m
5	V(3)	2.02779m

④ 示波器仿真，J_1 断开，即没有负反馈时的波形图如图 4.2.15 所示。

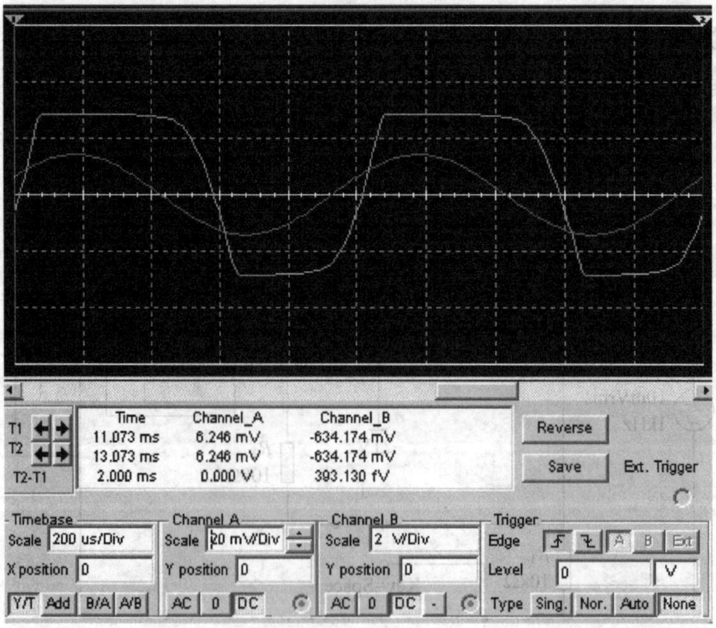

图 4.2.15 J_1 断开时电流串联负反馈放大电路仿真波形图

⑤ 示波器仿真，J_1 闭合，即有负反馈时的波形图如图 4.2.16 所示。比较有反馈和无反馈的波形可知，放大倍数减小了。

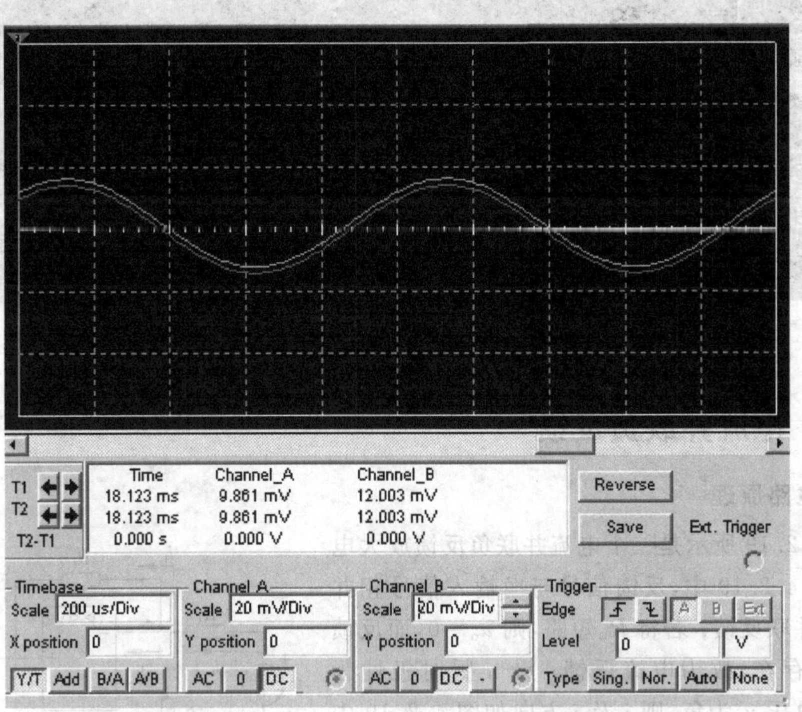

图 4.2.16 J_1 闭合时电流串联负反馈放大电路仿真波形图

⑥ 动态仿真，J_1 断开，即没有负反馈时的动态值，伯德图如图 4.2.17 所示。

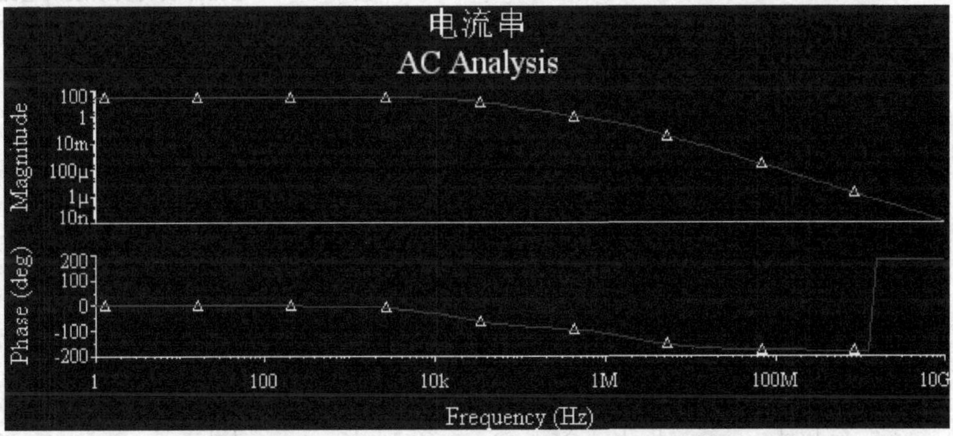

图 4.2.17 J_1 断开时电流串联负反馈放大电路伯德图

⑦ 动态仿真，J_1 闭合，即有负反馈时的动态值，伯德图如图 4.2.18 所示。比较有反馈和无反馈的伯德图可知，频带变宽了。

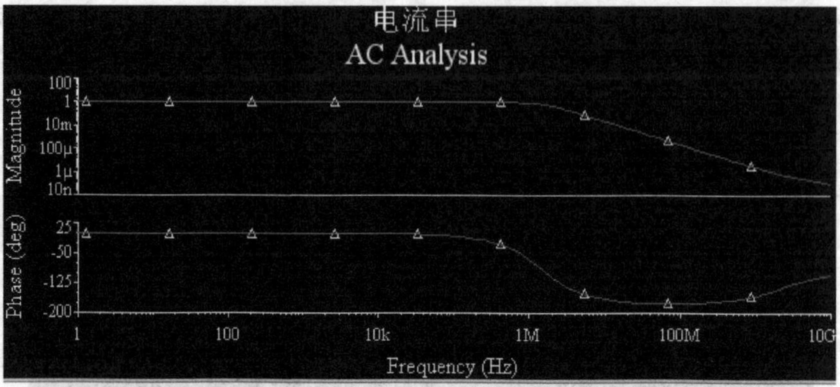

图 4.2.18 J_1 闭合时电流串联负反馈放大电路伯德图

4.2.4 电流并联负反馈

1. 电路原理

图 4.2.19 所示是一个电流并联负反馈放大电路。在图 4.2.19 中，反馈信号与净输入信号相并联，故为并联反馈；若将 R_L 短路，则 $u_o=0$，而反馈信号 i_f 仍存在，故为电流反馈；设 u_i 瞬时极性为正，输出电压 u_o 为负，则 i_f 及 i_i 方向如图 4.2.19 中所标示，$i_d=i_i-i_f$，故为负反馈。由此分析可知，电路中所引为电流并联负反馈。反馈放大器由基本放大器和反馈网络两部分组成。

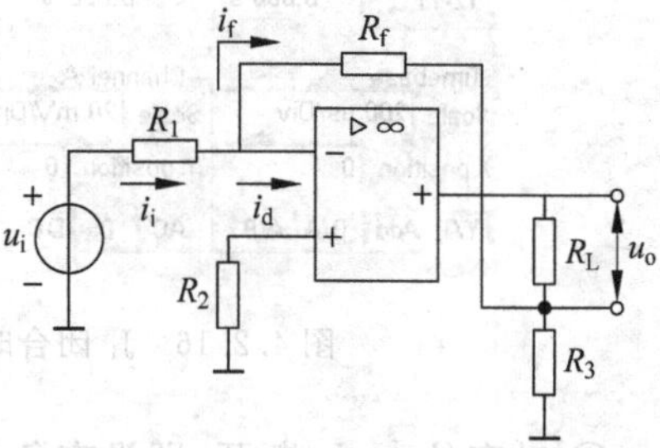

图 4.2.19 电流并联负反馈放大电路

2. 电路仿真

在 Multisim 中仿真电流并联负反馈放大电路如图 4.2.20 所示。

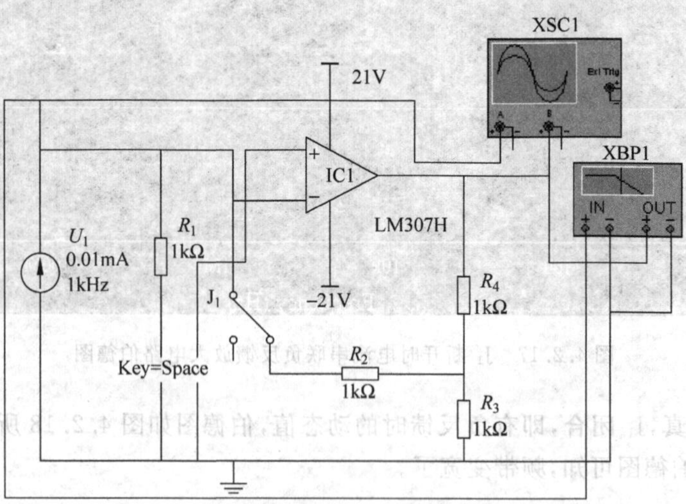

图 4.2.20 电流并联负反馈放大电路仿真图

① 开关 J_1 闭合时，负反馈存在。

② 静态仿真，J_1 断开，即没有负反馈时的静态工作点电压值如表 4.2.7 所示。

表 4.2.7 J_1 断开无反馈时电流并联负反馈放大电路的静态工作点

序号	DC Operating Point	静 态 值
1	V(3)	20.01984
2	V(4)	10.00992
3	V(2)	−69.20454u
4	V(1)	10.00992

③ 静态仿真，J_1 闭合，即有负反馈时的静态工作点电压值如表 4.2.8 所示。

表 4.2.8 J_1 闭合有反馈时电流并联负反馈放大电路的静态工作点

序号	DC Operating Point	静 态 值
1	V(3)	10.35481m
2	V(4)	4.12774m
3	V(2)	2.02841m
4	V(1)	2.02841m

④ 示波器仿真，J_1 断开，即没有负反馈时的波形图如图 4.2.21 所示。

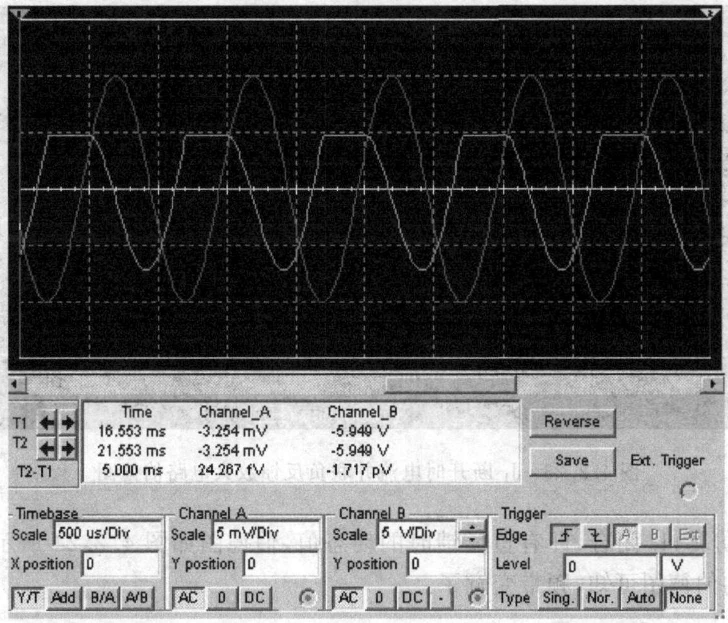

图 4.2.21 J_1 断开时电流并联负反馈放大电路仿真波形图

⑤ 示波器仿真，J_1 闭合，即有负反馈时的波形图如图 4.2.22 所示。比较有反馈和无反馈的波形可知，放大倍数减小了。

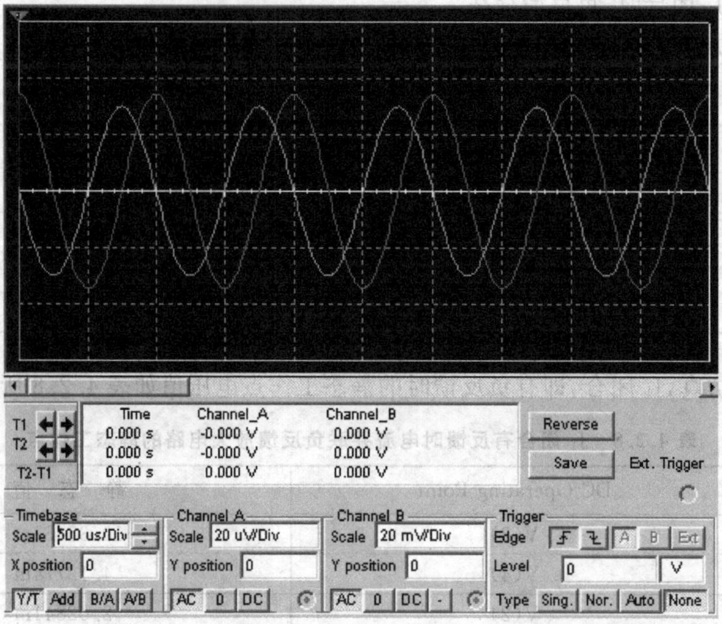

图 4.2.22 J_1 闭合时电流并联负反馈放大电路仿真波形图

⑥ 动态仿真，J_1 断开，即没有负反馈时的动态值，伯德图如图 4.2.23 所示。

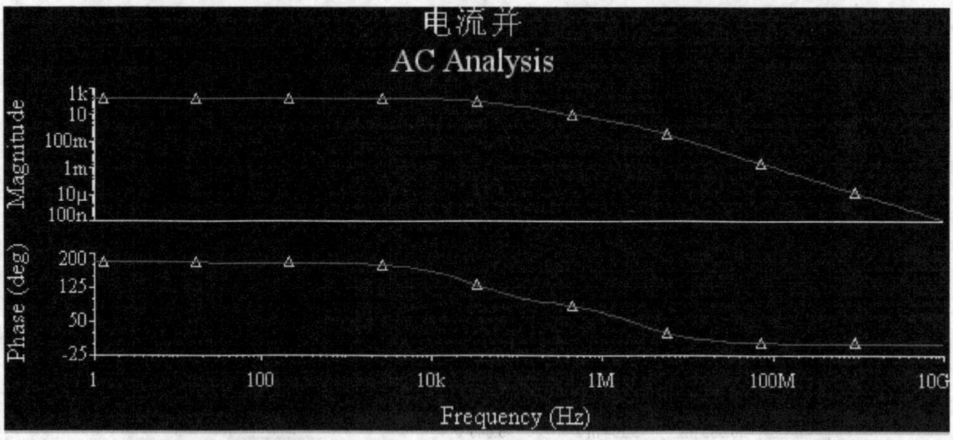

图 4.2.23 J_1 断开时电流并联负反馈放大电路伯德图

⑦ 动态仿真，J_1 闭合，即有负反馈时的动态值，伯德图如图 4.2.24 所示。比较有反馈和无反馈的伯德图可知，频带变宽了。

4.2.5 反馈判断方法

基本放大器是将输入量放大后送到输出端，而反馈网络是将输出回路中的输出量的一部分或全部反送到输入回路。因此，反馈的判断方法如下。

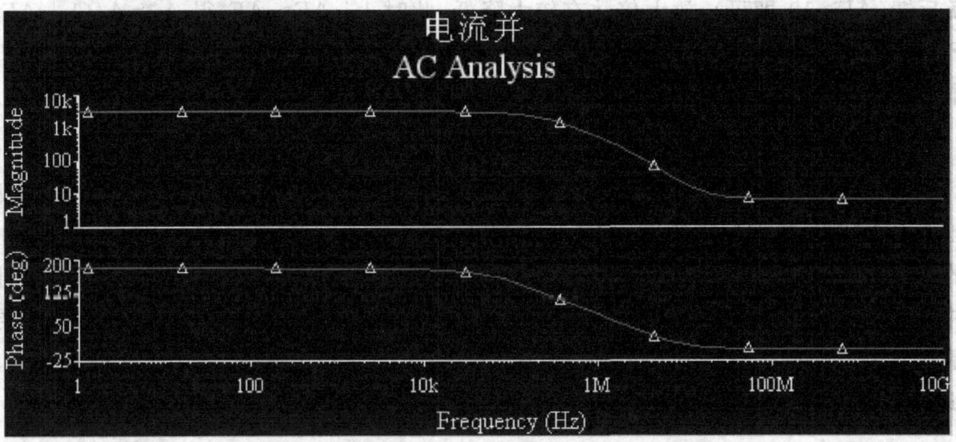

图 4.2.24　J_1 闭合时电流并联负反馈放大电路伯德图

(1) 判断有没有反馈

首先判断有没有反馈支路，如有，则放大器有反馈；如没有，则放大器无反馈。判断出放大器有反馈后，还要进一步判断，这条支路如果只对交流信号起作用，就为交流反馈；如果只对直流信号起作用，就为直流反馈；如果对交流和直流信号都起作用，就为交直流反馈。

(2) 判断反馈类型

判断反馈放大器是电压反馈还是电流反馈，是串联反馈还是并联反馈，一般采用短路法。

将反馈放大器的负载 R_L 短路，即令输出电压 $u_o=0$（注意，$u_o=0$，但 $i_o\neq0$）。如无反馈信号经反馈支路加到反馈放大器的输入回路，为电压反馈；反之，如有反馈信号经反馈支路加到反馈放大器的输入回路，为电流反馈。

将反馈放大器的输入端对地短路，即令输入电压 $u_i=0$。如果反馈信号能加到基本放大器的输入端，为串联反馈；反之，如果反馈信号不能加到基本放大器的输入端，为并联反馈。

(3) 判断正、负反馈

用电压的瞬时极性（称为瞬时极性法）判断正、负反馈。

设反馈放大器某瞬间输入电压 u_i 的相位为正（用“＋”表示），经基本放大器逐级的相位变化，又从输出回路通过反馈支路反送到放大器输入端的电压为正（用“＋”表示），即为正反馈；反之，如果经反馈支路反送到放大器输入端的电压为负（用“－”表示），即为负反馈。

4.3　负反馈对放大电路的影响

1. 负反馈使放大电路放大倍数降低、稳定性提高

带有负反馈的闭环放大电路的放大倍数 $A_f=A/(1+AF)$。当 $1+AF\gg1$ 时，称为深

度负反馈($AF>10$ 即可)，放大倍数有较大降低，此时 $1+AF\approx AF$，得 $A_f=A/(1+AF)\approx 1/F$。可见，深度负反馈时，反馈放大电路的闭环放大倍数只取决于反馈系数，几乎不受基本放大电路其他参数的影响，如不受温度的影响，因而放大倍数具有很高的稳定性。

2. 负反馈使放大电路的非线性失真减小

如图 4.3.1(a)所示，由于三极管的非线性，开环放大电路(无反馈)会造成如图 4.3.1(b)所示的非线性失真，即输出信号正、负半周放大不均。引入负反馈后，输出波形的一部分被反馈网络送回到输入端(设反馈电路不产生附加失真)，与输入信号极性相反并合成。合成后的波形 u_d 的正半周幅度相对变小，负半周幅度变大。这样的波形再经过基本放大电路放大后得到补偿，使输出信号正、负半周趋于相等，减小了非线性失真，如图 4.3.1(c)所示，但只能减小，不可能消除这种非线性失真。

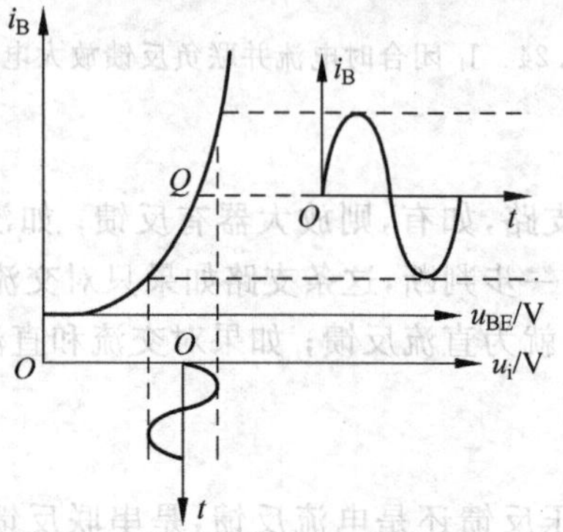

(a) 三极管的输入特性

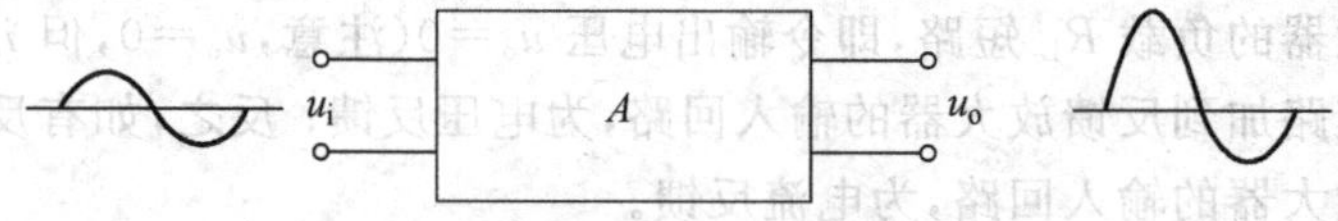

(b) 开环放大电路产生非线性失真

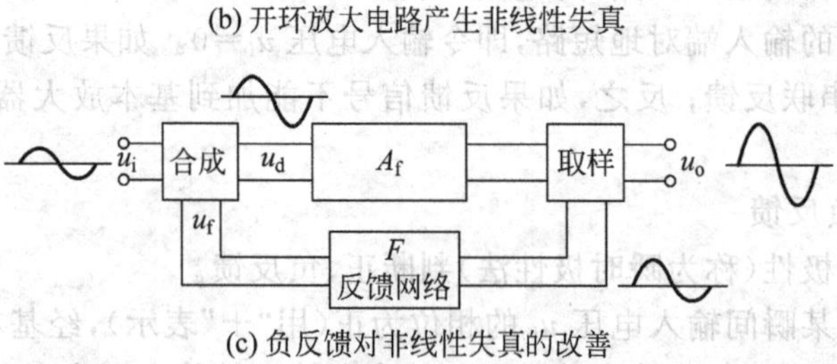

(c) 负反馈对非线性失真的改善

图 4.3.1　负反馈改善放大电路的非线性失真

3. 负反馈对输入和输出电阻有影响

负反馈对放大电路的输入/输出电阻的影响列于表 4.3.1。也可以用四个“凡是”来表述，即凡是电压反馈均使输出电阻减小，凡是电流反馈均使输出电阻增大，凡是串联反馈均使输入电阻增大，凡是并联反馈均使输入电阻减小。

表 4.3.1 负反馈对放大电路的输入/输出电阻的影响

负反馈组态	输入电阻	输出电阻
电压并联负反馈	减小	减小
电压串联负反馈	增大	减小
电流并联负反馈	减小	增大
电流串联负反馈	增大	增大

4. 扩展通频带

负反馈能使放大器的幅频特性变得比较平坦，通频带得到展宽，如图 4.3.2 所示。正反馈放大器具有较高的增益和较好的选择性，但频带变窄，且工作稳定性差。

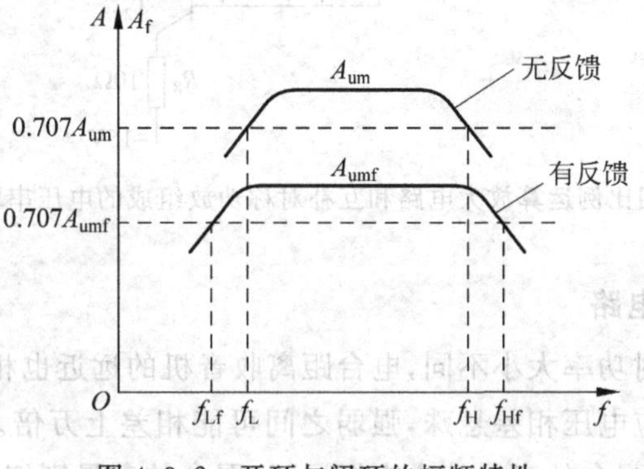

图 4.3.2 开环与闭环的幅频特性

应当指出，由于负反馈的引入，在减小非线性失真的同时降低了输出幅度。此外，输入信号本身固有的失真是不能用引入负反馈来改善的。

4.4 反馈电路应用实例

反馈电路应用很广，电路种类也多，下面具体介绍常用电压串联负反馈电路。

1. 射极输出器

射极输出器是一个典型的电压串联负反馈放大电路，如图 4.4.1 所示。其中，

$$F=\frac{u_f}{u_o}=1$$

因此

$$A_{uf}\approx\frac{1}{F}=1$$

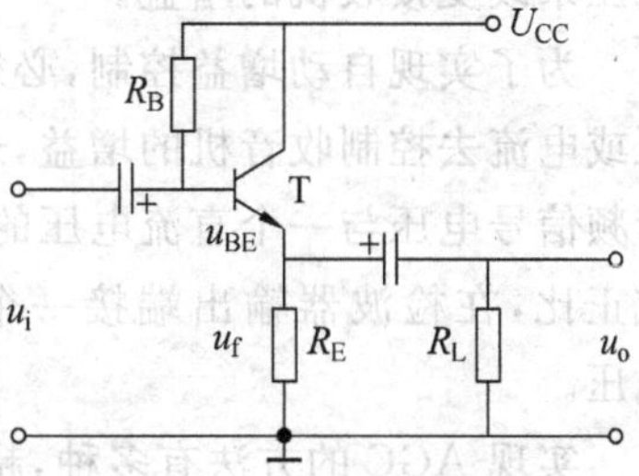

图 4.4.1 射极输出器

2. 由同相比例运算放大电路和互补对称功放组成的电压串联负反馈放大电路

此电路如图 4.4.2 所示，其中反馈电阻为 R_f。从

图中可见，反馈取于输出端，通过电压反馈改善电路性能。

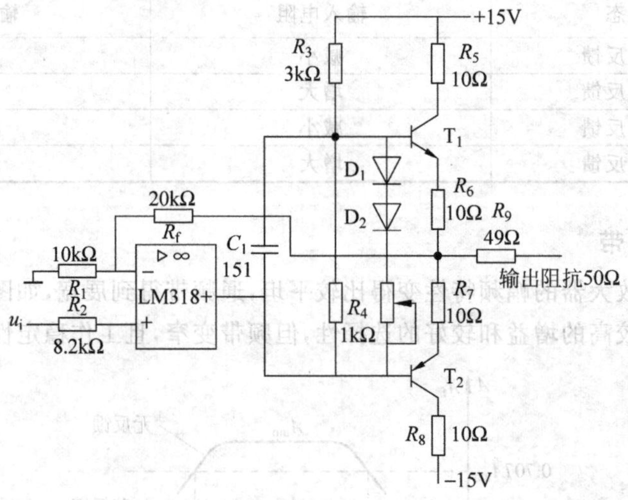

图 4.4.2　由同相比例运算放大电路和互补对称功放组成的电压串联负反馈放大电路

3. 收音机 AGC 电路

由于各电台的发射功率大小不同，电台距离收音机的远近也相差很大，所以它们在收音机天线中产生的感应电压相差悬殊，强弱之间可能相差上万倍。如果收音机对这些信号都一视同仁地放大，强台的音量就会声振屋瓦，弱台的音量则细如蚊蚋。为了平衡强弱之间的差异，必须使整机的增益（放大量）能自动地进行控制。那么，怎样才能达到这一目的呢？通常我们是通过调整中放级的工作点（集电极电流）来实现的。电台信号强时，把中放级的电流调小，使这一级的增益降低；反之，电台信号弱时，将中放级的电流适当调大，使它的增益增加。完成这种作用的电路通常称为自动增益控制电路，简称 AGC 电路。

AGC 电路是一种在输入信号幅度变化很大的情况下，使输出信号幅度保持恒定或仅在较小范围内变化的自动控制电路。AGC 的基本原理是产生一个随输入电平而变化的直流 AGC 电压，然后利用这个电压去控制某些放大部件（如中放）的增益，使接收机总增益按照一定规律变化。AGC 电路主要由控制电路和被控电路两部分组成。控制电路就是 AGC 直流电压的产生部分，被控电路的功能是按照控制电路所产生的变化着的控制电压来改变接收机的增益。

为了实现自动增益控制，必须有一个随输入信号强弱变化的电压或电流，利用这个电压或电流去控制收音机的增益，通常从检波器得到这一控制电压。检波器的输出电压是音频信号电压与一个直流电压的叠加值。其中，直流分量与检波器的输入信号载波振幅成正比，在检波器输出端接一个 RC 低通滤波器就可获得其直流分量，即所需的控制电压。

实现 AGC 的方法有多种，超外差收音机通常采用反向 AGC 电路，又称基极电流控制电路。它通过改变中放电路三极管的工作点，达到自动增益控制的目的。确定被控管的工作点要兼顾增益和控制效果两方面的要求。工作点过低，则增益太小；工作点过高，控制效果不明显。一般取静态电流在 0.3～0.6mA 之间。

选择低通滤波器的时间常数也相当重要，一般取 0.02～0.2s。

常用的中放、检波及自动增益控制电路如图 4.4.3 所示，可见 AGC 是一个典型的反馈电路。

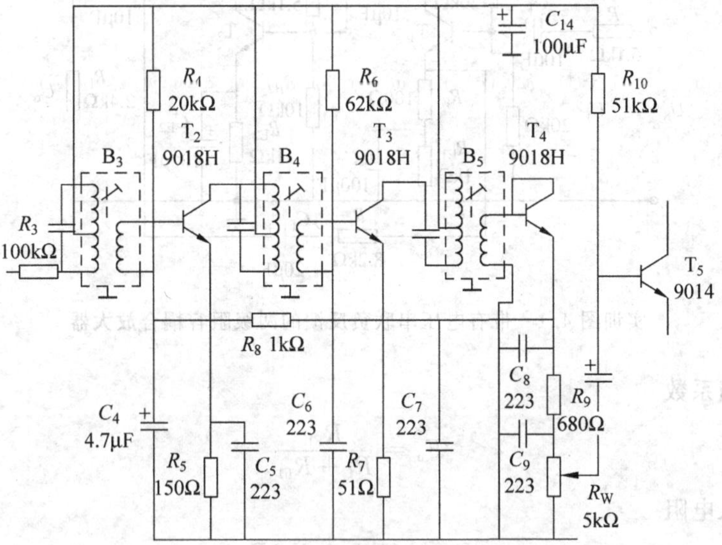

图 4.4.3　收音机 AGC 电路

实训 4　负反馈放大器的制作及测试

[实训目的]

1. 学习负反馈放大电路主要性能指标的测试方法。

2. 加深理解放大电路中引入负反馈的方法和负反馈对放大器各项性能指标的影响。

[实训原理]

负反馈在电子电路中有着非常广泛的应用，虽然它使放大器的放大倍数降低，但能在多方面改善放大器的动态指标，如稳定放大倍数，改变输入、输出电阻，减小非线性失真和展宽通频带等。因此，几乎所有的实用放大器都带有负反馈。

负反馈放大器有四种组态，即电压串联、电压并联、电流串联和电流并联。本实验以电压串联负反馈为例，分析负反馈对放大器各项性能指标的影响。

实训图 4.1 所示为带有负反馈的两级阻容耦合放大电路。在电路中，通过 R_f 把输出电压 u_o 引回到输入端，加在晶体管 T_1 的发射极上，在发射极电阻 R_{F1} 上形成反馈电压 u_f。根据反馈的判断方法可知，它属于电压串联负反馈，其主要性能指标如下：

(1) 闭环电压放大倍数

$$A_{uf} = \frac{A_u}{1 + A_u F_u}$$

式中，$A_u=U_o/U_i$为基本放大器(无反馈)的电压放大倍数，即开环电压放大倍数。$1+A_uF_u$为反馈深度，其大小决定了负反馈对放大器性能改善的程度。

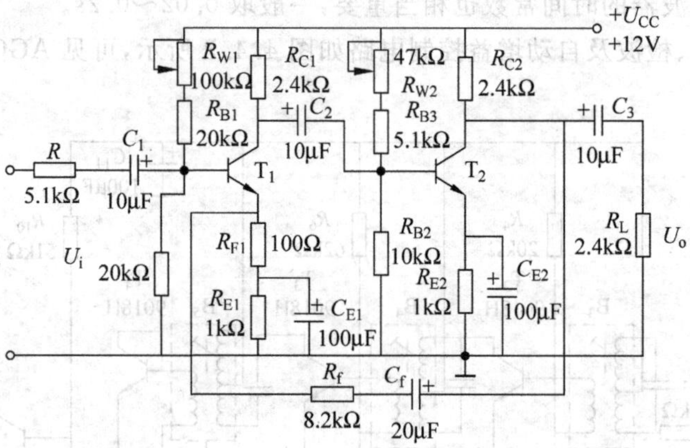

实训图 4.1　带有电压串联负反馈的两级阻容耦合放大器

(2) 反馈系数

$$F_u=\frac{R_{F1}}{R_f+R_{F1}}$$

(3) 输入电阻

$$R_{if}=(1+A_uF_u)R_i$$

式中，R_i为基本放大器的输入电阻。

(4) 输出电阻

$$R_{of}=\frac{R_o}{1+A_{uo}F_u}$$

式中，R_o为基本放大器的输出电阻；A_{uo}为 基本放大器 $R_L=\infty$时的电压放大倍数。

本实训还需要测量基本放大器的动态参数。怎样实现无反馈而得到基本放大器呢？不能简单地断开反馈支路，而是要去掉反馈作用，又要把反馈网络的影响(负载效应)考虑到基本放大器中去，具体做法如下。

① 在画基本放大器的输入回路时，因为是电压负反馈，可将负反馈放大器的输出端交流短路，即令 $u_o=0$，此时 R_f相当于并联在 R_{F1}上。

② 在画基本放大器的输出回路时，由于输入端是串联负反馈，因此需将反馈放大器的输入端(T_1管的射极)开路，此时(R_f+R_{F1})相当于并接在输出端。可近似认为 R_f并接在输出端。

根据上述规律，得到所要求的如实训图 4.2 所示的基本放大器。

[**实训设备与器件**]

+12V 直流电源、函数信号发生器、双踪示波器、频率计、交流毫伏表、直流电压表、晶体三极管 3DG6×2($\beta=50\sim100$)或 9011×2 以及电阻器、电容器若干。

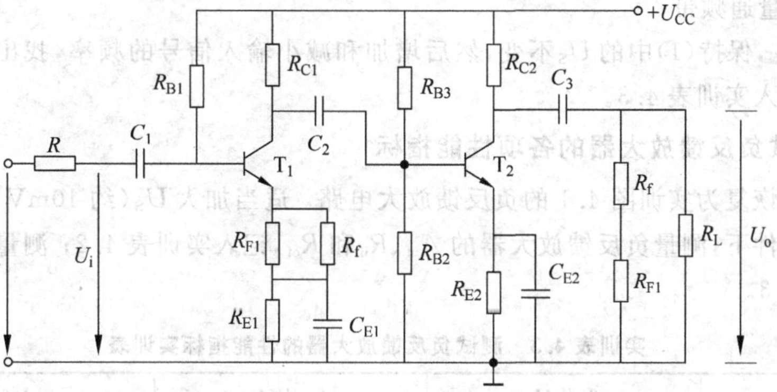

实训图 4.2 基本放大器

［实训内容与步骤］

1. 测量静态工作点

按实训图 4.1 连接电路，取 $U_{CC}=+12V$，$U_i=0$，用直流电压表分别测量第一级、第二级的静态工作点，记入实训表 4.1。

实训表 4.1 测量静态工作点实训表

	U_B/V	U_E/V	U_C/V	I_C/mA(计算)
第一级				
第二级				

2. 测试基本放大器的各项性能指标

将电路改接，把 R_f 断开后分别并在 R_{F1} 和 R_L 上，其他连线不动。

(1) 测量中频电压放大倍数 A_u、输入电阻 R_i 和输出电阻 R_o。

① 将 $f=1kHz$，U_S 约 5mV 的正弦信号输入放大器，用示波器监视输出波形 u_o。在 u_o 不失真的情况下，用交流毫伏表测量 U_S、U_i 和 U_L，记入实训表 4.2。

实训表 4.2 测试基本放大器的性能指标实训表

	测量值				计算值		
基本放大器	U_S /mV	U_i /mV	U_L /mV	U_o /V	A_u	R_i /kΩ	R_o /kΩ
	测量值				计算值		
负反馈放大器	U_S /mV	U_i /mV	U_L /mV	U_o /V	A_{uf}	R_{if} /kΩ	R_{of} /kΩ

② 保持 U_S 不变，断开负载电阻 R_L（注意，R_f 不要断开），测量空载时的输出电压 U_o，记入实训表 4.2。

(2) 测量通频带

接上 R_L，保持(1)中的 U_S 不变，然后增加和减小输入信号的频率，找出上、下限频率 f_H 和 f_L，记入实训表 4.3。

3. 测试负反馈放大器的各项性能指标

将电路恢复为实训图 4.1 的负反馈放大电路。适当加大 U_S(约 10mV)，在输出波形不失真的条件下，测量负反馈放大器的 A_{uf}、R_{if} 和 R_{of}，记入实训表 4.2；测量 f_{Hf} 和 f_{Lf}，记入实训表 4.3。

实训表 4.3 测试负反馈放大器的性能指标实训表

基本放大器	f_L/kHz	f_H/kHz	Δf/kHz
负反馈放大器	f_{Lf}/kHz	f_{Hf}/kHz	Δf_f/kHz

4. 观察负反馈对非线性失真的改善

将电路改接成基本放大器形式，然后在输入端加 $f=1$kHz 的正弦信号，输出端接示波器。逐渐增大输入信号的幅度，使输出波形开始出现失真，记下此时的波形和输出电压的幅度。

再将电路改接成负反馈放大器形式，然后增大输入信号幅度，使输出电压幅度的大小与上述实训相同。比较有负反馈时，输出波形的变化。

[实训总结]

1. 将基本放大器和负反馈放大器动态参数的实测值和理论估算值列表进行比较。

2. 根据实训结果，总结电压串联负反馈对放大器性能的影响。

[预习要求]

1. 复习教材中有关负反馈放大器的内容。

2. 按实验电路 4.1 估算放大器的静态工作点(取 $\beta_1=\beta_2=100$)。

3. 怎样把负反馈放大器改接成基本放大器？为什么要把 R_f 并接在输入端和输出端？

4. 估算基本放大器的 A_u、R_i 和 R_o；估算负反馈放大器的 A_{uf}、R_{if} 和 R_{of}，并验算它们之间的关系。

5. 如按深负反馈估算，闭环电压放大倍数 $A_{uf}=$？和测量值是否一致？为什么？

6. 如输出信号存在失真，能否用负反馈来改善？

7. 怎样判断放大器是否存在自激振荡？如何消振？

chapter 5 ◇第 5 章

振荡电路

正弦波振荡电路广泛应用于广播、通信、测量、自动控制等领域。本章将分析正弦波振荡电路的基本工作原理以及产生振荡的条件，讨论正弦波振荡电路的一般结构和分析方法，介绍常见的 RC、LC 和石英晶体振荡电路的典型电路结构及工作原理。

5.1 振荡电路概述

振荡器(Oscillator)是一种能量转换装置，将直流电能转换为具有一定频率的交流电能，其构成的电路叫做振荡电路，它是能将直流电转换为具有一定频率的交流电信号输出的电子电路或装置。振荡器种类很多，按振荡激励方式分为自激振荡器、他激振荡器；按电路结构分为阻容振荡器、电感电容振荡器、晶体振荡器、音叉振荡器等；按输出波形分为正弦波振荡器、方波振荡器、锯齿波振荡器等。

1. 自激振荡与振荡电路

不需要外加激励，电路能够自动地将直流电源的能量转换为具有一定频率、一定振幅和一定波形的交流信号输出的现象称为自激振荡。依靠电路自激振荡产生正弦波电压输出的电路叫做正弦波振荡器。

放大电路是一种利用直流电源提供的电能，把微弱的交流信号进行放大的电路。通常在输入端外加信号时才有输出，但引入反馈后往往会产生自激振荡。自激振荡从现象上来看，是放大电路的输入端不加交流输入信号，输出端也有交流信号的输出。从本质上分析，是在放大电路中形成了一定强度的正反馈。自激振荡破坏了放大器正常工作时输出与输入的一一对应关系，需要设法避免和消除。但是自激振荡使放大电路具有不加输入信号却有信号输出的特点，利用这一点，人们在放大电路中有目的地引入正反馈，研制了各种各样的自激振荡电路。放大电路和振荡电路的区别在于前者需要外加激励信号控制电路中能量的转换；后者依靠电路本身产生的信号控制能量的转换。

2. 振荡电路的工作原理

振荡器主要是由电容器和电感器组成的 LC 回路，通过电场能和磁场能的相互转换产生自由振荡。要维持振荡，还要具有正反馈的放大电路，LC 振荡器又分为变压器耦合式和三点式振荡器、很多应用石英晶体的石英晶体振荡器，还有用集成运放组成的 LC 振荡器。

3. 振荡电路的起振和振幅稳定

振荡电路把反馈信号作为输入信号以维持一定的输出信号，那么最初的输入信号是怎样产生的呢？

在接通电源的瞬间，振荡器电路中会出现电冲击和热噪声，产生电扰动。由于振荡电路是一个闭合的正反馈系统，因此不管电扰动发生在电路的哪一部分，最终总要传送到输入端，成为最初的输入信号。这些电扰动包含了非常丰富的频率成分，其中必然包含振荡频率 f_0。在选频网络的作用下，只有 f_0 的成分可以通过反馈网络，其余频率成分被抑制。这一频率分量的信号经放大后，通过反馈网络回送到输入端，且信号幅度比前一瞬时要大，再经过放大、反馈、再放大的循环过程，频率为 f_0 的分量振幅迅速增大，自激振荡就建立起来了。

当回送到输入端的信号增大到一定程度时，将使放大电路进入到非线性工作区，放大器的增益下降。振荡振幅越大，增益下降越多。最后，当反馈电压正好等于原输入电压时，振幅不再增大，达到平衡状态，电路进入等幅振荡状态。

4. 振荡的平衡条件和起振条件

(1) 振荡的平衡条件

当反馈信号等于放大电路的输入信号时，电路达到平衡状态，因此将反馈信号电压的幅度和输入信号电压的幅度相等、相位相同称为振荡的平衡条件。放大器和反馈网络的总相移应等于 2π 的整数倍，使反馈电压和输入电压相位相同，实现正反馈。

(2) 起振条件

为了使振荡电路在接通直流电源后能自动起振，要求反馈信号电压的相位和输入信号的相位相同，并且反馈信号电压的振幅大于输入信号电压的振幅，称之为起振条件。

(3) 振荡条件

由以上讨论可知，为了使振荡电路起振，在开始时必须满足反馈信号电压大于输入信号电压；起振后，振荡幅度迅速增大，使放大电路进入非线性区，放大电路增益下降，直到反馈信号电压的幅度和输入信号电压的幅度相等，振荡幅度不再增大，电路进入平衡状态。因此，可以把振荡电路的起振条件和平衡条件归纳为以下两个振荡电路的振荡条件。

① 反馈信号电压的幅度大于等于输入信号电压的幅度，其中等于号对应于等幅振荡，大于号对应于起振的情况。

② 放大器和反馈网络的总相移应等于 2π 的整数倍，使反馈电压和输入电压相位相同，实现正反馈。

5. 正弦波振荡电路的组成

能够输出正弦波的振荡器称作正弦波振荡器。与上述类似，正弦波振荡电路必须由以下四个部分组成。

① 放大电路：必须具有提供能量的电源，而且结构要合理，静态工作点合适，以保证放大电路具有放大作用。

② 反馈网络：形成正反馈，以满足相位平衡条件。

③ 选频网络：只让某一频率满足振荡条件，以产生单一频率的正弦波。选频网络所确定的频率一般就是正弦波振荡器的振荡频率。

④ 稳幅环节：使输出信号幅度稳定。对于分立元件放大电路，一般不再另加稳幅环节，而依靠晶体管特性的非线性来起到稳幅的作用。

6. 正弦波振荡电路的分类

正弦波振荡电路按选频网络的元件类型不同可分为RC正弦波振荡电路、LC正弦波振荡电路和石英晶体正弦波振荡电路。

7. 正弦波振荡电路的分析方法

正弦波振荡电路的分析方法主要有两个：一是判断电路能否产生振荡；二是估算振荡频率。

(1) 判断电路能否产生正弦波振荡

① 检查电路中是否具有正弦波振荡电路的四个组成部分，即是否具有放大电路、正反馈网络、选频网络和稳幅环节。

② 分析放大电路能否正常工作。对分立元件电路，主要分析放大电路的结构是否合理，静态工作点是否合适；对集成运放，看输入端是否有直流通路。

③ 判断电路是否满足振荡的相位平衡条件，这一点非常重要。如果在整个频域中不存在任何一个频率能满足相位条件，则不必考虑振荡的振幅条件就可以判断不能产生正弦波振荡。相位平衡条件的判断通常利用电压瞬时极性法，即判断电路是否引入了正反馈，具体方法是：断开反馈网络至放大电路的输入端点，然后在断开点加一个频率为f_0的输入电压并假定其瞬时极性。判断输入电压经放大电路和反馈网络回到断开点后，反馈电压和输入电压的极性。若两者极性相同，则符合相位条件。

④ 判断电路是否满足振荡的振幅条件。若起振时反馈信号电压的幅度略大于输入信号电压的幅度，可以产生正弦波振荡。起振后，要求采取稳幅措施，使电路达到振幅平衡条件，即反馈信号电压的幅度等于输入信号电压的幅度。

(2) 计算振荡频率

振荡器频率的计算需要较高的数学知识，有兴趣的读者可参看相关书籍。其基本思路是用复数求出整个电路复阻抗。由振荡的平衡条件$AF=1$可知，AF为实数。令AF复数表示式的虚部等于零，然后对频率求解，即可求得振荡频率。

5.2 正弦波振荡电路

5.2.1 RC正弦波振荡电路

RC正弦波振荡电路是利用电阻和电容进行选频的振荡电路，它适用于低频振荡，一般用来产生1Hz～1MHz的低频信号。根据所采用RC选频网络的不同，RC正弦波振荡电路分为 RC 移相式振荡电路、RC 桥式振荡电路和双 T 选频网络振荡电路。本节只介绍由 RC 串并联网络构成的 RC 桥式振荡电路，其主要特点是采用 RC 串并联网络作为选频和反馈网络。

1. RC 桥式振荡电路的电路图

如图 5.2.1(a)所示为 RC 桥式振荡电路的典型电路，它由集成运算放大器、RC 串并联正反馈网络和负反馈网络等组成。其中，RC 串并联网络接在运算放大器的输出端和同相输入端之间，构成正反馈，同时也是选频网络；R_f 温度可变电阻和 R_1 接在运算放大器的输出端和反相端之间，构成负反馈。观察 RC 桥式振荡电路的结构可知，R_f、R_1、RC 串联支路和 RC 并联支路构成一个电桥的四个桥臂，运算放大器的输入端和输出端分别跨接在电桥的两个对角线上，如图 5.2.1(b)所示。所以，这种 RC 振荡电路又称为文氏电桥振荡电路。

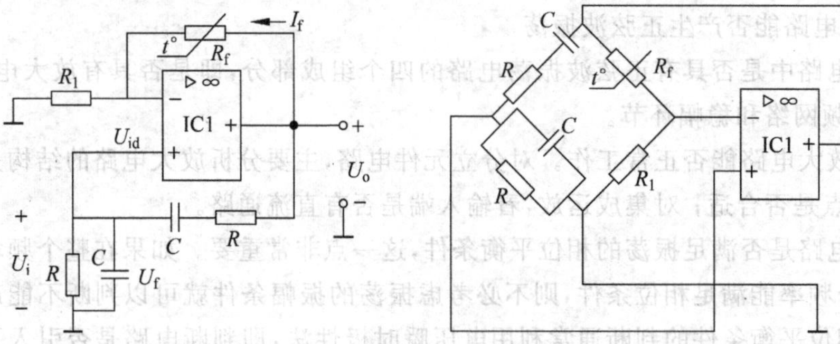

(a) 原理电路图　　(b) 文氏电桥电路图

图 5.2.1　RC 桥式振荡电路

2. 判断相位条件

根据瞬时极性法，判断相位平衡条件满足，如图 5.2.1(a)所示。

3. 判断振幅条件

由于 RC 串并联网络在 $f=f_0$ 时的反馈系数为 1/3，因此 $R_f>2R_1$ 为 RC 桥式振荡电路的起振条件。

实际上，为了使振荡器容易起振，要求 R_f 远大于 $2R_1$，这时电路形成很强的正反馈，振荡幅度迅速增长，以至于只有当运放进入非线性工作区才能使增益下降，使电路满足振幅的平衡条件，建立起稳定的振荡。但是由于 RC 串并联网络的选频特性较差，当放大器进入非线性区后，振荡电路输出波形会严重失真，甚至变成方波。所以，为了改善输出电压波形，应该限制振荡幅度的增长，要求放大器的电压增益略大于 3。

4. 稳幅措施

为了进一步改善输出电压幅度的稳定问题，可以在放大电路的负反馈回路里采用非线性元件来自动调整反馈的强弱，以维持输出电压恒定。在图 5.2.1(a)所示电路中，R_f 采用了具有负温度系数的热敏电阻。起振时，由于输出电压比较小，流过 R_f 的电流 I_f 很小，热敏电阻 R_f 的温度较低，其阻值比较大，因而放大电路的负反馈较弱，放大倍数很高，所以振荡幅度增长很快，有利于振荡的起振。随着振荡幅度增大，流过 R_f 的电流增大，使 R_f 的温度升高，其阻值减小，因而负反馈加深，放大倍数自动降低，所以振荡幅度的增长受到限制，使放大器工作在线性区就达到了平衡条件，造成输出电压停止增大，因此振荡波形为一个失真很小的正弦波。同理，当振荡建立后，由于某种原因使得输出电压幅度发生变化，通过电阻 R_f 的变化，可以自动稳定输出电压的幅度。

(1) 振荡频率

根据前面的分析可知，振荡频率是由相位平衡条件决定的。当 $f=f_0$，振荡电路的相移等于零时，才满足相位条件，所以振荡频率为 f_0，即

$$f_0=\frac{1}{2\pi RC}$$

为了使振荡频率连续可调，常在 RC 串并联网络中用双层波段开关接不同的电容，作为振荡频率 f_0 的粗调；在 R 中串联同轴电位器，实现 f_0 的微调，如图 5.2.1 所示。

(2) 电路特点

综上所述，RC 桥式振荡电路以 RC 串并联网络为选频网络和正反馈网络，以电压串联负反馈放大电路为放大环节，具有振荡频率稳定、调节频率方便、带负载能力强、输出电压幅度稳定、波形良好等优点，广泛应用于频率可调的振荡电路中。

5. 电路仿真

在 Multisim 中仿真 RC 桥式振荡电路如图 5.2.2 所示。示波器观察到的仿真波形图 5.2.3 所示。从图中可以看出，一个周期的时间间隔为 633μs。

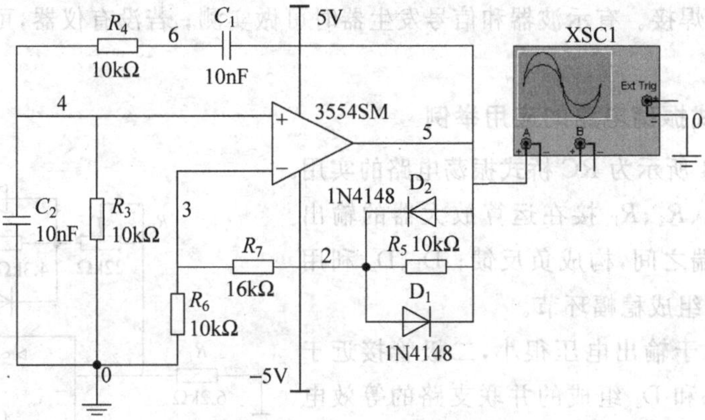

图 5.2.2 RC 桥式振荡电路仿真图

RC 正弦波振荡电路的振荡频率与 R、C 的乘积成反比。如果要产生较高频率的正弦波信号，势必减小 R 和 C 的数值。但是当电阻减小到一定程度时，同相比例运算电路的输出电阻将影响选频特性；减小 C 也不能超过一定程度，否则振荡频率将受到三极管的极间电容和分布电容的影响而不稳定。因此，由集成运放构成的 RC 正弦波振荡电路的振荡频率一般不超过 1MHz。

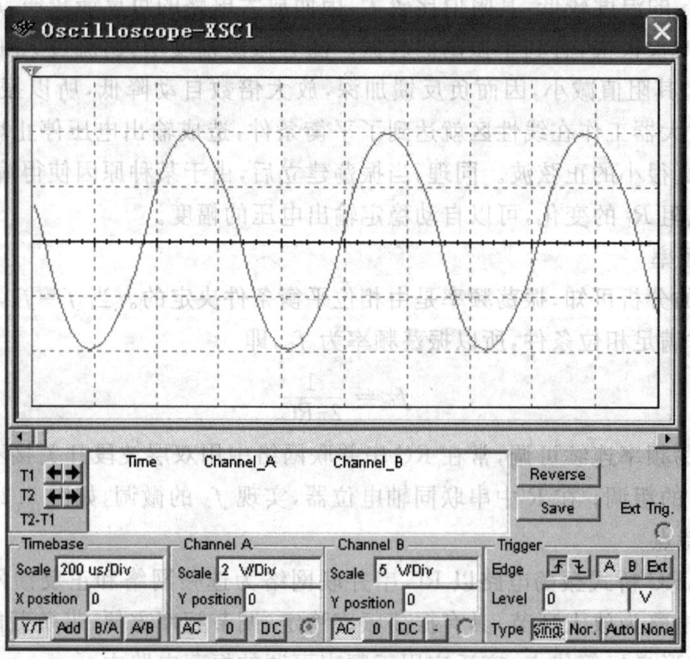

图 5.2.3 RC 桥式振荡电路仿真波形图

6. 电路实做

可以用万能板代替印制板，自己焊接电路。首先开列元器件清单，然后到市场购买器件，再按电路图焊接。有示波器和信号发生器时可做实测；若没有仪器，可以按上述内容进行虚拟仿真。

7. RC 桥式振荡电路的应用举例

如图 5.2.4 所示为 RC 桥式振荡电路的实用电路。图中，R_1、R_2、R_P 接在运算放大器的输出端与反相输入端之间，构成负反馈；D_1、D_2 利用其非线性和 R_2 组成稳幅环节。

起振时，由于输出电压很小，二极管接近于开路，由 R_2、D_1 和 D_2 组成的并联支路的等效电阻近似等于 R_2，此时 $A_f=1+\dfrac{R_2+R_P}{R_1}>3$，有利于起振。在振荡过程中，$D_1$ 和 D_2 将交替导通和截止，即总有一只二极管处于正向导通状态。当输出电压较小时，流过二极管的电流较小，二极管的正向电阻较大，负反馈较弱，放大电路增益较高，避免了输出电压减小；反之，当输出电压较大时，流过二极管的电流较大，二极管的正向电阻

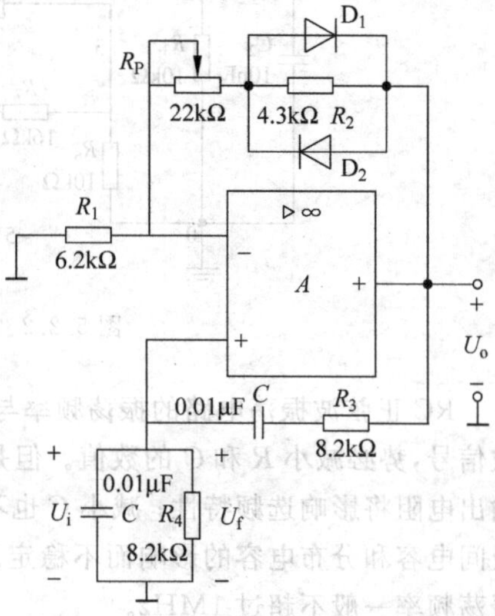

图 5.2.4 二极管稳幅的 RC 振荡电路

较小,负反馈加强,放大电路增益自动下降,因此利用二极管非线性正向导通电阻的变化就能改变负反馈的强弱,从而达到自动稳幅的目的。

R_P 用来调节输出电压的幅度和波形。调节 R_P,使 R_2+R_P 略大于 $2R_1$,则起振后的振荡幅度较小,但输出波形比较好;调节 R_P,使 R_2+R_P 远大于 $2R_1$,振荡幅度增加,但是输出波形失真也增大。

5.2.2 变压器反馈式 LC 正弦波振荡电路

由 LC 并联谐振回路作为选频网络的振荡电路称为 LC 正弦波振荡电路。它主要用来产生高频振荡信号,最高振荡频率可达 1000MHz。由于普通集成运放的频带较窄,所以 LC 正弦波振荡电路一般用分立元件组成。

根据反馈形式的不同,常见的 LC 正弦波振荡电路有变压器反馈式和三点式两种。

所谓变压器反馈式振荡电路,是指利用变压器耦合的方式获得反馈信号的振荡电路。

(1) 电路构成

变压器反馈式 LC 正弦波振荡电路如图 5.2.5 所示。图中采用了选频放大器,其中变压器 Tr 的初级线圈 L_1 和电容 C 组成并联谐振电路,作为放大电路的负载。正反馈网络由变压器的次级线圈 L_2 和耦合电容 C_b 构成,反馈信号通过变压器线圈 L_1 和 L_2 间的互感耦合,由反馈网络 L_2 送到输入端,作为放大电路的输入信号。放大电路的输出也是通过变压器耦合到负载电阻 R_L 上。

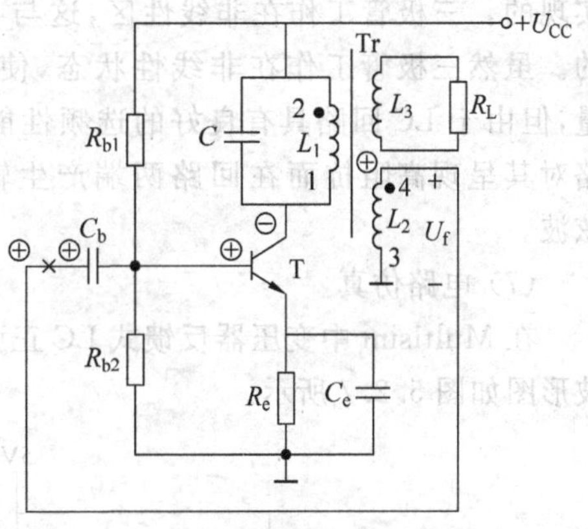

图 5.2.5 变压器反馈式 LC 正弦波振荡电路

(2) 静态工作点的设置

根据振荡电路的起振条件,如果静态工作点不合适,放大倍数就小,电路不易满足起振条件,严重时甚至不能起振。所以设置振荡器静态工作点时,应使放大器工作在线性区。该放大电路采用分压式直流负反馈偏置电路,适当调节偏置电阻 R_{b1} 的数值,可以使电路获得合适的静态工作点。

(3) 相位平衡条件的判断

判断振荡电路是否满足相位平衡条件,就是判断电路的反馈是否为正反馈,通常采用瞬时极性法,具体方法是:在图 5.2.5 中断开"×"处,然后加入一个频率为 f_0 的输入信号。假设输入信号的瞬时极性为⊕,因为 LC 并联谐振回路工作在谐振频率附近,没有附加相移,所以三极管的集电极瞬时极性与基极相反,为⊖。图中,变压器初级线圈 L_1 的 2 端和次级线圈 L_2 的 3 端分别接直流电源和地,对交流信号而言,它们都相当于接地;而次级线圈 L_2 的 4 端和初级线圈 L_1 的 1 端互为异名端,它们的相位相反,已知 1 端为⊖,所以 4 端为⊕,即反馈电压的瞬时极性为⊕,说明反馈电压与输入信号同相,满足正弦波振荡的相位平衡条件。

(4) 振幅条件的判断

反馈信号的大小由 L_1 和 L_2 的匝数比 N_2/N_1 决定。当放大电路的放大倍数和变压器匝数比选择合适，并且变压器初级线圈和次级线圈之间的耦合比较紧密时，就满足振幅的起振条件了。

(5) 振荡频率

由于 LC 并联谐振回路只允许与其谐振频率 f_0 相同的成分通过，所以振荡频率应该是 f_0，即

$$f_0 \approx \frac{1}{2\pi\sqrt{LC}}$$

(6) 稳幅措施

当电路起振后，振荡幅度将不断增大，三极管逐渐进入非线性区。放大电路的电压放大倍数将随反馈信号的增加而下降，限制了输出电压的继续增大，最终达到振幅的平衡条件，使电路进入稳幅振荡，所以 LC 振荡电路振幅的稳定是利用三极管的非线性实现的。三极管工作在非线性区，这与 RC 振荡电路放大器工作在线性放大区是不同的。虽然三极管工作在非线性状态，使得集电极电流中含有基波分量和高次谐波分量，但由于 LC 回路具有良好的选频性能，可以认为只有频率为 f_0 的基波电流由于回路对其呈现高阻抗而在回路两端产生输出电压，所以振荡输出的电压波形基本为正弦波。

(7) 电路仿真

在 Multisim 中变压器反馈式 LC 正弦波振荡电路仿真如图 5.2.6 所示。示波器仿真波形图如图 5.2.7 所示。

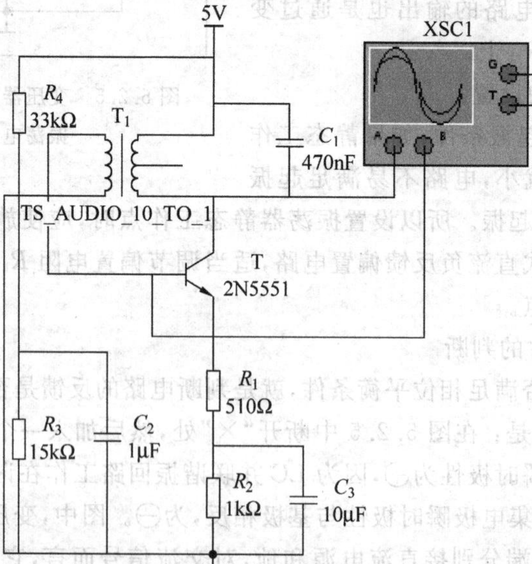

图 5.2.6 变压器反馈式 LC 正弦波振荡电路仿真图

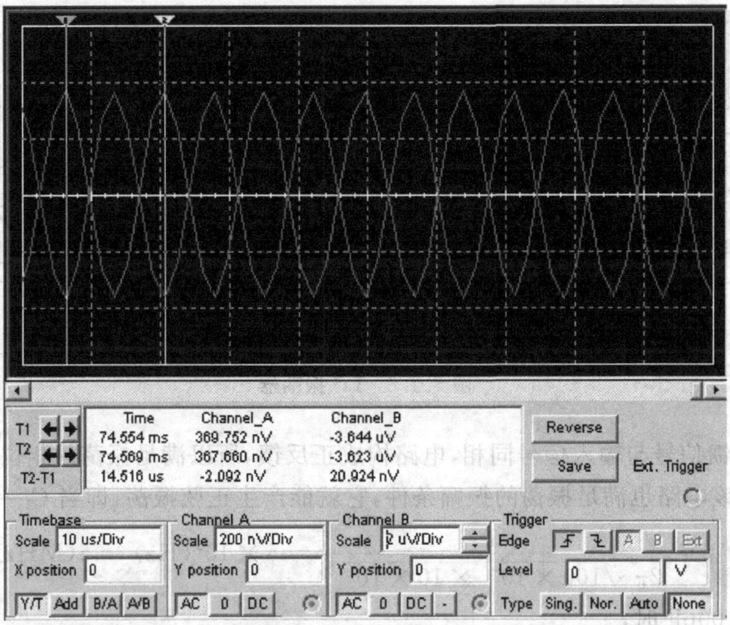

图 5.2.7　变压器反馈式 LC 正弦波振荡电路仿真波形图

(8) 电路实做

可以用万能板替代印制板，自己焊接电路。首先开列元器件清单，然后到市场购买器件，再按电路图焊接。有示波器和信号发生器时可做实测；若没有，可按上述内容进行虚拟仿真。

这个实验可以训练读者是否掌握变压器使用方法，最好购买骨架和漆包线自己绕制，以锻炼实践能力。

(9) 电路特点

变压器反馈式 LC 正弦波振荡电路容易起振；频率可调，并且调节范围较宽；但是输出波形不够理想，频率稳定度不高，特别是在较高频率时。所以这种电路一般用于产生频率为几千赫到几十兆赫的信号。在收音机中一般用做本振电路。

例 5.1　试分析图 5.2.8 所示振荡器的电路结构，判断其是否满足振荡的相位平衡条件。若 $L_1=100\mu$H，估算振荡频率的可调范围。

解　① 画出电路的直流通路和交流通路如图 5.2.8(b)和(c)所示。由直流通路可以看出，放大电路采用分压式直流负反馈偏置电路。若选择合适的偏置电阻，电路可以获得较好的放大倍数。分析交流通路可知，由 L_1 和 C_1 组成的并联谐振电路串接在三极管的基极回路中，作为电路的选频网络。反馈电压取自线圈 L_1 的 3、4 端。三极管的输入电阻没有全部接入谐振回路，是为了减小三极管输入电阻对谐振回路的影响。提高回路的 Q 值，改善选频网络的选择性。

② 在图 5.2.8(c)中断开"×"处，然后加入一个频率为 f_0 的输入信号。假设输入信号的瞬时极性为⊕，则三极管的集电极瞬时极性为⊖。因为线圈 L_2 的 1 端和线圈 L_1 的 5 端为异名端，所以线圈 L_1 的 5 端也为⊕。由于线圈 L_1 的 3 端接地，故 4 端的瞬时极性

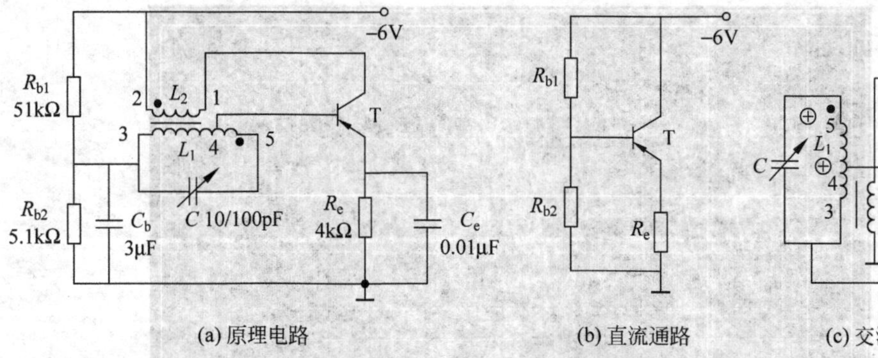

图 5.2.8 LC 振荡器

也为⊕,即反馈信号与输入信号同相,电路构成正反馈,所以满足振荡的相位条件。

③ 如果该电路也满足振荡的振幅条件,它就能产生正弦振荡,即当 $C_1=10\text{pF}$ 时,

$$f_{01}=\frac{1}{2\pi\sqrt{100\times10^{-6}\times10\times10^{-12}}}=5\times10^{6}(\text{Hz})=5(\text{MHz})$$

当 $C_1=100\text{pF}$ 时,

$$f_{02}=\frac{1}{2\pi\sqrt{100\times10^{-6}\times100\times10^{-12}}}=1.6\times10^{6}(\text{Hz})=1.6(\text{MHz})$$

故 C_1 由 100pF 变化到 10pF 时,振荡器的振荡频率在 1.6～5MHz 之间连续可调。

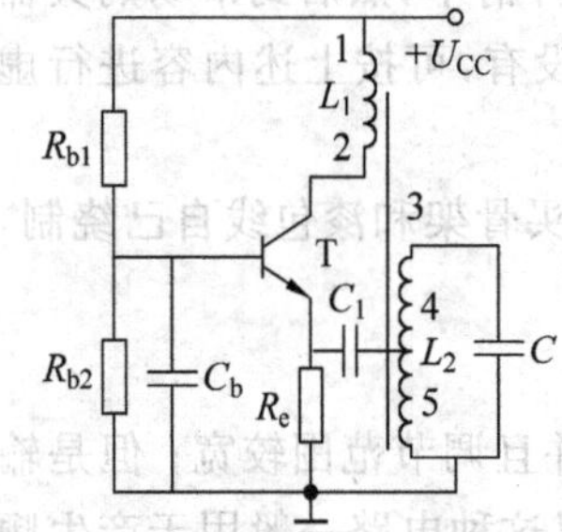

图 5.2.9 LC 振荡器

例 5.2 LC 振荡器电路如图 5.2.9 所示。为使电路产生正弦波振荡,试标出变压器的同名端。

解 图 5.2.9 所示电路中的放大电路为共基极放大电路。断开反馈,给放大电路加频率为 f_0 的输入电压,瞬时极性为⊕;集电极瞬时极性为⊕,即变压器的初级线圈 L_1 的 2 端为⊕;从变压器次级线圈 L_2 的 4 端获得的反馈电压瞬时极性应为⊕,才能满足正弦波振荡的相位平衡条件。因此,L_1 的 2 端和 L_2 的 3 端为同名端;或者说,L_1 的 1 端和 L_2 的 5 端为同名端。

5.2.3 三点式 LC 正弦波振荡电路

三点式振荡电路的特点是电路中 LC 并联谐振回路的三个端子分别与放大电路的三个端子相连,故称之为三点式振荡电路。

1. 电感三点式振荡电路

(1) 电路构成

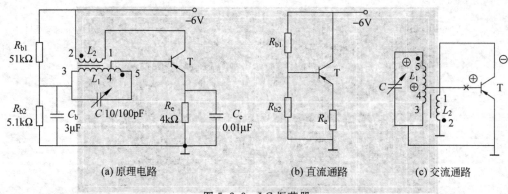

电感三点式 LC 振荡电路又称为哈特莱(Hartley)电路,其原理图如图 5.2.10(a)所示。图中,放大电路为共发射极放大电路。LC 并联谐振回路构成了选频网络,并且作为放大电路的负载。由交流通路图 5.2.10(b)可以看出,LC 并联谐振回路中电感的三个端

子 1、2 和 3 分别接三极管的三个电极 c、e 和 b，反馈电压 U_f 取自电感线圈 L_2 两端，故称之为电感三点式振荡电路，或电感反馈式振荡电路。

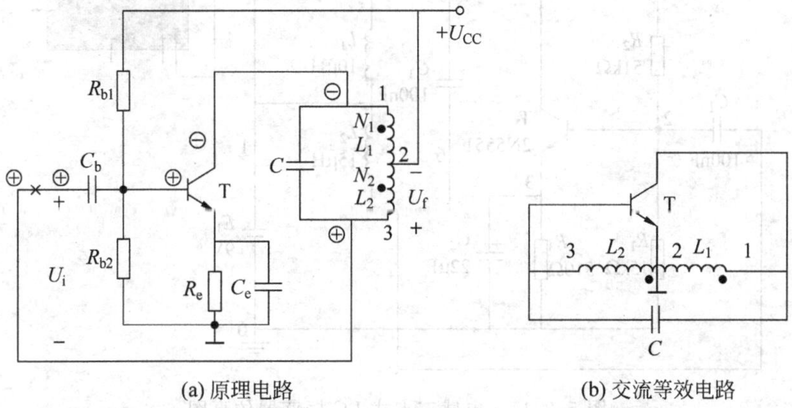

图 5.2.10 电感三点式 LC 振荡器

(2) 振荡条件分析

该放大电路采用了分压式直流负反馈偏置电路，适当调节偏置电阻 R_{b1} 的数值，可以使电路获得合适的静态工作点。反馈电压取自 L_2 两端，改变抽头的位置就可以改变 L_1 及 L_2 两段线圈的匝数比，从而改变反馈深度，所以振荡的振幅条件比较容易满足。

判断电路是否满足相位平衡条件，仍然可以采用瞬时极性法。在图 5.2.10(a)中断开"×"处，然后加入一个频率为 f_0 的输入电压。设输入电压瞬时极性为⊕，电路谐振时输出电压与放大电路的输入电压反相为⊖，即 L_1 的 1 端为⊖，而 2 端为交流地电位，所以 L_2 的 3 端应为⊕，即反馈信号与输入信号同相，满足自激振荡的相位平衡条件。

(3) 振荡频率及电路特点

振荡电路的振荡频率就是选频网络 LC 并联回路的谐振频率，即

$$f_0 \approx \frac{1}{2\pi\sqrt{LC}} = \frac{1}{2\pi\sqrt{(L_1+L_2+2M)C}}$$

式中，M 是电感 L_1 和 L_2 之间的互感，$L=L_1+L_2+2M$ 为回路的等效电感。

(4) 电路仿真

在 Multisim 中电感三点式 LC 振荡器仿真如图 5.2.11 所示。示波器仿真波形图如图 5.2.12 所示。从图中可以看出，一个周期的时间间隔为 10.5μs。

电感三点式正弦波振荡电路因电感 L_1 和 L_2 之间的耦合很紧而易于起振，输出幅度大。电容 C 若采用可变电容器，能获得较大的频率调节范围。但是由于它的反馈电压取自电感 L_2，而电感对高次谐波的阻抗大，不能抑制高次谐波的反馈，因此振荡器的输出波形中含有较多的高次谐波成分，输出波形不理想。

(5) 电路实做

可以用万能板替代印制板，自己焊接电路。首先开列元器件清单，然后到市场购买器件，再按电路图焊接。若有示波器和信号发生器，可做实测；若没有仪器，可按上述内容进行虚拟仿真。

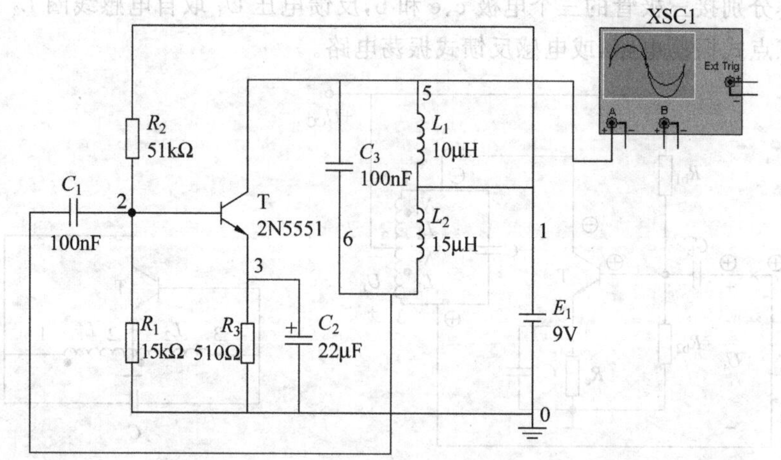

图 5.2.11　电感三点式 LC 振荡器仿真图

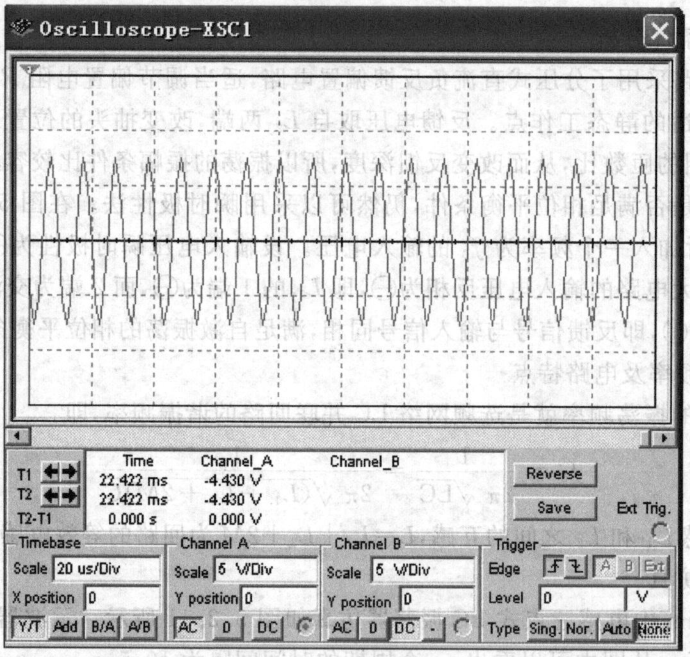

图 5.2.12　电感三点式 LC 振荡器电路仿真波形图

这主要训练电感器使用方法，最好购买骨架和漆包线自己绕制，以锻炼实践能力。通过实做，总结独立电感器与变压器组成的电路的区别。

2. 电容三点式振荡电路

(1) 电路结构

图 5.2.13(a)所示电路为电容三点式振荡电路，又称考毕兹(Colpitts)电路。电容三点式振荡电路的电路结构和电感三点式振荡电路类似，只是将电感三点式振荡电路中的

L_1 和 L_2 换成对高次谐波呈低阻抗的电容 C_1 和 C_2，将电容 C 换成电感 L，同时 2 端子改为与公共接地端相连，其交流通路如图 5.2.13(b)所示。电容 C_1、C_2 和电感 L 构成选频网络，反馈电压取自电容 C_2 两端。由于 LC 并联谐振回路电容 C_1 和 C_2 的三个端子分别和三极管的三个电极相连接，故称之为电容三点式振荡电路，又称为电容反馈式振荡电路。

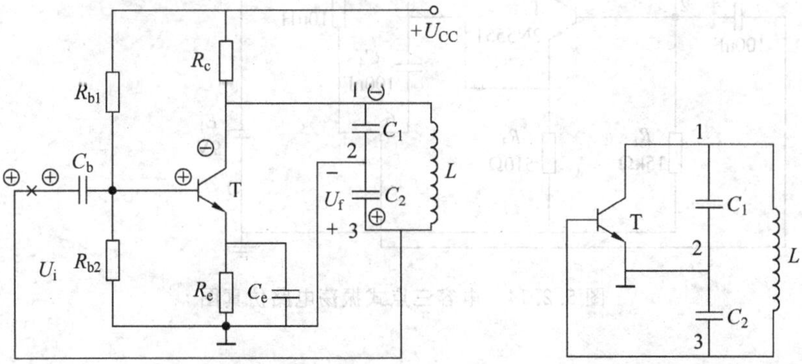

(a) 原理电路　　(b) 交流等效电路

图 5.2.13　电容三点式振荡电路

(2) 工作原理

该放大电路采用了分压式直流负反馈偏置电路，适当调节偏置电阻 R_{b1} 的数值，可以使电路获得合适的静态工作点。由于反馈电压取自电容 C_2，改变 C_1 和 C_2 的比值可以改变反馈深度，所以振荡的振幅条件可以满足。

判断电容三点式振荡电路能否满足相位平衡条件的方法和电感三点式电路相同。从图 5.2.13(a)中标出的瞬时极性可以看出，在回路谐振频率 f_0 上，反馈信号与输入电压同相，电路满足振荡的相位平衡条件。

(3) 振荡频率及电路特点

电路的振荡频率近似等于 LC 并联回路的谐振频率，即

$$f_0 = \frac{1}{2\pi\sqrt{LC}} = \frac{1}{2\pi\sqrt{L\dfrac{C_1C_2}{C_1+C_2}}}$$

(4) 电路仿真

在 Multisim 中电容三点式振荡电路仿真如图 5.2.14 所示。示波器仿真波形图如图 5.2.15 所示。从图中可以看出，一个周期的时间间隔为 44μs。

电容三点式振荡电路的反馈电压取自电容 C_2 两端。由于电容对高次谐波的容抗小，所以反馈信号和输出信号中高次谐波的分量小，输出波形较好。谐振回路电容 C_1 和 C_2 的容量可以选得很小，因而振荡频率较高，一般可达 100MHz 以上。但由于 C_1 和 C_2 的改变将改变反馈深度，严重时甚至破坏振幅的起振条件，容易停振，所以频率的调节范围小且不太方便。这种振荡电路常用于波形失真要求高且振荡频率稳定的场合。

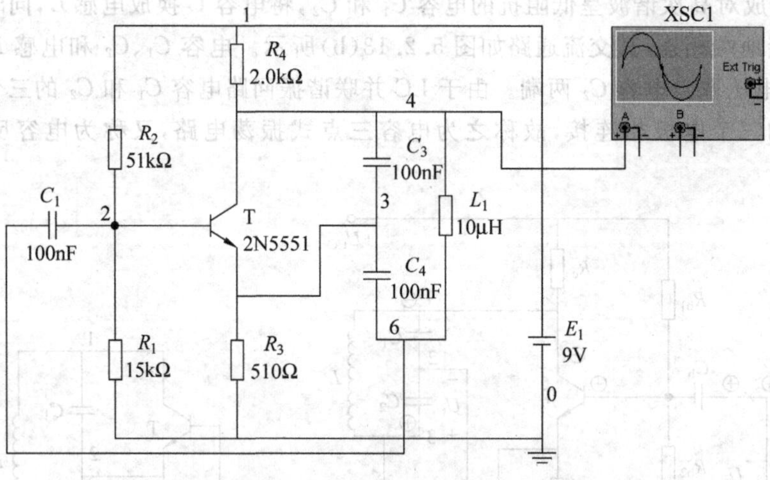

图 5.2.14 电容三点式振荡电路仿真图

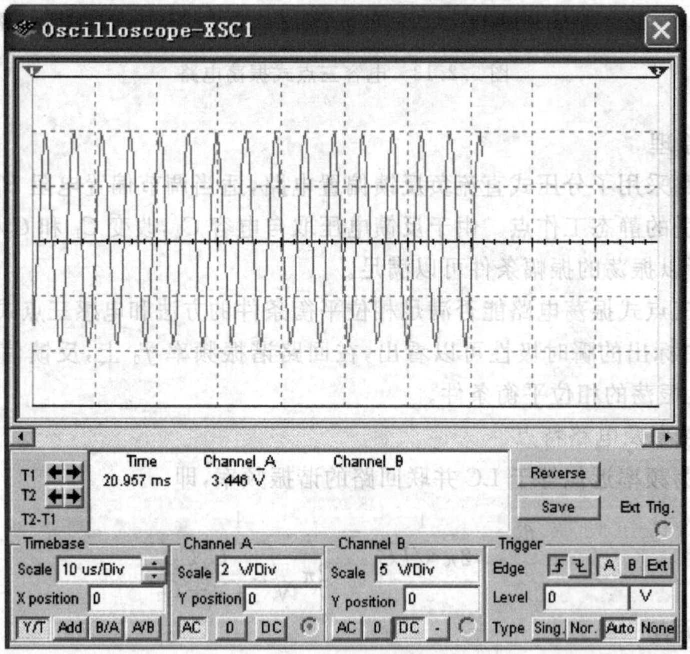

图 5.2.15 电容三点式振荡电路仿真波形图

(5) 改进型电容三点式振荡电路

电容三点式振荡电路中的两个电容 C_1 和 C_2 分别并联在三极管的 b、e 极之间和 c、e 之间，而三极管存在极间电容，因为它们的数值比较小，所以在振荡频率较低时，一般不予考虑。但是，对于电容三点式振荡器而言，如果希望电路产生频率较高的振荡信号，势必要求电容 C_1 和 C_2 取较小的数值，导致 C_1、C_2 和极间电容具有同样的数量级时，极间电容会降低振荡频率。同时，由于极间电容的大小易受环境温度变化、工作点变化等因素的影响，因此造成振荡频率不稳定。为了减小三极管极间电容对振荡频率的影响，在图 5.2.13(a)所示电路的电感支路中串联一个很小的电容 C_3，构成克拉泼(Clapp)电路，如图 5.2.16 所示。由图可知，谐振电路的总电容为

$$C=\frac{1}{\frac{1}{C_1}+\frac{1}{C_2}+\frac{1}{C_3}}$$

为了减小三极管极间电容对振荡频率的影响，要求 $C_1 \gg C_3$，且 $C_2 \gg C_3$，所以谐振回路的总电容近似为 C_3，电路的振荡频率为

$$f_0 \approx \frac{1}{2\pi\sqrt{LC_3}}$$

由上式看出，电路的振荡频率 f_0 主要由电感 L 和电容 C_3 决定，电容 C_1 和 C_2 以及极间电容对振荡频率的影响很小，振荡频率的稳定性提高。

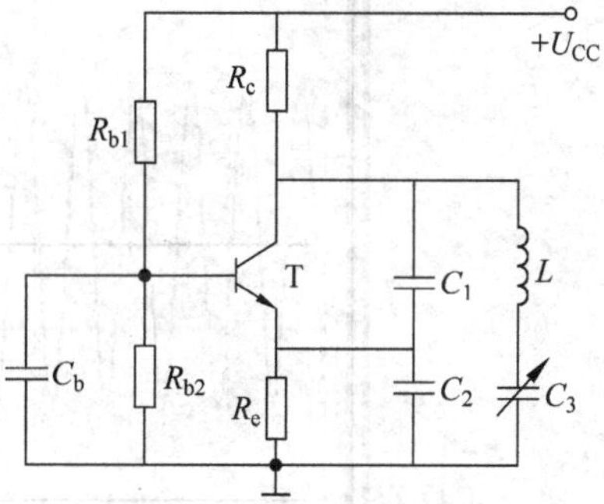

图 5.2.16 克拉泼电路

在 Multisim 中仿真克拉泼电路如图 5.2.17 所示。示波器仿真波形图如图 5.2.18 所示。从图中可以看出，一个周期的时间间隔为 16.2μs。

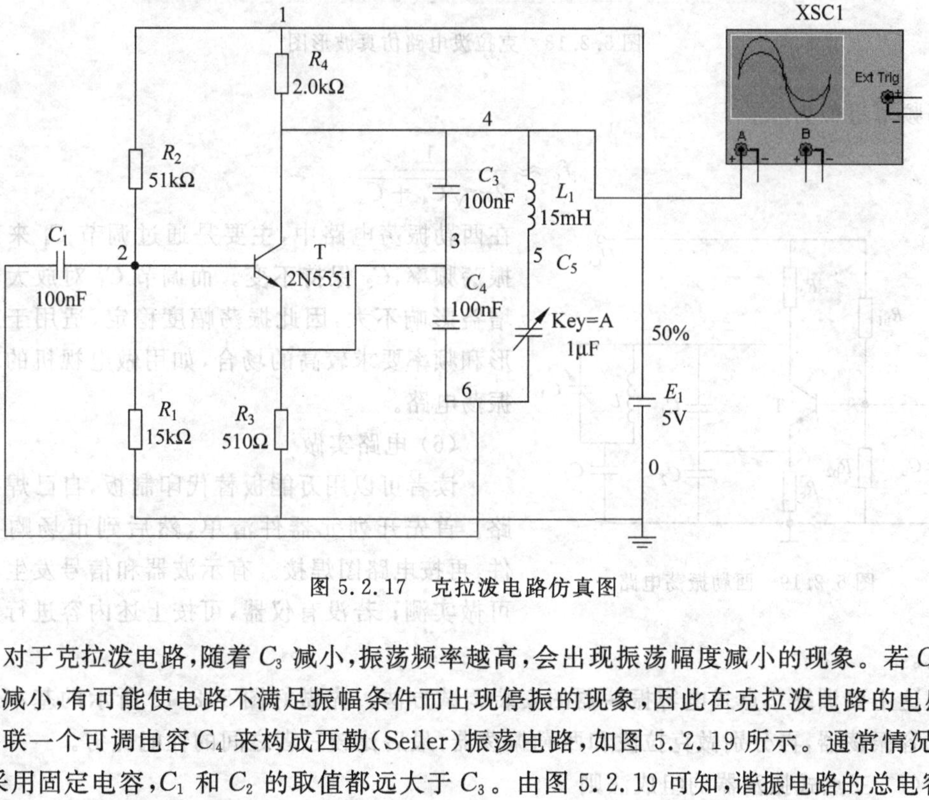

图 5.2.17 克拉泼电路仿真图

对于克拉泼电路，随着 C_3 减小，振荡频率越高，会出现振荡幅度减小的现象。若 C_3 进一步减小，有可能使电路不满足振幅条件而出现停振的现象，因此在克拉泼电路的电感 L 上并联一个可调电容 C_4 来构成西勒(Seiler)振荡电路，如图 5.2.19 所示。通常情况下，C_3 采用固定电容，C_1 和 C_2 的取值都远大于 C_3。由图 5.2.19 可知，谐振电路的总电容为

$$C=C_4+\frac{1}{\frac{1}{C_1}+\frac{1}{C_2}+\frac{1}{C_3}}\approx C_4+C_3$$

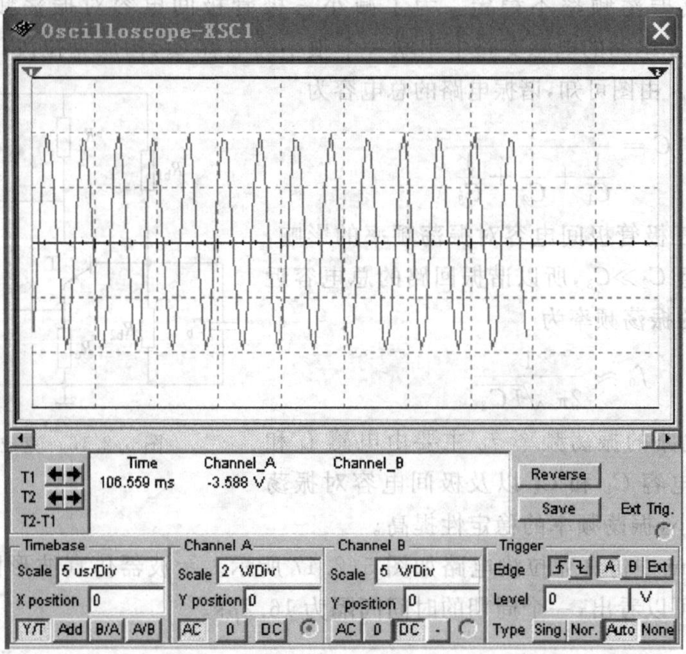

图 5.2.18 克拉泼电路仿真波形图

振荡频率近似为

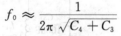

$$f_0 \approx \frac{1}{2\pi\sqrt{C_4 + C_3}}$$

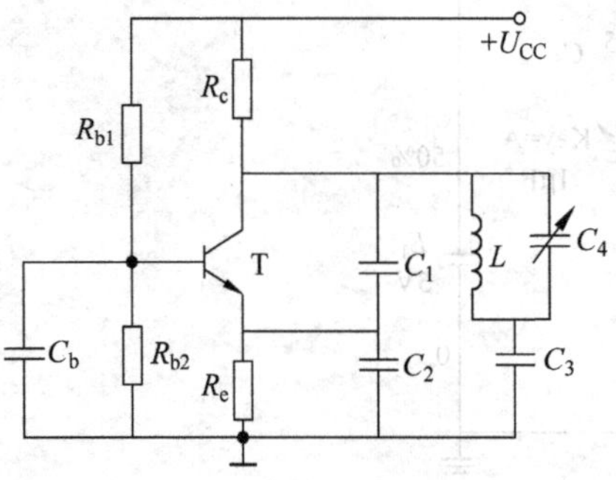

图 5.2.19 西勒振荡电路

在西勒振荡电路中，主要是通过调节 C_4 来改变振荡频率，C_3 保持不变。而调节 C_4 对放大器的增益影响不大，因此振荡幅度稳定，适用于对波形和频率要求较高的场合，如用做电视机的本机振荡电路。

（6）电路实做

读者可以用万能板替代印制板，自己焊接电路。首先开列元器件清单，然后到市场购买器件，再按电路图焊接。有示波器和信号发生器时可做实测；若没有仪器，可按上述内容进行虚拟仿真。

这主要训练三点式电容振荡器的安装调试方法。先做好图 5.2.13 所示的基本三点式电容振荡器，再分别做克拉泼和西勒振荡器，最后比较三者之间的性能优劣。

（7）三点式振荡器的组成法则

分析以上几种 LC 三点式振荡电路的交流通路可以发现，不论电感三点式还是电容三点式振荡电路，与三极管的发射极相连的两个元件的电抗性质相同，即两者同为电感性，或者同为电容性；另一个与三极管基极和集电极相连的元件，其电抗性质与上述两个元件相反。这一规律具有普遍意义,是判断三点式振荡电路是否满足相位平衡条件的基本法则。如图 5.2.20 所示,X_1 和 X_2 的电抗性质相同,X_3 与 X_1、X_2 的电抗性质相反。

利用这一法则,很容易判断电路是否满足振荡的相位平衡条件,也有助于人们在分析复杂电路时找出振荡回路元件。在许多变形的三点式振荡电路中,这三个电抗往往不都是单一的电抗元件,而是可以由不同电抗性质的元件串、并联组成。然而,对于多个不同电抗性质的元件构成的复杂电路,在频率一定时可以等效为一个电感或电容。在振荡频率下,考察三极管各电极间等效电抗的性质是否符合上述法则,便可判断电路是否满足振荡所需的相位条件。

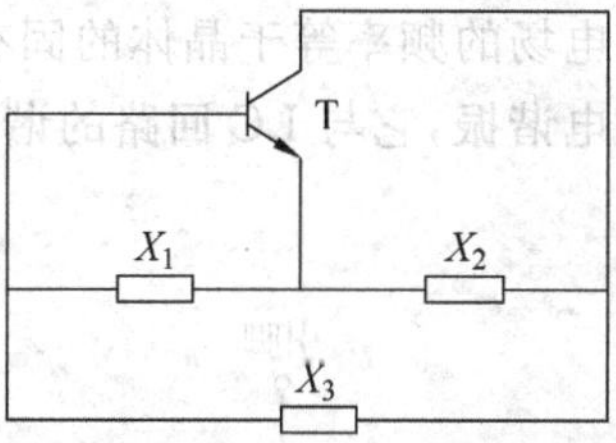

图 5.2.20 三点式振荡器通用交流通路

5.3 石英晶体振荡器

电子技术的发展在通信系统、频率计量技术等方面,对振荡电路频率稳定度的要求越来越高。频率稳定度是衡量振荡电路振荡频率稳定的参数,一般用频率的相对变化量 $\frac{\Delta f_0}{f_0}$ 表示。f_0 为标称振荡频率;$\Delta f_0 = f - f_0$,是实际振荡频率 f 与标称振荡频率 f_0 的偏差,称为频率偏差。$\frac{\Delta f_0}{f_0}$ 值越小,频率稳定度越高。

LC 振荡电路的频率稳定度主要取决于 LC 并联回路参数的稳定性和品质因数 Q。由于 LC 回路的 L、C 及 R 值随着工作条件及环境等因素而变化,Q 值不能做得很高,因此 LC 振荡电路的频率稳定度通常只能达到 10^{-3} 数量级,即使采用各种稳频措施,实践证明,其频率稳定度也很难突破 10^{-5} 数量级。RC 振荡器的频率稳定度比 LC 振荡电路要差许多,因此在要求频率稳定度高的场合,往往利用高 Q 值的石英晶体谐振器代替 LC 谐振回路,构成石英晶体振荡电路,其频率稳定度可达 $10^{-11} \sim 10^{-9}$。

5.3.1 石英晶体谐振器

石英晶体谐振器是利用石英晶体的压电效应制成的一种谐振器件。它是一种各向异性的结晶体,其化学成分是二氧化硅(SiO_2)。将石英晶体按一定的方向切割成很薄的晶片,这种晶片可以是正方形、矩形或圆形、音叉形的,再将晶片两个对应的表面抛光和涂敷银层作为电极,然后焊上引线,装上外壳,就构成了石英晶体谐振器,简称石英晶体或晶体,其结构示意图和符号如图 5.3.1 所示。

1. 石英晶体的谐振特性与等效电路

石英晶体谐振器是晶振电路的核心元件,其结构和外形如图 5.3.2 所示。

为什么石英晶体能作为一个谐振回路,而且具有极高的频率稳定度呢?这要从石英晶体的固有特性来分析。物理学研究表明，当石英晶体受到交变电场作用时，即在两极板上加以交流电压，石英晶体会产生机械振动；反过来，若对石英晶体施加周期性机械力，使其发生振动，会在晶体表面出现相应的交变电场和电荷，即在极板上有交变电压。当外加电场的频率等于晶体的固有频率时，会产生机—电共振，振幅明显加大。这种现象称为压电谐振，它与 LC 回路的谐振现象十分相似。

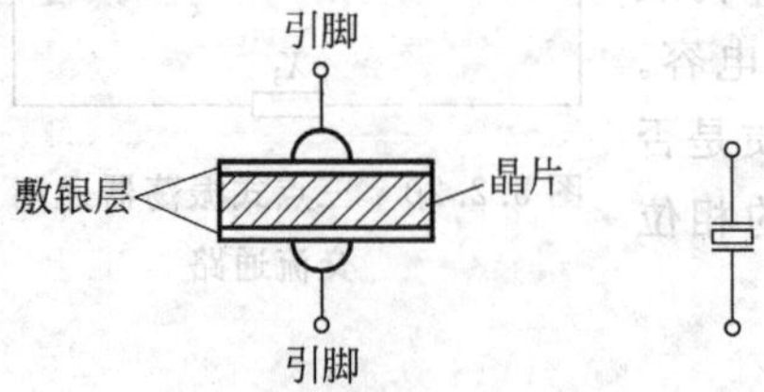

(a) 结构示意图　(b) 符号

图 5.3.1　石英晶体谐振器结构示意图和符号

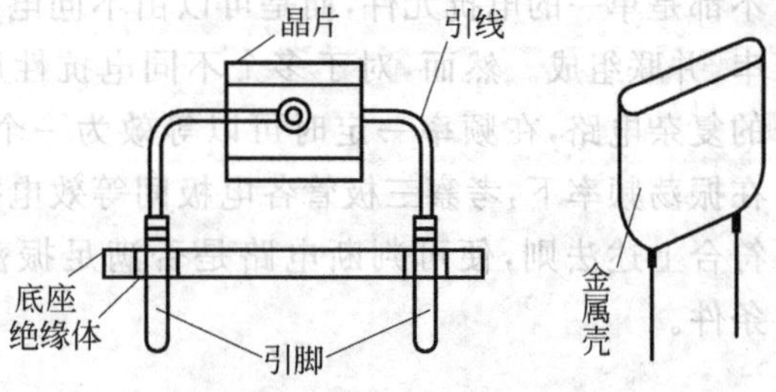

(a) 结构图　(b) 外形图

图 5.3.2　石英晶体谐振器

压电谐振的固有频率与石英晶体的外形尺寸及切割方式有关。从电路上分析，石英晶体可以等效为一个 LC 电路，把它接到振荡器上便可作为选频环节应用。图 5.3.3 所示为石英晶体的等效电路。

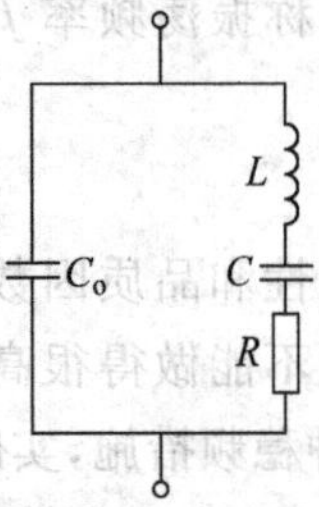

图 5.3.3　石英晶体的等效电路

2. 压电效应

若在石英晶片两极加上电压，晶片会在电场作用下产生机械变形；反之，若晶片受力而形变，在晶片两极会产生异性电荷，称为压电效应。因此在石英晶体两个引脚加交变电场时，它会产生一定频率的机械振动。这种机械振动会在晶片两极产生交变电场。一般情况下，无论是机械振动的振幅，还是交变电场的振幅，都非常小。但是当外加交变电场的频率与晶片的固有振动频率相等时，晶片产生共振，振幅急剧增加，这种现象称为压电谐振，与 LC 回路的谐振现象十分相似。晶片的固有机械振动频率称为谐振频率，它仅与晶片的几何形状、尺寸有关。晶片尺寸做得越精确，谐振频率的精度就越高，因此石英晶体具有很高的稳定性。

3. 石英晶体的电抗特性

石英晶体的压电谐振现象可以用图 5.3.3 所示的等效电路来模拟。电路中的 C_0 为晶片与金属极板构成的电容，称为静态电容，其值决定于晶片的几何尺寸和电极面积，一般约几皮法到几十皮法。电感 L 模拟晶片机械振动的惯性，其值为几十毫亨至几百亨。电容 C 模拟晶片的弹性，其值很小，一般在 0.1pF 以下。晶片振动时，因摩擦造成的损耗等效为电阻 R，其值为几欧姆到几百欧姆。由于晶片的等效电感 L 很大，而等效电容 C 和损耗电阻 R 很小，因此石英晶体谐振器的 Q 值非常高，可达 $10^4 \sim 10^6$，远远超过一般元件所能达到的数值；加上石英晶体的机械性能非常稳定，所以利用石英晶体谐振器组成的振荡电路可以获得很高的频率稳定度。

从等效电路可知，当 L、C、R 支路产生串联谐振时，串联谐振频率为

$$f_s = \frac{1}{2\pi\sqrt{LC}}$$

此时，该支路呈纯电阻性，等效电阻为 R，石英晶体谐振器可等效为 R 和 C_0 的并联电路。由于静态电容 C_0 很小，其容抗比电阻 R 大得多，因此发生串联谐振时，石英晶体可近似等效为 R，阻值很小，呈纯电阻性；当 $f<f_s$ 时，C_0 和 C 的容抗很大，起主要作用，石英晶体呈容性；当 $f>f_s$ 时，C 的容抗减小，L 的感抗逐渐增大，石英晶体呈感性。

若频率进一步增加，L、C、R 支路可与电容 C_0 发生并联谐振，石英晶体又呈纯电阻性，并联谐振频率为

$$f_p = \frac{1}{2\pi\sqrt{L\dfrac{CC_0}{C+C_0}}} = \frac{1}{2\pi\sqrt{LC}}\sqrt{1+\frac{C}{C_0}} = f_s\sqrt{1+\frac{C}{C_0}}$$

由于 $C_0 \gg C$，因此 $f_s \approx f_p$，两者非常接近。当 $f>f_p$ 时，电抗主要取决于 C_0，石英晶体又呈容性。

因此，忽略石英晶体等效电路中损耗电阻 R 的影响，可以定性地画出石英晶体的电抗-频率特性曲线，如图 5.3.4 所示。由图可知，当频率 $f<f_s$ 或 $f>f_p$ 时，石英晶体都呈容性；当 $f=f_s$ 时，石英晶体呈纯电阻性，其阻值很小；只有当 $f_s<f<f_p$ 时，石英晶体才呈感性，并且 f_s 和 f_p 越接近，等效电感的电抗曲线越陡峭，晶体可以等效为一个很大的电感，具有很高的 Q 值，实用中，石英晶体可以利用这一区域来工作，以获得较高的频率稳定度。

由于晶片生成过程中可能出现频率误差，在使用时应按规定接一个微调电容，以达到晶片的标称频率，如图 5.3.5 所示。一般情况下，石英晶体谐振器产品指标所给出的标称频率既不是 f_s 也不是 f_p，而是外接一个电容时校正的振荡频率。

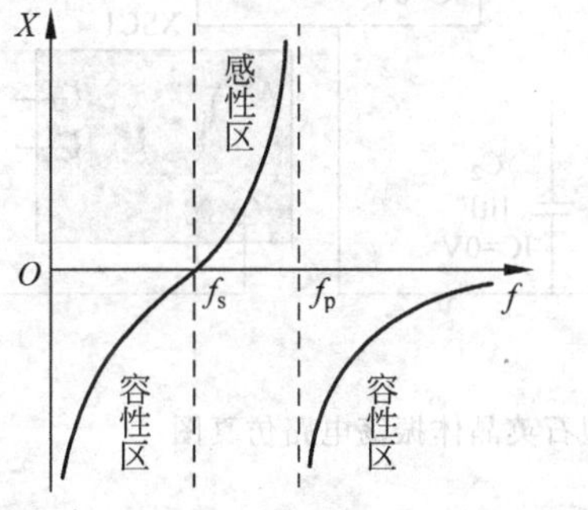

图 5.3.4 石英晶体的电抗-频率特性曲线

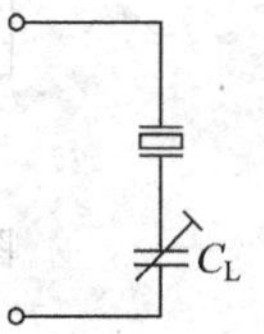

图 5.3.5 频率调整

5.3.2 石英晶体振荡电路

1. 并联型石英晶体振荡电路

如果用石英晶体取代图 5.2.16 所示电路中的电感，就可以得到并联型石英晶体正弦波振荡电路，如图 5.3.6 所示。从图中可知，为了满足振荡的相位平衡条件，电路的振荡

频率必须落在石英晶体的 f_s 和 f_p 之间，使得晶体在电路中起电感的作用，它和回路中的其他元件形成并联谐振，因此称为并联型石英晶体振荡电路。

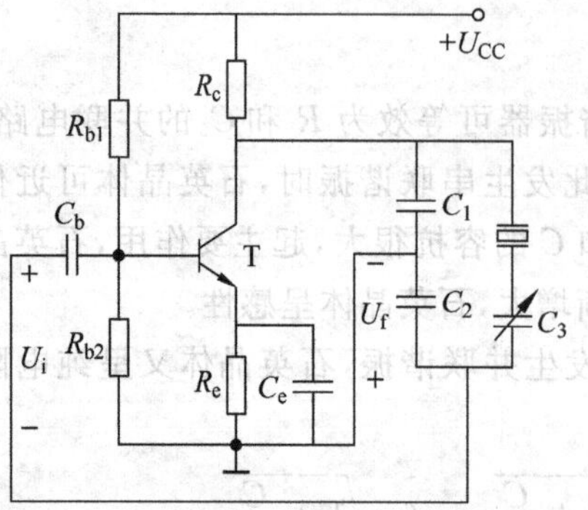

图 5.3.6 并联型石英晶体振荡电路

在 Multisim 中并联型石英晶体振荡电路仿真如图 5.3.7 所示。示波器仿真波形图如图 5.3.8 所示。从图中可以看出，一个周期的时间间隔为 94ns。

显然，振荡频率由谐振回路的参数 C_1、C_2、C_L 和石英晶体的等效电感决定。但是由于 $C_1 \gg C_L$ 和 $C_2 \gg C_L$，所以该电路振荡频率主要取决于石英晶体和负载电容 C_L 的谐振频率。从电抗曲线上来看，石英晶体工作在 f_s 与 f_p 这一频率范围很窄的电感区域里，其等效电感 L 很大，而 C_L 很小，使得等效 Q 值极高，其他元件对振荡频率的影响很小，因此电路的频率稳定度很高。

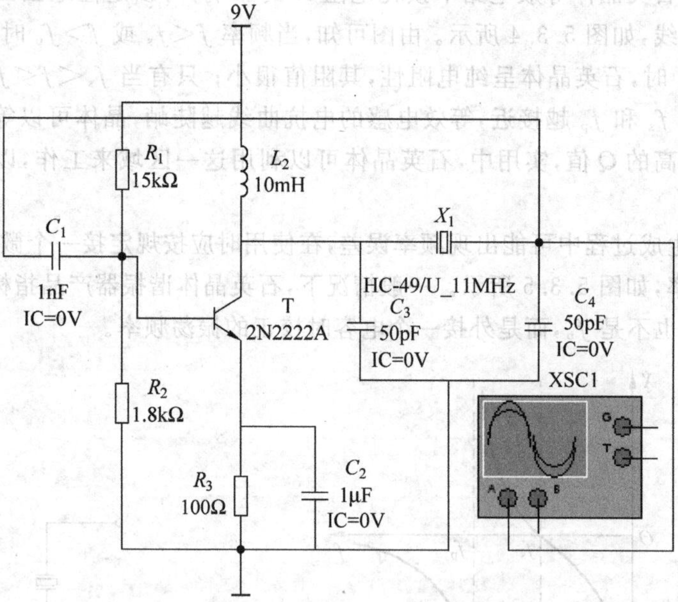

图 5.3.7 并联型石英晶体振荡电路仿真图

训练由晶体振荡器组成的振荡器的安装调试方法，掌握晶振的使用方法，最后比较各种振荡器之间的优劣。

2. 串联型石英晶体振荡电路

利用 $f=f_s$ 时石英晶体呈纯电阻性、相移为零的特点构成的串联型石英晶体振荡电路如图 5.3.9 所示。电路由两级放大器构成，第一级为共基放大电路，第二级为共集放大电路。可变电阻 R_f 和石英晶体构成了两级放大器之间的反馈网络。若断开反馈，在三极管 T_1 的发射极和地之间加输入电压 U_i，瞬时极性为⊕，则 T_1 管的集电极瞬时极性为⊕，

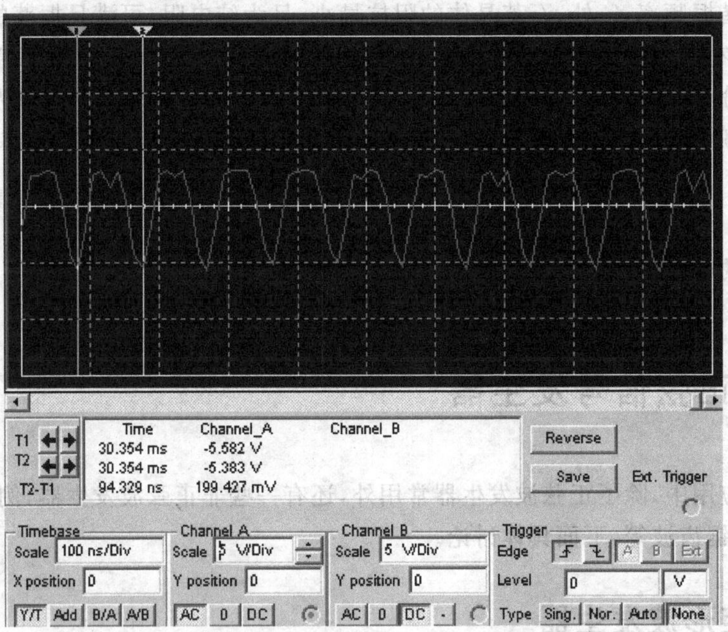

图 5.3.8 并联型石英晶体振荡电路仿真波形图

T_2 管的发射极瞬时极性也为⊕。只有石英晶体呈纯电阻性，即产生串联谐振时，反馈电压才与输入电压同相，电路满足正弦波振荡电路的相位平衡条件；而在其他频率上，晶体呈现很大的阻抗并产生较大的相移，不满足相位平衡条件，所以电路的振荡频率为石英晶体的串联谐振频率 f_s。

振荡电路的振幅条件可以通过调节电阻 R_f 的大小来满足。若 R_f 的阻值过大，反馈量太小，则不能振荡；若 R_f 的阻值太小，则因反馈量太大，输出波形会失真。

例 5.3 试用相位平衡条件判断图 5.3.10 所示电路能否产生正弦波振荡。若能振荡，推导振荡频率的计算公式。

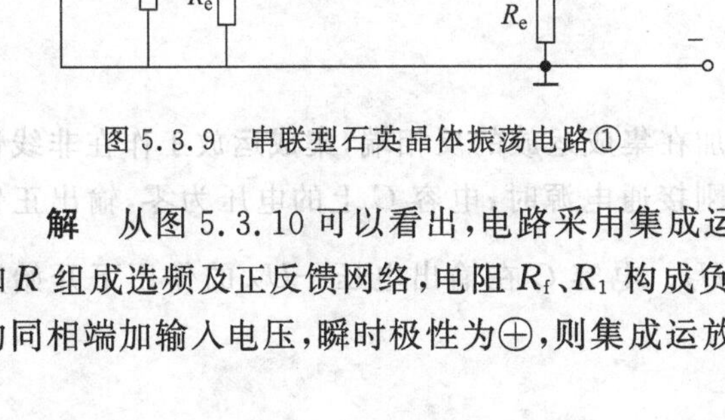

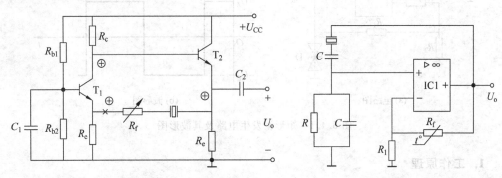

图 5.3.9 串联型石英晶体振荡电路①

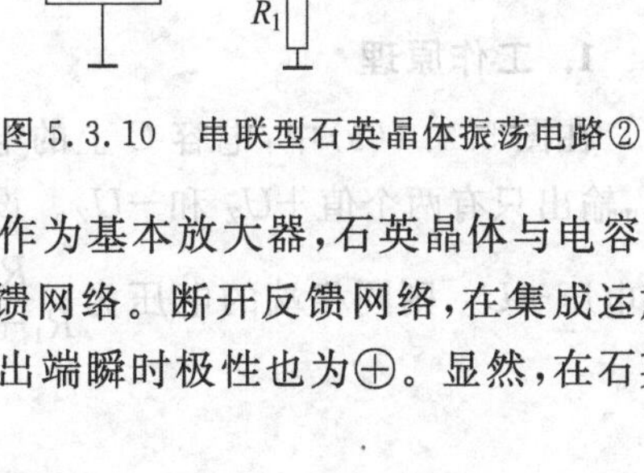

图 5.3.10 串联型石英晶体振荡电路②

解 从图 5.3.10 可以看出，电路采用集成运放作为基本放大器，石英晶体与电容 C 和 R 组成选频及正反馈网络，电阻 R_f、R_1 构成负反馈网络。断开反馈网络，在集成运放的同相端加输入电压，瞬时极性为⊕，则集成运放输出端瞬时极性也为⊕。显然，在石英晶体的串联谐振频率 f_s 处，石英晶体的阻抗最小，且为纯电阻，可满足振荡的相位平衡条件。其中，具有负温度系数的热敏电阻 R_f 和电阻 R_1 所引入的负反馈用于稳幅。

由上述分析可知，电路的振荡频率为石英晶体的串联谐振频率 f_s，但为了提高正反馈网络的选频特性，振荡频率也应该符合 RC 串并联网络所决定的振荡频率，因此振荡频率 f_0 既等于 f_s，又等于$\frac{1}{2\pi RC}$。为此，需要进行参数匹配，即电阻 R 的数值等于石英晶体串联谐振时的等效电阻；电容 C 满足等式 $f_s=\frac{1}{2\pi RC}$。

5.4 非正弦信号发生器

在实际应用中，除了正弦波发生器常用外，还有一些非正弦波发生器，例如方波（矩形波）、三角波、锯齿波等，下面具体讨论。

5.4.1 矩形波发生器

图 5.4.1(a)所示是一种能产生矩形波的基本电路，也称为方波振荡器。由图可见，它是在滞回比较器的基础上增加一条 RC 充、放电负反馈支路构成的。

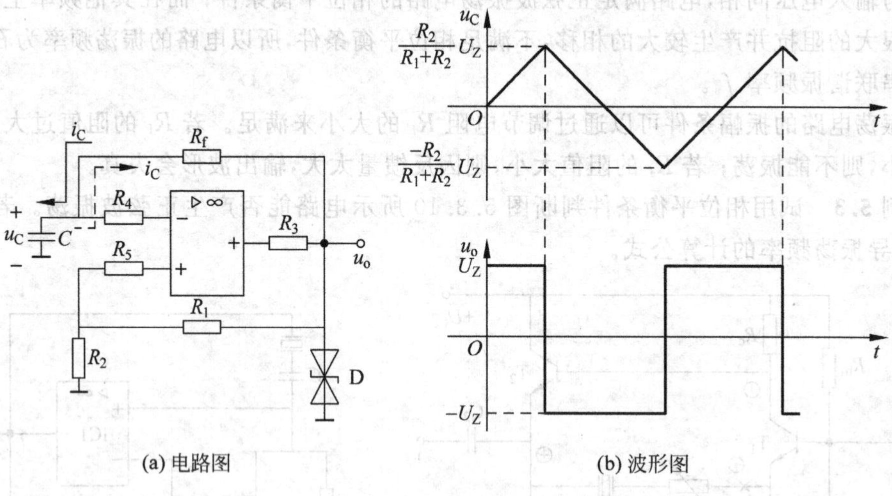

图 5.4.1 矩形波发生电路及其波形图

1. 工作原理

在图 5.4.1(a)中，电容 C 上的电压加在集成运放的反相端，集成运放工作在非线性区，输出只有两个值 $+U_Z$ 和 $-U_Z$。设在刚接通电源时，电容 C 上的电压为零，输出正饱和电压 $+U_Z$，则同相端的电压为 $\frac{R_2}{R_1+R_2}U_Z$。电容 C 在输出电压 $+U_Z$ 的作用下开始充电，充电电流 i_C 经过电阻 R_f，如图 5.4.1(a)的实线所示。当充电电压 u_C 升至$\frac{R_2}{R_1+R_2}U_Z$时，由于运放输入端 $u_- > u_+$，于是电路翻转，输出电压由 $+U_Z$ 值翻至 $-U_Z$，同相端电压变为$-\frac{R_2}{R_1+R_2}U_Z$。电容 C 开始放电，u_C 开始下降，放电电流 i_C 如图 5.4.1(a)中虚线所示。当电容电压 u_C 降至$-\frac{R_2}{R_1+R_2}U_Z$ 时，由于 $u_- < u_+$，于是输出电压又翻转到 $u_o = +U_Z$。如此周而复始，在集成运放的输出端便得到了如图 5.4.1(b)所示输出电压的波形。

2. 振荡频率及其调节

输出的矩形波电压的周期 T 取决于充、放电的 RC 时间常数。可以证明，其周期为

$$T = 2.2R_fC$$

则振荡频率为

$$f = \frac{1}{2.2R_fC}$$

改变 R 和 C 的值，就可以调节矩形波的频率。

3. 电路仿真

在 Multisim 中矩形波发生电路仿真如图 5.4.2 所示。示波器仿真波形图如图 5.4.3 所示。从图中可以看出，一个周期的时间间隔为 364μs。

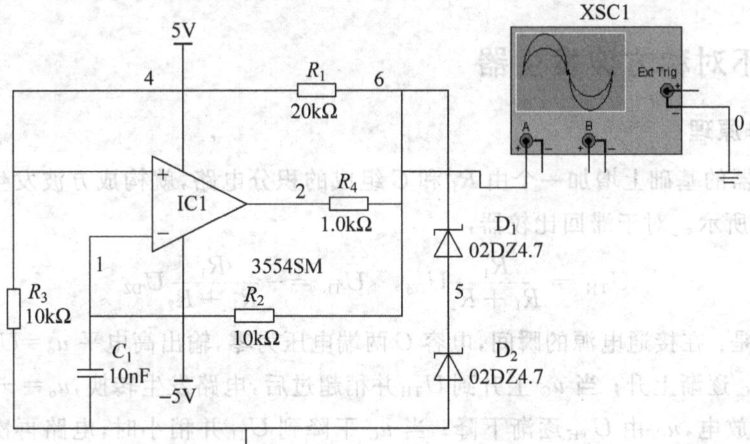

图 5.4.2　矩形波发生电路仿真图

4. 电路实做

读者可以用万能板替代印制板，自己焊接电路。首先开列元器件清单，然后到市场购买器件，再按电路图焊接，用示波器实测波形。

这主要训练由集成运放组成的矩形波发生器的安装调试方法，掌握用集成运放制作矩形波发生器的方法。

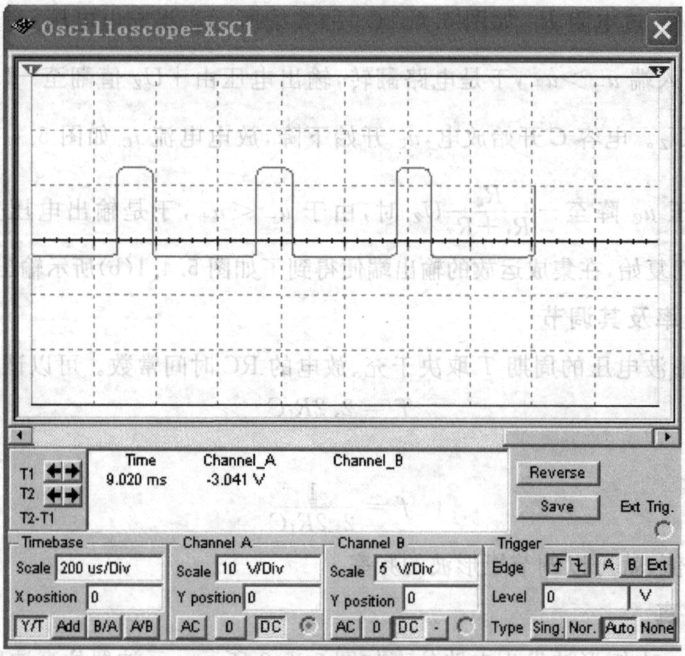

图 5.4.3　矩形波发生电路仿真波形图

5.4.2　不对称方波发生器

1. 工作原理

在比较器的基础上增加一个由 R_f 和 C 组成的积分电路，就构成方波发生器电路，如图 5.4.4(a)所示。对于滞回比较器，

$$U_{TH}=\frac{R_1}{R_1+R_2}U_{DZ},\quad U_{TL}=-\frac{R_1}{R_1+R_2}U_{DZ}$$

其工作过程是：在接通电源的瞬间，电容 C 两端电压为零，输出高电平 $u_o=U_{DZ}$ 并通过 R_f 向 C 充电，u_C 逐渐上升；当 u_C 上升到 U_{TH} 并稍超过后，电路发生转换，$u_o=-U_{DZ}$；之后，U_{TH} 通过 R_f 放电，u_C 由 U_{TH} 逐渐下降；当 u_C 下降到 U_{TL} 并稍小时，电路再次发生转换；周而复始，形成振荡，输出对称方波，如图 5.4.4(b)所示。

可以证明，电路的振荡周期和频率为 $T=2R_fC\ln(1+2R_1/R_2)$，$f=1/T=1/[2R_fC\times\ln(1+2R_1/R_2)]$。改变 R_f 和 C，可改变振荡频率。

为了获得不对称方波，在图 5.4.4 的基础上稍加改进，如图 5.4.5(a)所示。图中电路利用二极管的单向导电特性，使充、放电时间常数不同而得到不对称方波。其中，充电回路为 D_1、R、C，充电时间常数 $\tau_{充}=RC$(忽略二极管正向电阻)，放电时间常数 $\tau_{放}=R'C$。u_o 处是高电平时，向 C 充电的时间为 $T_{充}=RC\ln(1+2R_1/R_2)$；u_o 为低电平时，u_C 通过 D_2 放电的时间为 $T_{放}=R'C\ln(1+2R_1/R_2)$；输出波形的周期为 $T=T_{充}+T_{放}$，占空比为

$$\frac{T_{充}}{T}=\frac{RC\ln\left(1+\frac{2R_1}{R_2}\right)}{(R+R')C\ln\left(1+\frac{2R_1}{R_2}\right)}=\frac{R}{R+R'}=\frac{1}{1+\frac{R'}{R}}$$

上式表明，改变比值 R'/R，可以调节电路的占空比。u_C 和 u_o 的波形如图 5.4.4(b)所示。

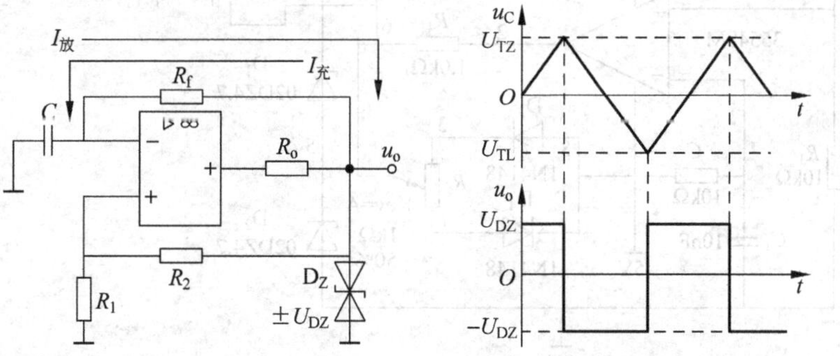

(a) 方波产生电路　　(b) 方波发生电路的u_C和u_o波形图

图 5.4.4　方波发生器

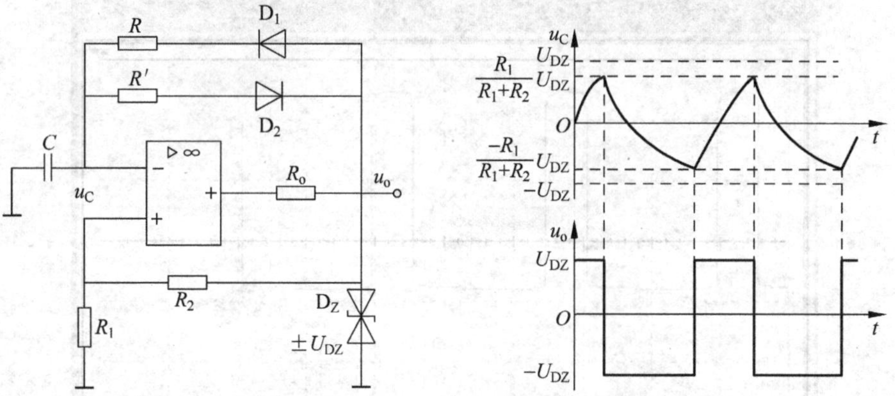

(a) 占空比可调的方波产生电路　　(b) 图(a)所示电路的u_C和u_o的波形

图 5.4.5　占空比不对称方波产生电路

2. 电路仿真

在 Multisim 中占空比不对称方波产生电路仿真如图 5.4.6 所示。示波器仿真波形图如图 5.4.7 所示，调节电位器可改变占空比。

3. 电路实做

可以用万能板替代印制板，自己焊接电路。首先开列元器件清单，然后到市场买器件，再按电路图焊接，用示波器实测波形。

这主要训练由集成运放组成的不对称方波发生器的安装调试方法，掌握用集成运放制作不对称方波发生器的方法。

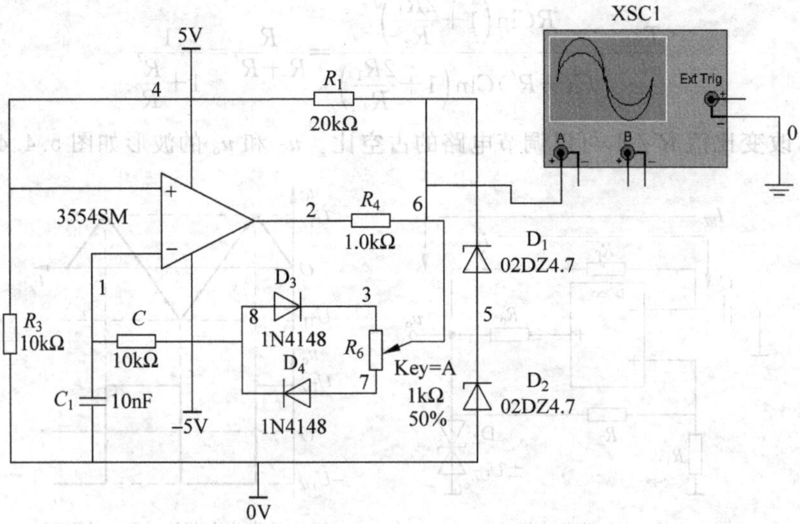

图 5.4.6　占空比不对称方波产生电路仿真图

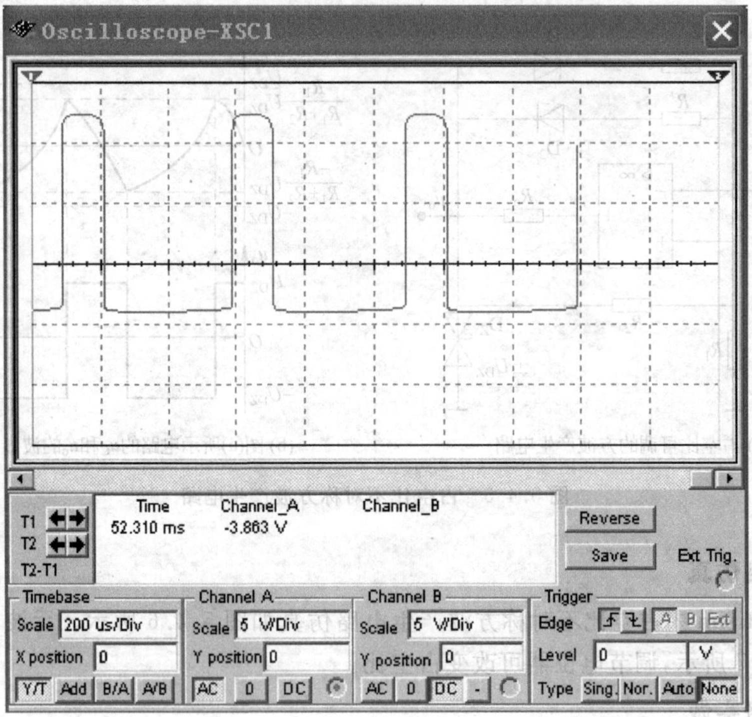

图 5.4.7　占空比不对称方波产生电路仿真波形图

5.4.3　三角波发生器

三角波发生器是电子电路中经常用到的电路，下面具体讨论。

1. 电路原理

三角波发生器的基本电路如图 5.4.8(a)所示。集成运放 IC1 构成滞回电压比较器，其反相端接地。集成运放 IC1 同相端的电压由 u_o 和 u_{o1} 共同决定，即

$$u_+ = u_{o1}\frac{R_2}{R_1+R_2} + u_o\frac{R_1}{R_1+R_2}$$

当 $u_+ > 0$ 时，$u_{o1} = +U_Z$；当 $u_+ < 0$ 时，$u_{o1} = -U_Z$。

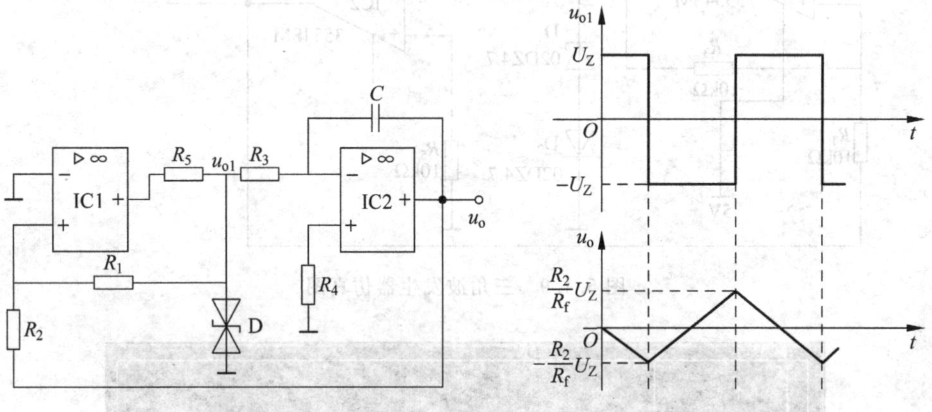

(a) 电路图　(b) 波形图

图 5.4.8 三角波发生器

在电源刚接通时，假设电容器初始电压为零，集成运放 IC1 输出电压为正饱和电压值 $+U_Z$，积分器输入为 $+U_Z$，电容 C 开始充电，输出电压 u_o 开始减小，u_+ 值随之减小；当 u_o 减小到 $-\frac{R_2}{R_f}U_Z$ 时，u_+ 由正值变为零，滞回比较器翻转，集成运放 IC1 的输出 $u_{o1} = -U_Z$。当 $u_{o1} = -U_Z$ 时，积分器输入负电压，输出电压 u_o 开始增大，u_+ 值随之增大；当 u_o 增加到 $\frac{R_2}{R_f}U_Z$ 时，u_+ 由负值变为零，滞回比较器翻转，集成运放 IC1 的输出 $u_{o1} = +U_Z$，此时

$$f = \frac{R_1}{4R_2R_3C}$$

2. 电路仿真

在 Multisim 中三角波发生器仿真如图 5.4.9 所示。示波器仿真波形图如图 5.4.10 所示。从图中可以看出，一个周期的时间间隔为 963μs。

3. 电路实做

可以用万能板替代印制板，自己焊接电路。首先开列元器件清单，然后到市场购买器件，再按电路图焊接，用示波器实测波形。

这主要训练由集成运放组成的三角波发生器的安装调试方法，掌握用集成运放制作三角波发生器的方法。

在图 5.4.11 所示的三角波发生器电路中，输出是等腰三角形波。如果人为地使三角形两边不等，输出的就是锯齿波了。简单的锯齿波发生器电路如图 5.4.12(a)所示。

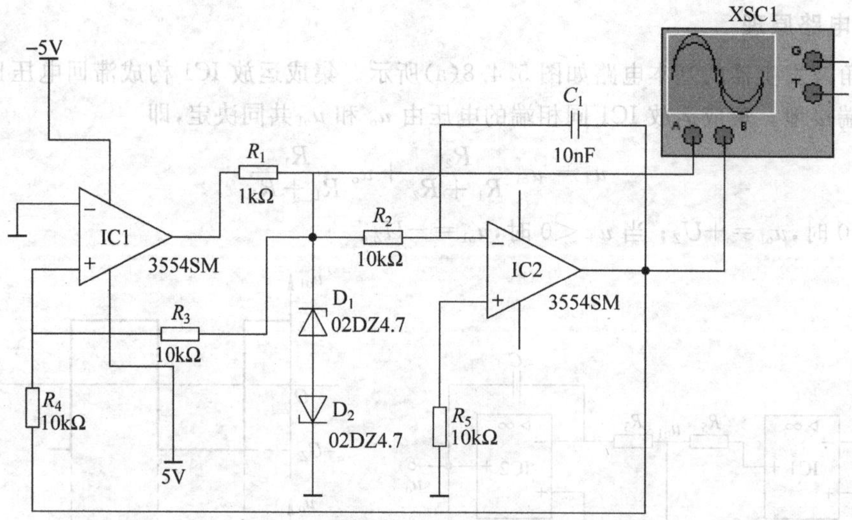

图 5.4.9　三角波发生器仿真图

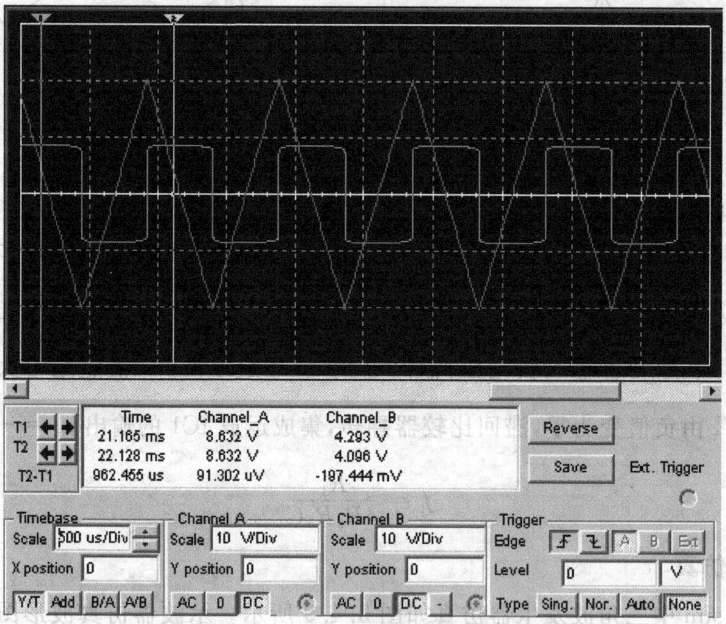

图 5.4.10　三角波发生器仿真波形图

锯齿波发生器的工作原理与三角波发生器基本相同，只是在集成运放 IC2 的反相输入电阻 R_3 上并联由二极管 D_1 和电阻 R_5 组成的支路，使积分器的正向积分和反向积分的速度明显不同。当 $u_{o1}=-U_Z$ 时，D_1 反偏截止，正向积分的时间常数为 R_3C；当 $u_{o1}=+U_Z$ 时，D_1 正偏导通，负向积分常数为 $(R_3 /\!/ R_5)C$。则负向积分时间小于正向积分时间，形成如图 5.4.12(b)所示的锯齿波。

在 Multisim 中锯齿波发生器仿真如图 5.4.13 所示。示波器仿真波形如图 5.4.14 所示，调节 R_2 可调整锯齿波斜率。

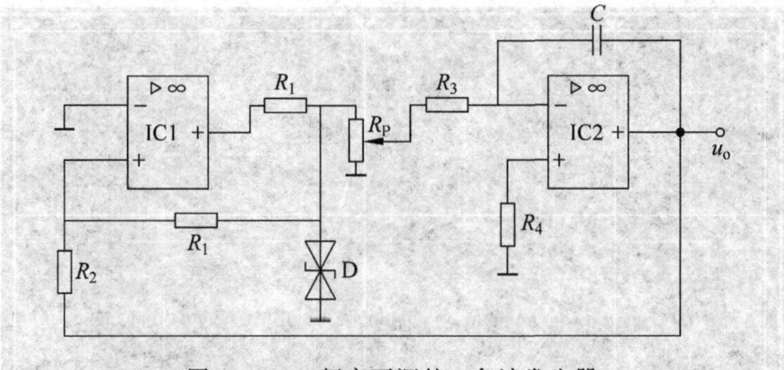

图 5.4.11　频率可调的三角波发生器

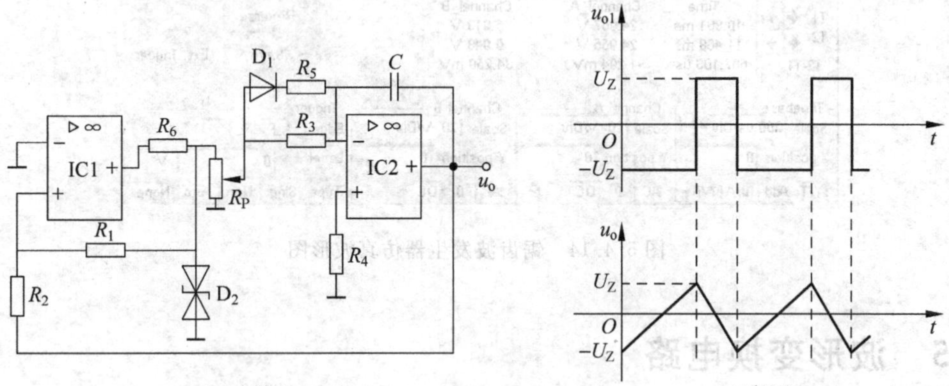

(a) 电路图　　　　(b) 波形图

图 5.4.12　锯齿波发生器

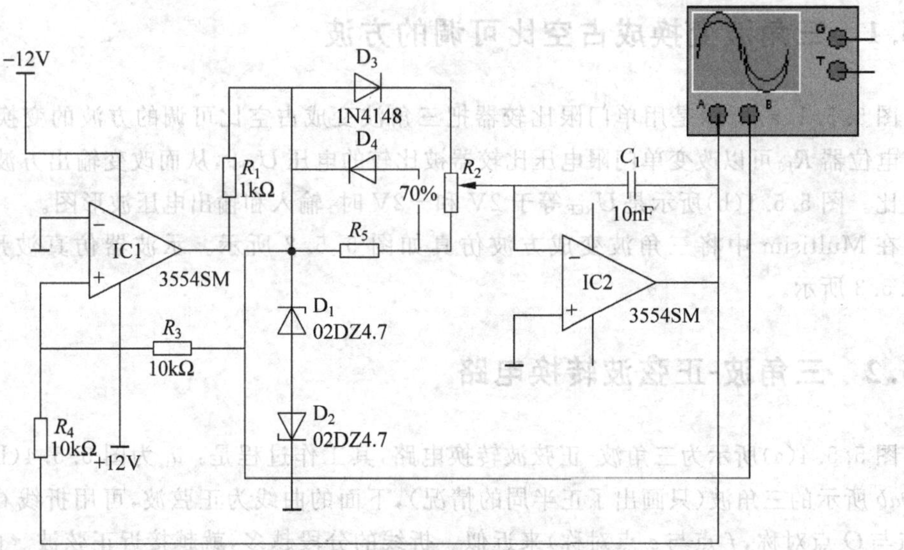

图 5.4.13　锯齿波发生器仿真图

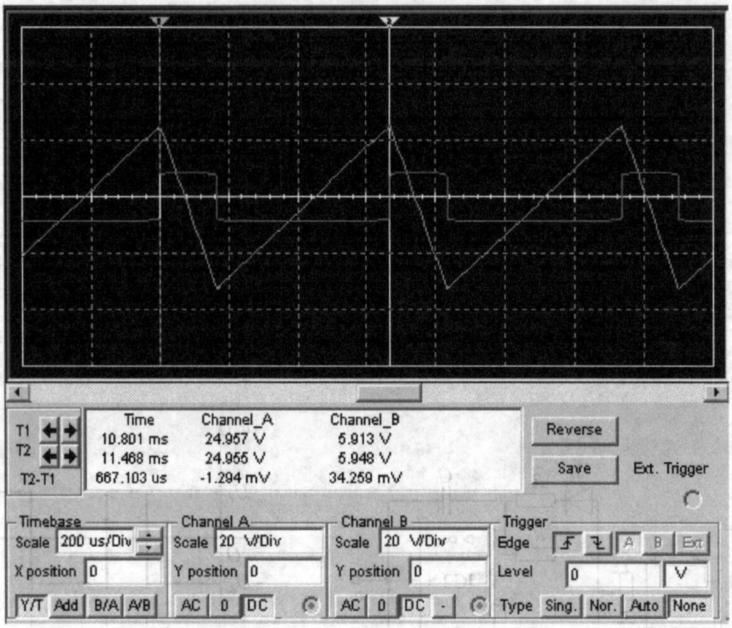

图 5.4.14 锯齿波发生器仿真波形图

5.5 波形变换电路

实际应用中需要将各种波形进行转换，转换电路多种多样，下面具体讨论。

5.5.1 三角波变换成占空比可调的方波

图 5.5.1(a)所示是用单门限比较器把三角波变成占空比可调的方波的变换电路。调节电位器 R_{P5} 可以改变单门限电压比较器被比较的电压 U_{REF}，从而改变输出方波 u_{o4} 的占空比。图 5.5.1(b)所示是 U_{REF} 等于 2V 和 −2V 时，输入和输出电压波形图。

在 Multisim 中将三角波变成方波仿真如图 5.5.2 所示。示波器仿真波形图如图 5.5.3 所示。

5.5.2 三角波-正弦波转换电路

图 5.5.4(a)所示为三角波-正弦波转换电路，其工作过程是：u_i 为图 5.5.4(b)中折线 Oab 所示的三角波(只画出了正半周的情况)，下面的曲线为正弦波，可用折线 $Ocdefb$(b 点与 O 点对称，f 点与 c 点对称)来近似。折线的分段越多，就越接近正弦波。由波形图知，三角波输入 u_i 从 O 开始上升，当电压低于 E_1 和 E_2 时，D_1、D_2 截止，这时 u_o 上升的斜率由 R 和 R_L 决定且最大(与 D_1 或 D_1、D_2 导通时相比)，得图中折线 Oc 段。当 u_i 继续

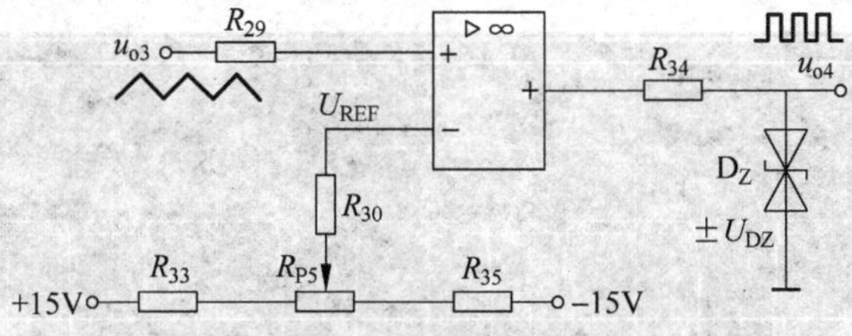

(a) 把三角波变成占空比可调的方波的变换电路

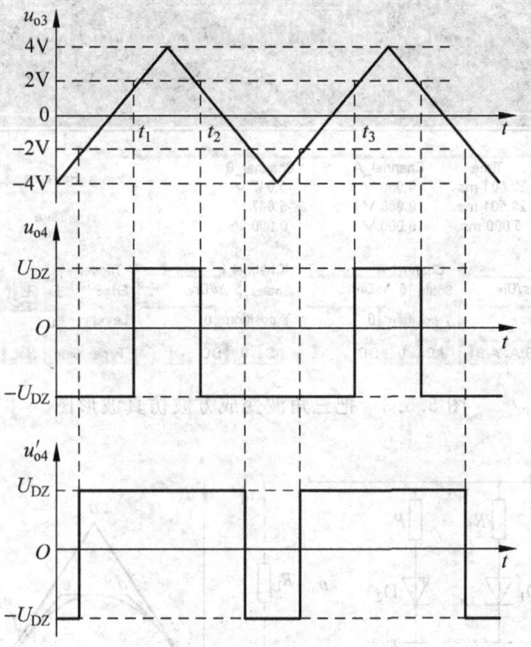

(b) 图(a)所示电路的输入/输出波形

图 5.5.1 把三角波变成方波

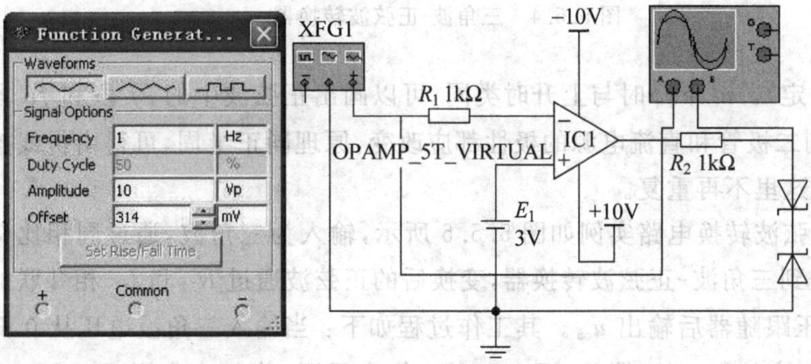

图 5.5.2 把三角波变成方波仿真图

上升，使 u_o 超过 c 点，如果 $E_1 < u_i < E_2$，D_1 导通，D_2 仍然截止；将电阻 R_1 接入电路，此时 u_o 上升的斜率取决于 R 和 $R_1 /\!/ R_L$，得 cd 段折线，其上升斜率降低了。u_i 继续上升，$u_i > E_2$ 后，D_1、D_2 都导通，R_2 也被接入，u_o 为斜率更小的 de 段（此时折线斜率由 R 与

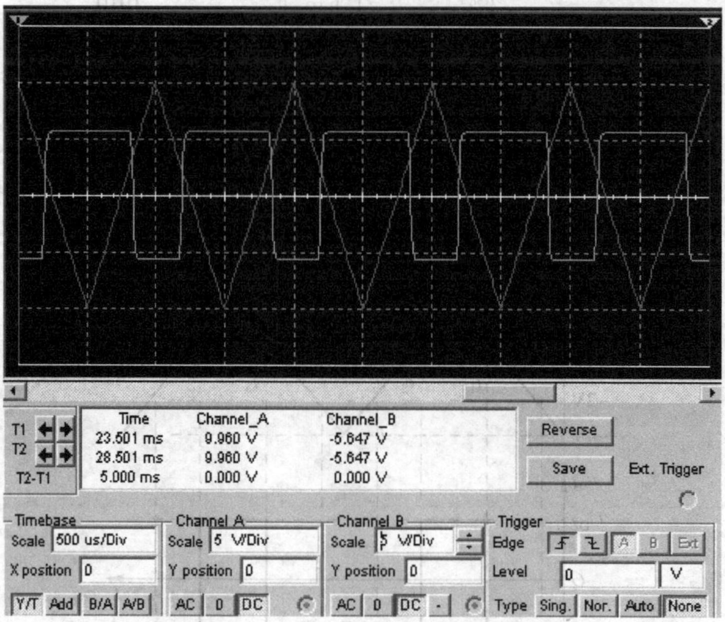

图 5.5.3　把三角波变成方波仿真波形图

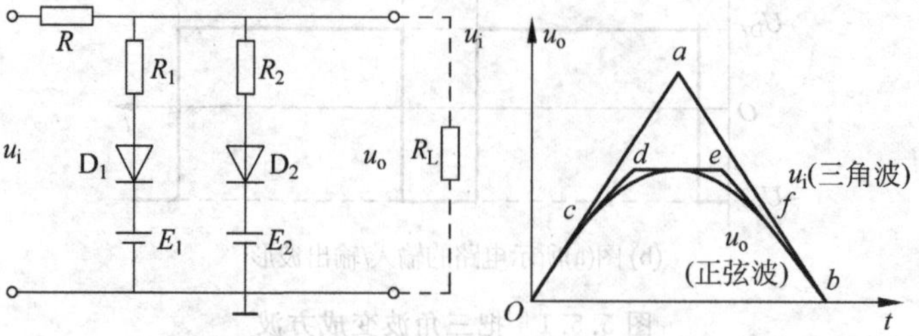

(a) 电路原理图　　(b) 输入/输出波形图

图 5.5.4　三角波-正弦波转换器

$R_1 /\!/ R_2 /\!/ R_L$ 决定)。u_i 下降时与上升时类同,可以画出正弦波中的 ef 段和 fb 段。负半周时 u_i 为负,则二极管和直流电源的极性都应改变,原理同正半周,可得由折线构成的正弦波的负半周,这里不再重复。

三角波-正弦波转换电路实例如图 5.5.5 所示,输入为三角波,通过同相比例放大器和电阻 R_{12} 输送到三角波-正弦波转换器,变换后的正弦波通过 R_{32} 和 L_1 相并联的低通滤波电路送给电压跟随器后输出 u_{o5}。其工作过程如下:当输入三角波电压从 0 开始上升时,$u_i>0$;随 u_i 的上升,二极管 D_6、D_5、D_2、D_1 依次导通,将相应电阻 R_{26}、R_{25}、R_{19}、R_{27}、R_{21} 和 R_{20} 依次接入;当 u_i 下降时,D_1、D_2、D_5、D_6 又依次截止,电阻 R_{20}、R_{21}、R_{27}、R_{19}、R_{25} 和 R_{26} 又依次被切断,每接入或切断一个电阻,输出波形的折线斜率改变一次。输出正弦波电压 u_o 的正半周是由 9 段折线组成的。负半周时,二极管 D_8、D_7、D_4、D_3 依次导通,将相应电阻接入又依次切断,9 条折线构成了正弦波输出电压的负半周,经 R_{32} 和 L_1 组成的低通滤波电路滤波后送给电压跟随器，得到正弦波输出电压 u_{o5}。

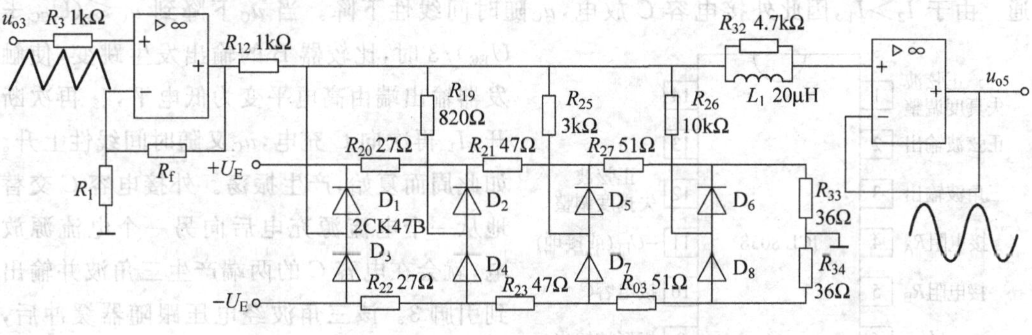

图 5.5.5 三角波-正弦波转换电路实例

5.6 集成函数发生器 8038 简介

集成函数发生器 8038 是一种多用途的波形发生器，可以产生正弦波、方波、三角波和锯齿波，其频率通过外加的直流电压来调节，使用方便，性能可靠。

1. 8038 的工作原理

由手册和有关资料可以看出，8038 由两个恒流源、两个电压比较器和触发器组成，其内部原理电路框图如图 5.6.1 所示。

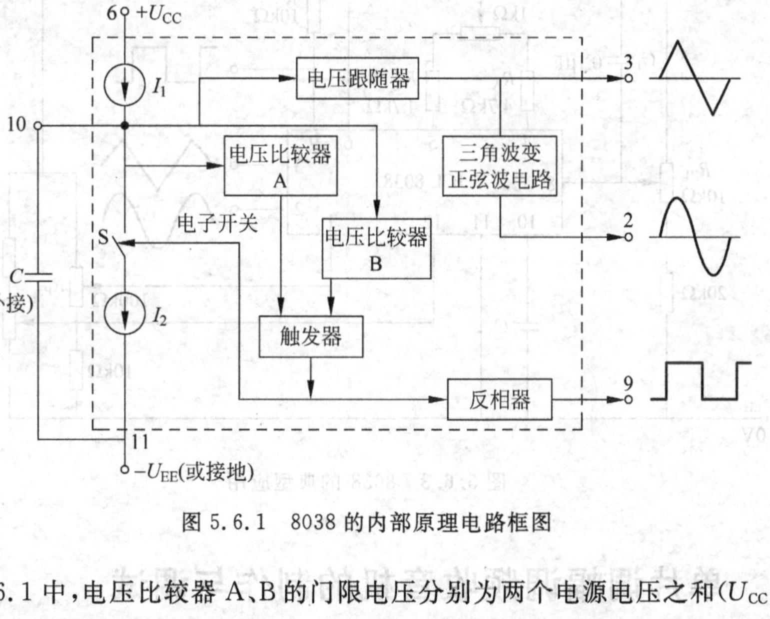

图 5.6.1 8038 的内部原理电路框图

在图 5.6.1 中，电压比较器 A、B 的门限电压分别为两个电源电压之和($U_{CC}+U_{EE}$)的 2/3 和 1/3，电流源 I_1 和 I_2 的大小可通过外接电阻调节，其中 I_2 必须大于 I_1。当触发器的输出端为低电平时，它控制开关 S 使电流源 I_2 断开；电流源 I_1 则向外接电容 C 充电，使电容两端电压随时间线性上升。当 u_C 上升到 $u_C=2(U_{CC}+U_{EE})/3$ 时，比较器 A 的输出电压发生跳变，使触发器输出端由低电平变为高电平，这时，控制开关S使电流源 I_2 接通。由于 $I_2>I_1$，因此外接电容 C 放电，u_C 随时间线性下降。当 u_C 下降到 $u_C\leqslant(U_{CC}+U_{EE})/3$ 时，比较器B的输出发生跳变，使触发器输出端由高电平变为低电平，I_2 再次断开，I_1 再次向 C 充电，u_C 又随时间线性上升。如此周而复始，产生振荡。外接电容 C 交替地从一个电流源充电后向另一个电流源放电，就会在电容 C 的两端产生三角波并输出到引脚3。该三角波经电压跟随器缓冲后，一路经正弦波变换器变成正弦波后由引脚2输出；另一路通过比较器和触发器，并经过反向器缓冲，由引脚9输出方波。图5.6.2所示为8038的外部引脚排列图。

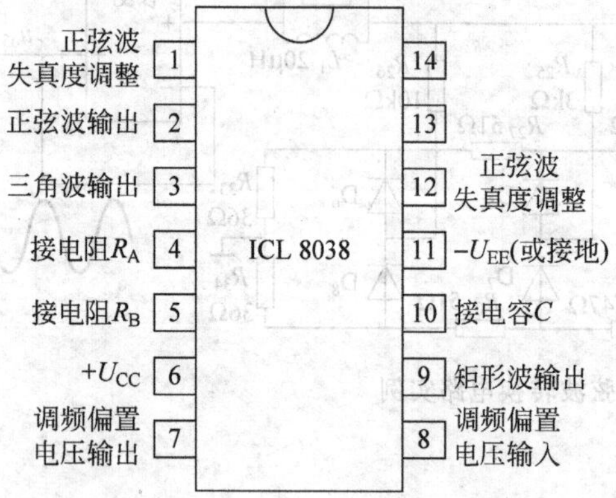

图5.6.2　8038的外部引脚排列图

2. 8038的典型应用

利用8038构成的函数发生器如图5.6.3所示，其振荡频率由电位器 R_{P1} 滑动触点的位置、C 的容量、R_A 和 R_B 的阻值决定。图中，C_1 为高频旁路电容，用以消除引脚8的寄生交流电压；R_{P2} 为方波占空比和正弦波失真度调节电位器。当 R_{P2} 位于中间时，可输出方波。

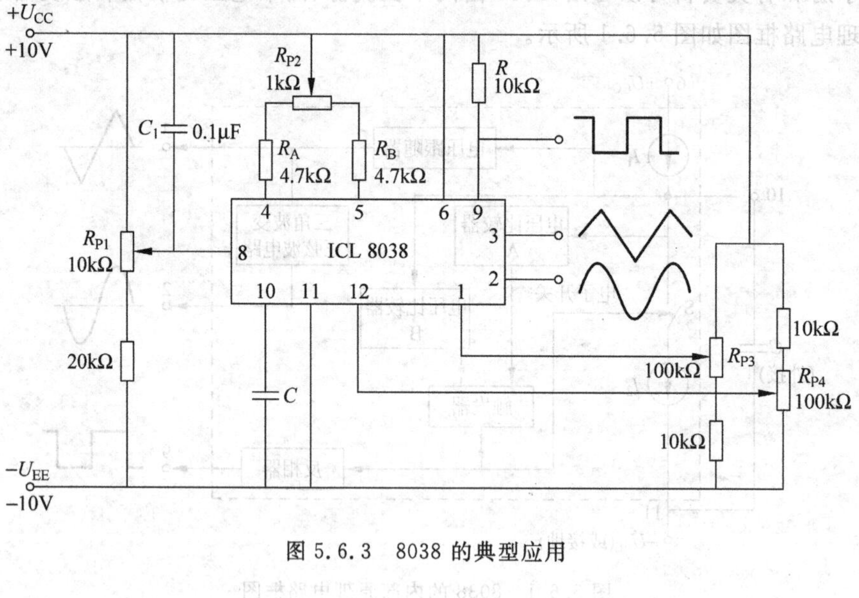

图5.6.3　8038的典型应用

实训5　单片调幅调频收音机的制作与调试

[实训目的]

1. 掌握正弦波振荡电路的典型电路结构和工作原理。

2．熟悉调幅和调频收音机的工作原理。

3．掌握单片调幅调频收音机的工作原理。

4．掌握收音机的安装和调试。

［实训原理］

收音机是将模拟电路的所有知识集合在一起的一个实用产品。收音机电路由输入回路(谐振)、本机振荡、混频电路、一级中放、二级中放、检波(整流)、低放、功放电路组成，是一个综合性很强的电路。

［实训设备与器件］

CXA1191 集成电路、磁性天线、AM 振荡线圈、中频变压器、四联电容器、陶瓷滤波器(LT465、LT10.5MHz)、拉杆天线、高频线圈、FM 振荡线圈、波段转换开关、扬声器、电位器、若干线圈、若干电容以及电阻。

［实训内容与步骤］

1．利用 CXA1191 集成电路设计单片调幅调频收音机。

2．安装和调试单片调幅调频收音机。

［实训总结］

分析讨论在调试过程中出现的问题。

［预习要求］

1．查阅国家广播频段分布情况，牢记最低电台频率和最高电台频率。

2．复习模拟电子技术所有知识。

第 6 章 chapter 6

功率放大器

功率放大器在各种电子设备中有着极为广泛的应用。从能量控制的观点来看，功率放大器与电压放大器没有本质的区别，只是完成的任务不同，电压放大器主要是不失真地放大电压信号，功率放大器是为负载提供足够的功率。因此，对电压放大器的要求是要有足够大的电压放大倍数，而对功率放大器的要求则与电压放大器不同。

6.1 功率放大器概述

6.1.1 功率放大器的分类

功率放大器的划分主要是由功放级输出电路的形式来决定。常见的音频功率放大器主要有下列几种。

① 变压器耦合甲类放大器：主要用于电子管放大器。

② 变压器耦合推挽功率放大器：主要用于输出功率较大的电子管放大器。

③ OTL 功率放大器：主要用于输出功率较小的放大器。

④ OCL 功率放大器：是一种常用的放大器，常用于输出功率要求较大的功率放大器。

⑤ BTL 功率放大器：主要用于要求输出功率更大的场合。

OTL、OCL 和 BTL 功率放大器主要用于晶体管放大器中。

根据三极管在放大信号时的信号工作状态和三极管静态电流大小，主要分为 3 种放大器：一是甲类放大器，二是乙类放大器，三是甲乙类放大器。除此之外，还有超甲类等多种放大器。

音响系统中由于不允许存在信号的非线性失真，所以只采用甲类放大器和甲乙类放大器。

1. 甲类放大器

甲类放大器就是给放大管加入合适的静态偏置电流，用一只三极管同时放大信号的正、负半周。在功率放大器中，功放输出级中的信号幅度已经很大，如果仍然在信号的正、负半周同时用一只三极管来放大，这种电路称为甲类放大器。

甲类功率放大器中晶体管的 Q 点设在放大区的中间，在整个周期内，三极管集电极都有电流，导通角为 360°。Q 点和电流波形如图 6.1.1(a)所示。工作于甲类时，管子的静态电流 I_C 较大，而且无论有没有信号，电源都要始终不断地输出功率。在没有信号时，电源提供的功率全部消耗在管子上；有信号输入时，随着信号增大，输出的功率也增大。但是，即使在理想情况下，效率仅为 50%。当信号幅度太大时（超出放大管的线性区域），信号的正半周进入三极管饱和区而被削顶，信号的负半周进入截止区而被削顶，此时对信号正半周与负半周的削顶量是相同的。

甲类放大器电路的主要特点如下所述。

① 在音响系统中，甲类功率放大器的音质最好。由于信号的正、负半周用一只三极管来放大，信号的非线性失真很小。这是甲类功率放大器的主要优点。

② 信号的正、负半周用同一只三极管放大，使放大器的输出功率受到了限制，即一般情况下，甲类放大器的输出功率不可能做得很大。功率三极管的静态工作电流比较大，在没有输入信号时对直流电源的消耗比较大，效率低。

2. 乙类放大器

为了提高效率，必须减小静态电流 I_C，而将 Q 点下移。若将 Q 点设在静态电流 $I_C=0$ 处，即 Q 点在截止区，管子只在信号的半个周期内导通，称此放大器为乙类放大器。乙类状态下，信号等于零时，电源输出的功率也为零；信号增大时，电源供给的功率随着增大，从而提高了效率。乙类状态下的 Q 点与电流波形如图 6.1.1(b)所示。

乙类放大器是用两只性能对称的三极管来分别放大信号的正半周和负半周，再在放大器的负载上将正、负半周信号合成一个完整的周期信号。

由于这种放大器没有给功放输出管加入静态电流，会产生交越失真。这种失真是非线性失真的一种，对声音的音质破坏严重。所以，乙类放大器电路是不能用于音频放大器电路中的。

3. 甲乙类放大器

为了克服交越失真，必须使输入信号避开三极管的截止区。给三极管加入很小的静态偏置电流，使输入信号"骑"在很小的静态偏置电流上，这样就避开了三极管的截止区，使输出信号不失真。这种电路将 Q 点设在接近 $I_C \approx 0$ 而 $I_C \neq 0$ 处，即 Q 点在放大区且接近截止区，管子在信号的半个周期以上的时间内导通，称此放大器为甲乙类放大器。由于 $I_C \approx 0$，因此甲乙类放大器的工作状态接近乙类。甲乙类状态下的 Q 点与电流波形如图 6.1.1(c)所示。

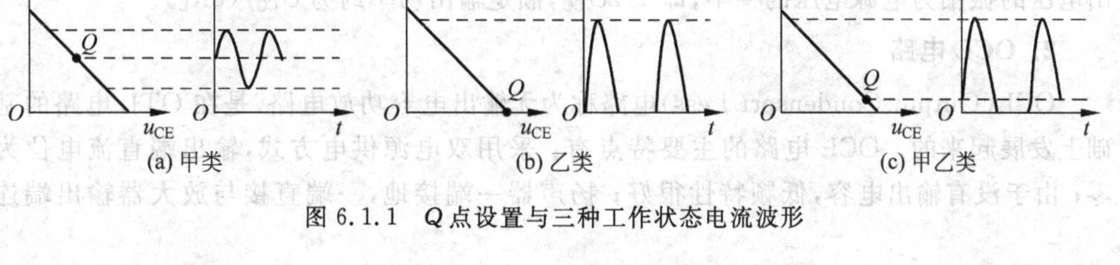

图 6.1.1 Q 点设置与三种工作状态电流波形

甲乙类放大器电路的主要特点如下所述。

① 这种放大器同乙类放大器电路一样，也是用两只三极管分别放大输入信号的正、负半周，但给两只三极管加入了很小的静态偏置电流，使三极管刚刚进入放大区。

② 由于给三极管所加的静态直流偏置电流很小，所以在没有输入信号时，放大器对直流电源的消耗比较小(比起甲类放大器要小得多)，具有乙类放大器省电的优点；同时因加入的偏置电流克服了三极管的截止区，对信号不存在失真，又具有甲类放大器无非线性失真的优点。所以，甲乙类放大器具有甲类和乙类放大器的优点，同时克服了这两种放大器的缺点。正是由于甲乙类放大器无交越失真，又具有输出功率大和省电的优点，所以被广泛地应用于音频功率放大器电路中。当这种放大电路中的三极管静态直流偏置电流太小或没有时，就成了乙类放大器，将产生交越失真。

4. 推挽放大器

在功率放大器电路中大量采用推挽放大器电路。这种电路中用两只三极管构成一级放大器电路，两只三极管分别放大输入信号的正半周和负半周，即用一只三极管放大信号的正半周，用另一只三极管放大信号的负半周，两只三极管输出的半周信号在放大器负载上合并后得到一个完整周期的输出信号。在推挽放大器电路中，一只三极管工作在导通、放大状态时，另一只三极管处于截止状态；当输入信号变化到另一个半周后，原先导通、放大的三极管进入截止状态，而原先截止的三极管进入导通、放大状态，两只三极管在不断地交替导通放大和截止变化，所以称为推挽放大器。

5. 互补推挽放大器

互补是通过采用两种不同极性的三极管，利用不同极性三极管的输入极性不同，用一个信号来激励两只不同极性的三极管，这样可以不需要有两个大小相等、相位相反的激励信号。利用 NPN 型和 PNP 型三极管的互补特性，用一个信号来同时激励两只三极管的电路，称为互补电路。由互补电路构成的放大器称为互补放大器。

6.1.2 常用集成功率放大器电路

1. OTL 电路

OTL(Output Transformer Less)电路称为无输出变压器功放电路，是一种输出级与扬声器之间采用电容耦合而无输出变压器的功放电路，它是高保真功率放大器的基本电路之一，但输出端的耦合电容对频响有一定影响。OTL 电路的主要特点有：采用单电源供电方式，输出端直流电位为电源电压的一半；输出端与负载之间采用大容量电容耦合，扬声器一端接地；具有恒压输出特性，允许扬声器阻抗在 4Ω、8Ω 和 16Ω 中选择，最大输出电压的振幅为电源电压的一半，即 $1/2U_{CC}$，额定输出功率约为 $U_{CC}^2/(8R_L)$。

2. OCL 电路

OCL(Output Condensert Less)电路称为无输出电容功放电路，是在 OTL 电路的基础上发展起来的。OCL 电路的主要特点有：采用双电源供电方式，输出端直流电位为零；由于没有输出电容，低频特性很好；扬声器一端接地，一端直接与放大器输出端连接，因此须设置保护电路；具有恒压输出特性；允许选择 4Ω、8Ω 或 16Ω 负载；最大输出电压振幅为正负电源值，额定输出功率约为 $U_{CC}^2/(2R_L)$。需要指出，若正负电源值取 OTL 电路单电源值的一半，则两种电路的额定输出功率相同，都是 $U_{CC}^2/(8R_L)$。

3. BTL 电路

BTL(Bridge Tied Load)电路称为桥接式负载功放电路。负载的两端分别接在两个放大器的输出端。其中一个放大器的输出是另外一个放大器的镜像输出，也就是说，加在负载两端的信号仅在相位上相差 180°，负载上将得到原来单端输出的 2 倍电压。从理论上来讲，电路的输出功率将增加 4 倍。BTL 电路能充分利用系统电压，因此 BTL 结构常应用于低电压系统或电池供电系统中。在汽车音响中，当每声道功率超过 10W 时，大多采用 BTL 形式。BTL 形式不同于推挽形式，BTL 的每一个放大器放大的信号都是完整的信号，只是两个放大器的输出信号反相而已。

6.1.3 功率放大器的特点

功率放大器因其任务与电压放大器不同，所以具有以下特点。

(1) 尽可能大的最大输出功率

为了获得尽可能大的输出功率，要求功率放大器中的功放管的电压和电流应该有足够大的幅度，因而要求充分利用功放管的三个极限参数，即功放管的集电极电流接近 I_{CM}，管压降最大时接近 $V_{(BR)CEO}$，耗散功率接近 P_{CM}。在保证管子安全工作的前提下，尽量增大输出功率。

(2) 尽可能高的功率转换效率

功放管在信号作用下向负载提供的输出功率是由直流电源供给的直流功率转换而来的，在转换的同时，功放管和电路中的耗能元件都要消耗功率。所以，要求尽量减小电路的损耗，来提高功率转换效率。若电路输出功率为 P_o，直流电源提供的总功率为 P_E，则转换效率为

$$\eta = \frac{P_o}{P_E} \times 100\%$$

(3) 允许的非线性失真

工作在大信号极限状态下的功放管不可避免地存在非线性失真。不同的功放电路对非线性失真的要求是不一样的。因此，只要将非线性失真限制在允许的范围内就可以了。

(4) 采用图解分析法

电压放大器工作在小信号状况，因此能用微变等效电路来分析；而功率放大器的输入是放大后的大信号，不能用微变等效电路进行分析，必须采用图解分析法。

6.2 互补对称的功率放大器

互补对称式功率放大电路有两种形式，一种是采用单电源及大容量电容器与负载和前级耦合，而不用变压器耦合的互补对称 OTL 电路；另一种是采用双电源，不需要耦合

电容的直接耦合互补对称OCL电路，两者的工作原理基本相同。由于耦合电容影响低频特性和难以实现电路的集成化，加之OCL电路广泛应用于集成电路的直接耦合式功率输出级，下面重点讨论OCL电路。

6.2.1 乙类互补对称的功率放大器(OCL)

1. 电路的组成及工作原理

图6.2.1所示为OCL互补对称功率放大电路，这是由一对特性及参数完全对称，类型却不同(NPN和PNP)的两个晶体管组成的射极输出器电路。输入信号接于两管的基极，负载电阻R_L接于两管的发射极，由正、负等值的双电源供电。下面分析电路的工作原理。

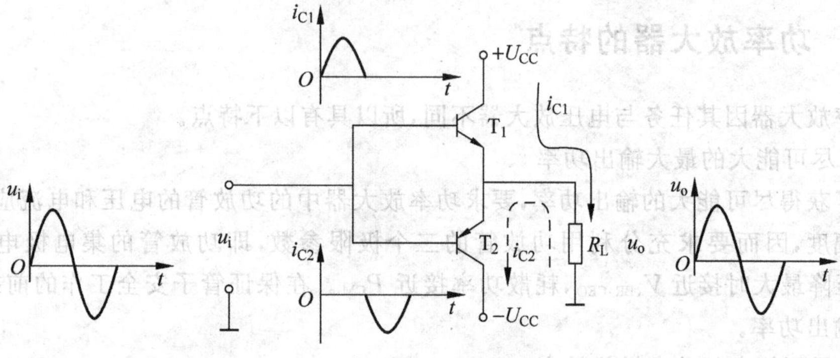

图6.2.1 OCL互补对称功率放大电路图

静态时($u_i=0$)，由图可见，两管均未设直流偏置，因而$I_B=0$，$I_C=0$，两管处于乙类。

动态时($u_i\neq0$)，设输入正弦信号。当$u_i>0$时，T_1导通，T_2截止，R_L中有图中实线所示经放大的信号电流i_{C1}流过，R_L两端获得正半周输出电压u_o；当$u_i<0$时，T_2导通，T_1截止，R_L中有图中虚线所示的经放大的信号电流i_{C2}流过，R_L两端获得输出电压u_o的负半周。可见，在一个周期内两管轮流导通，使输出u_o取得完整的正弦信号。T_1、T_2在正、负半周交替导通，互相补充，故称其为互补对称电路。功率放大电路采用射极输出器的形式，提高了输入电阻和带负载的能力。

2. 电路仿真

在Multisim中OCL互补对称功率放大电路仿真如图6.2.2所示。示波器仿真的波形图如图6.2.3所示。从图中可以看出，输出波形部分失真，不连续，并且中间有一段水平直线。

3. 输出功率及转换效率

(1) 输出功率P_o

如果输入信号为正弦波，那么输出功率为输出电压、电流有效值的乘积。设输出直流电压幅度为U_{om}，则输出功率为

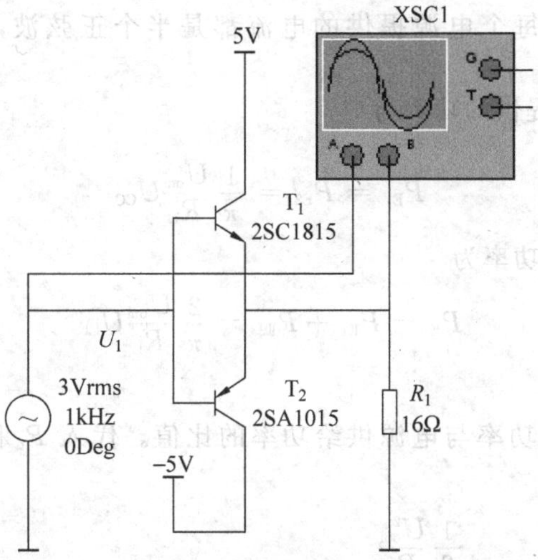

图 6.2.2 OCL 互补对称功率放大电路仿真图

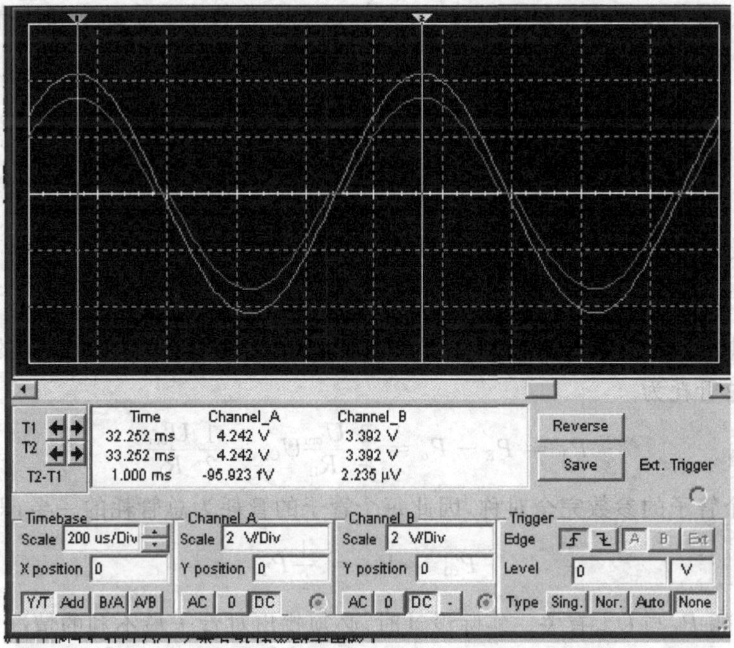

图 6.2.3 OCL 互补对称功率放大电路仿真波形图

$$P_{\circ} = \left(\frac{U_{om}}{\sqrt{2}}\right)^2 \frac{1}{R_L} = \frac{1}{2}\frac{U_{om}^2}{R_L}$$

(2) 电源提供的功率 P_E

电源提供的功率 P_E 为电源电压与平均电流的积，即

$$P_E = U_{CC} I_{dc}$$

输入为正弦波时,每个电源提供的电流都是半个正弦波,幅度为$\frac{U_{om}}{R_L}$,平均值为$\frac{1}{\pi}\frac{U_{om}}{R_L}$,因此,每个电源提供的功率为

$$P_{E1}=P_{E2}=\frac{1}{\pi}\frac{U_{om}}{R_L}U_{CC}$$

两个电源提供的总功率为

$$P_E=P_{E1}+P_{E2}=\frac{2}{\pi}\frac{U_{om}}{R_L}U_{CC}$$

(3) 转换效率 η

效率为负载得到的功率与电源供给功率的比值。代入 P_o和 P_E的表达式,可得效率为

$$\eta=\frac{\frac{1}{2}\frac{U_{om}^2}{R_L}}{\frac{2}{\pi}\frac{U_{om}U_{CC}}{R_L}}\times 100\%=\frac{\pi}{4}\frac{U_{om}}{U_{CC}}\times 100\%$$

可见,η正比于U_{om},U_{om}最大时,P_o最大,η最高。若忽略管子的饱和压降,$U_{om}\approx U_{CC}$,因此

$$\eta_m=\frac{\pi}{4}\times 100\%=78.5\%$$

$$P_{om}=\frac{1}{2}\frac{U_{CC}^2}{R_L}$$

式中,η_m为最大效率;P_{om}为最大输出功率。

4. 功率管的最大管耗

电源提供的功率一部分输出到负载,另一部分消耗在管子上。由前面的分析可得到两个管子的总管耗为

$$P_T=P_E-P_o=\frac{2}{\pi}\frac{U_{om}}{R_L}U_{CC}-\frac{1}{2}\frac{U_{om}^2}{R_L}$$

由于两个管子的参数完全对称,因此每个管子的管耗为总管耗的一半,即

$$P_{C1}=P_{C2}=\frac{1}{2}P_T$$

由此可见,管耗 P_T与 U_{om}有关。实际设计时,必须找出对管子最不利的情况,即最大管耗 P_{TM}。将 P_T对 U_{om}求导,并令导数为零,即令$\frac{dP_C}{dU_{om}}=\frac{2}{\pi}\frac{U_{CC}}{R_L}-\frac{U_{om}}{R_L}=0$,可得管耗最大时,$U_{om}=\frac{2}{\pi}U_{CC}$,最大管耗为

$$P_{cm}=\frac{2}{\pi}\frac{\frac{2}{\pi}U_{CC}}{R_L}U_{CC}-\frac{1}{2}\frac{\left(\frac{2}{\pi}U_{CC}\right)^2}{R_L}=\frac{2}{\pi^2}\frac{U_{CC}^2}{R_L}=\frac{4}{\pi^2}P_{om}\approx 0.4P_{om}$$

$$P_{c1m}=P_{c2m}=\frac{1}{\pi^2}\frac{U_{CC}^2}{R_L}\approx 0.2P_{om}$$

5. 功率管的选择

根据乙类工作状态及理想条件，功率管的极限参数 P_{cm}、$U_{(BR)CEO}$ 和 I_{cm} 可分别按下式选取

$$I_{cm} \geqslant \frac{U_{CC}}{R_L}$$

$$U_{(BR)CEO} \geqslant 2U_{CC}$$

$$P_{cm} \geqslant 0.2P_{om}$$

在互补对称电路中，一管导通、一管截止，截止管承受的最高反向电压接近 $2U_{CC}$。

例 6.1 试设计一个如图 6.2.1 所示的乙类互补对称电路，要求能给 8Ω 的负载提供 20W 功率。为了避免晶体管饱和引起的非线性失真，要求 U_{CC} 比 U_{om} 高 5V。求：①电源电压 U_{CC}；②每个电源提供的功率；③效率 η；④单管的最大管耗；⑤功率管的极限参数。

解 ① 求电源电压

由式 $P_o = \frac{1}{2}\frac{U_{om}^2}{R_L}$ 可知

$$V_{om} = \sqrt{2P_o R_L} = \sqrt{2\times 20\times 8} = 17.9(\text{V})$$

由 $U_{CC} - U_{om} > 5$ 得 $U_{CC} > 17.9 + 5 = 22.9(\text{V})$，取 $U_{CC} = 23\text{V}$。

② 求每个电源提供的功率

$$P_{E1} = P_{E2} = \frac{1}{\pi}\frac{U_{om}}{R_L}U_{CC} = 16.4(\text{W})$$

③ 效率

$$\eta = \frac{P_o}{P_E}\times 100\% = \frac{P_o}{2P_{E1}}\times 100\% = \frac{20}{2\times 16.4}\times 100\% = 61\%$$

④ 最大管耗

$$P_{c1m} = P_{c2m} = \frac{1}{\pi^2}\frac{U_{CC}^2}{R_L} = 6.7(\text{W})$$

⑤ 极限参数

$$I_{cm} \geqslant \frac{U_{CC}}{R_L} = \frac{23}{8} = 2.875(\text{mA})$$

$$U_{(BR)CEO} \geqslant 2U_{CC} = 2\times 23 = 46(\text{V})$$

$$P_{cm} \geqslant 0.2P_{om} = 6.7(\text{W})$$

6. 交越失真及其消除方法

工作在乙类互补电路，由于发射结存在“死区”，三极管没有直流偏置，管子中的电流只有在 U_{be} 大于死区电压 U_T 后才会有明显的变化。当 $|U_{be}| < U_T$ 时，T_1、T_2 都截止，负载电阻上的电流为零，出现一段死区，使输出波形在正、负半周交接处出现失真，如图 6.2.4 所示。这种失真称为交越失真。

在图 6.2.5 所示电路中（A 为输出端中点），为了克服交越失真，静态时，给两个管子提供较小的能消除交越失真所需的正向偏置电压，使两管均处于微导通状态，因而放大电路处在接近乙类的甲乙类工作状态，称为甲乙类互补对称电路。

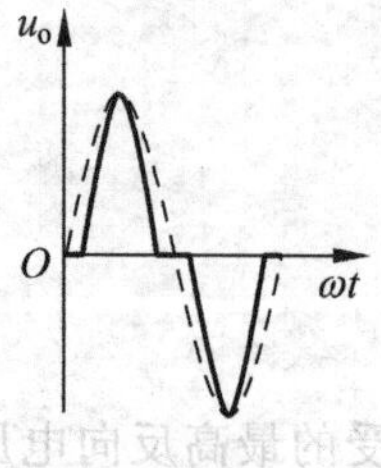

图 6.2.4 交越失真

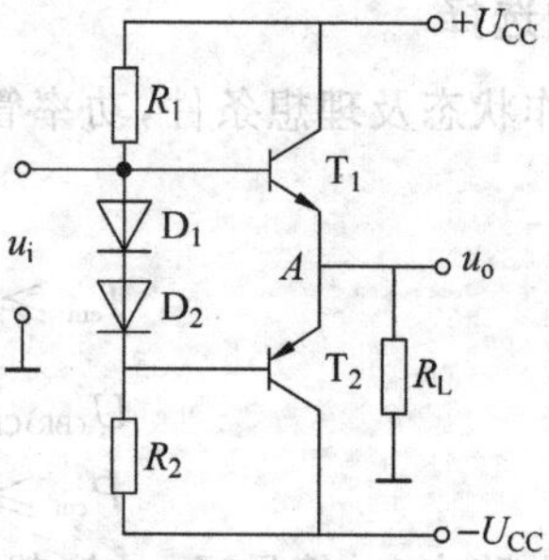

图 6.2.5 甲乙类互补对称电路

在 Multisim 中仿真交越失真及消除方法的电路如图 6.2.6 所示，示波器仿真波形图如图 6.2.7 所示。从图中可见，中间的一段水平直线消失，交越失真消除。

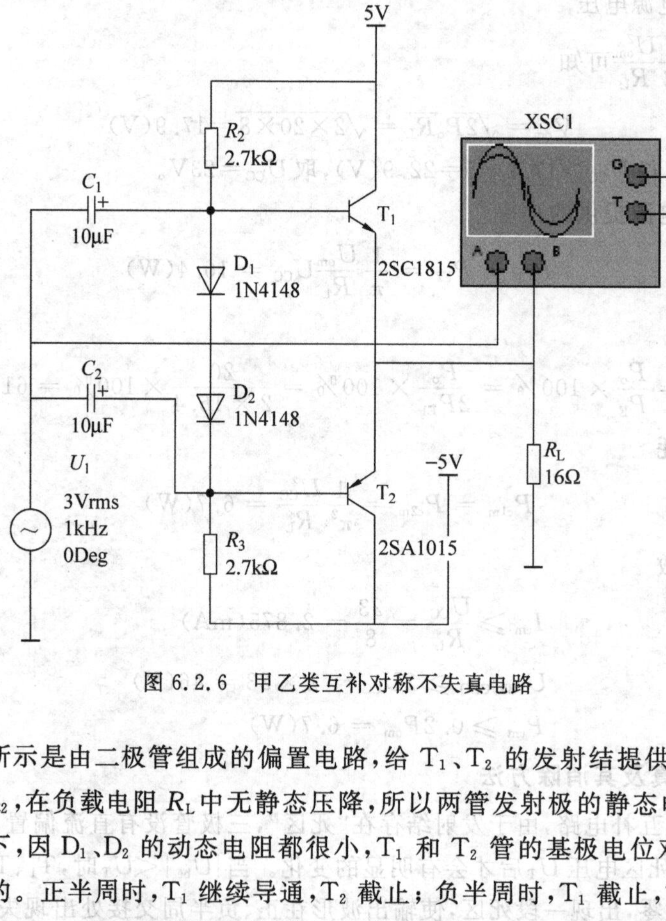

图 6.2.6 甲乙类互补对称不失真电路

图 6.2.6 所示是由二极管组成的偏置电路，给 T_1、T_2 的发射结提供所需的正偏压。静态时，$I_{C1}=I_{C2}$，在负载电阻 R_L 中无静态压降，所以两管发射极的静态电位 $U_E=0$。在输入信号作用下，因 D_1、D_2 的动态电阻都很小，T_1 和 T_2 管的基极电位对交流信号而言可认为是相等的。正半周时，T_1 继续导通，T_2 截止；负半周时，T_1 截止，T_2 继续导通，这样，可在负载电阻 R_L 上输出已消除了交越失真的正弦波。因为电路处在接近乙类的甲乙类工作状态，因此电路的动态分析计算可以按照乙类电路的方法进行。

7. 电路实做

可以用万能板替代印制板，自己焊接电路。首先开列元器件清单，然后到市场购买器

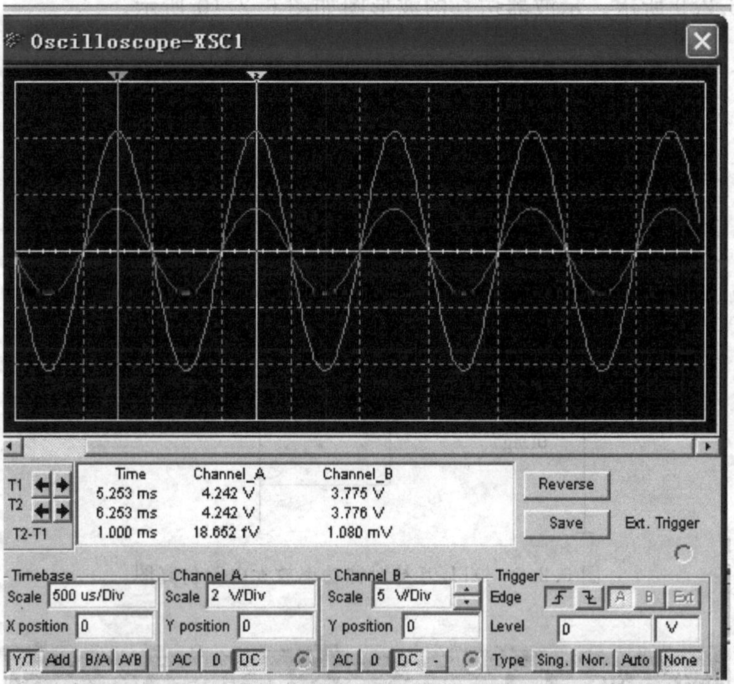

图 6.2.7 甲乙类互补对称不失真电路仿真波形图

件，再按电路图焊接。焊接后接通电源，测试各点电压，判断电路工作情况，直至调试成功。

6.2.2 单电源互补对称电路(OTL)

图 6.2.6 所示甲乙类互补对称不失真电路的最大缺点是要正、负电源，这对于许多应用电路不太适用。下面讨论单电源电路。

1. 电路原理

图 6.2.8 所示(A 为输出端中点)为单电源 OTL 互补对称功率放大电路。电路中的放大元件仍是两个不同类型但特性和参数对称的晶体管，其特点是由单电源供电，输出端通过大电容量的耦合电容 C_L 与负载电阻 R_L 相连。

OTL 电路的工作原理与 OCL 电路基本相同。静态时，因两管对称，穿透电流 $I_{CEO1}=I_{CEO2}$，所以中点电位 $U_A=\frac{1}{2}U_{CC}$，即电容 C_L 两端的电压 $U_{C_L}=\frac{1}{2}U_{CC}$。

2. 电路仿真

在 Multisim 中 OTL 互补对称功率放大电

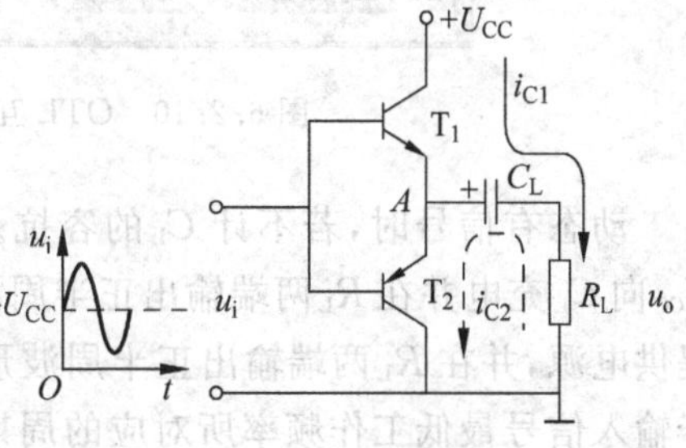

图 6.2.8 OTL 互补对称功率放大电路

路仿真如图 6.2.9 所示。示波器仿真的波形图如图 6.2.10 所示。

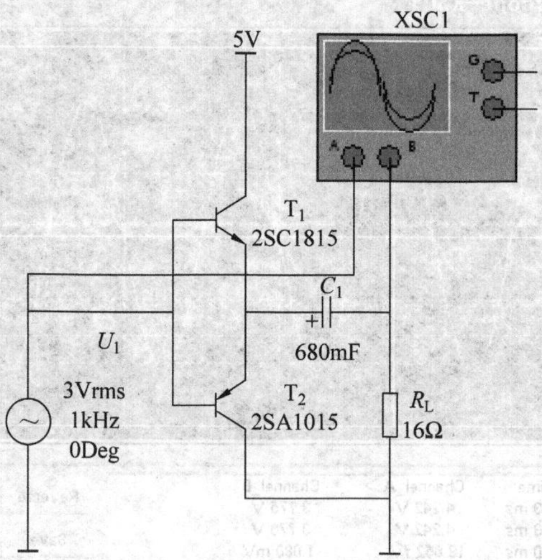

图 6.2.9　OTL 互补对称功率放大电路仿真图

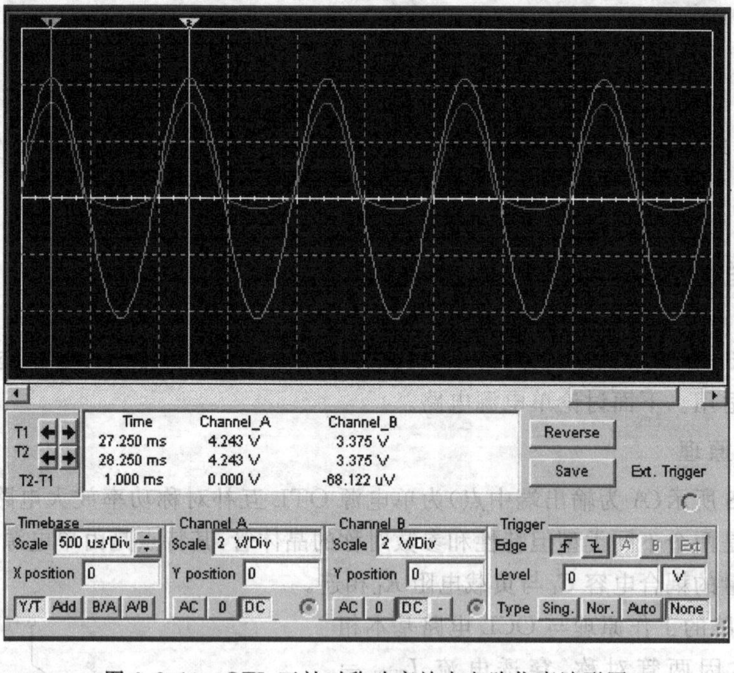

图 6.2.10　OTL 互补对称功率放大电路仿真波形图

动态有信号时，若不计 C_L 的容抗及电源内阻，在 u_i 正半周，T_1 导通，T_2 截止。电源 U_{CC} 向 C_L 充电并在 R_L 两端输出正半周波形；在 u_i 负半周，T_1 截止，T_2 导通，C_L 向 T_2 放电提供电源，并在 R_L 两端输出正半周波形。只要 C_L 容量足够大，放电时间常数 R_LC_L 远大于输入信号最低工作频率所对应的周期，则 C_L 两端的电压可认为近似不变，始终保持为

$\frac{1}{2}U_{CC}$。因此，T_1 和 T_2 的电源电压都是$\frac{1}{2}U_{CC}$。

讨论 OCL 电路所引出的计算 P_o、P_E、η 的公式中，只要以$\frac{1}{2}U_{CC}$代替式中的U_{CC}，就可以用于 OTL 电路的计算。

6.2.3　采用复合管的准互补对称电路

1. 复合管

互补对称电路需要两个管子配对。一般情况下，异型管的配对比同型管难，特别在大功率工作时，异型管的配对尤为困难。为了解决这个问题，实际中常采用复合管。

将前一级 T_1 的输出接到下一级 T_2 的基极，两级管子共同构成了复合管。另外，为避免后级 T_2 管子导通时，影响前级管子 T_1 的动态范围，T_1 的 c、e 不能接到 T_2 的 b、e 之间，必须接到 c、b 间。

基于上述原则，将 PNP 和 NPN 管进行不同的组合，可构成四种类型的复合管，如图 6.2.11 所示。其中，由同型管构成的复合管称为达林顿管，电阻 R_1 为泄放电阻，其作用是为了减小复合管的穿透电流 I_{CEO}。另外，根据不同类型管子各极的电流方向，可以将复合管进行等效，四种复合管的等效类型如图中所示。可以看出，复合管的类型与第一级管子的类型相同；如果两管电流放大系数分别为 β_1 和 β_2，则等效电流放大系数近似为 $\beta \approx \beta_1 \cdot \beta_2$。如果复合管中 T_1 为小功率管，T_2 为大功率管，在构成互补对称电路时，用复合管代替互补管。例如，用图 6.2.11(b)和(c)的同型复合管和异型复合管来代替图 6.2.8 中的 NPN、PNP 管，就可用一对同型的大功率管和一对异型的小功率管构成互补对称电路，从而解决异型大功率管配对难的问题。

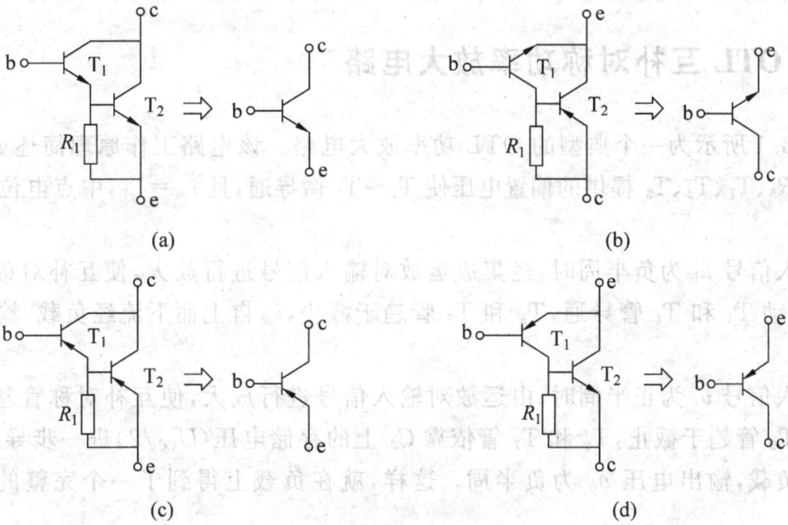

图 6.2.11　复合管

另外,得到复合管的等效输入电阻为

$$r_{be} \approx r_{be1} + (1+\beta_1) r_{be2}$$

可以看出,复合管的等效电流放大倍数和输入电阻都很大,因此复合管还可用于中间放大级。

2. 异型复合管组成的准互补对称电路

异型复合管组成的准互补对称电路如图 6.2.12 所示。图中,调整 R_3 和 R_4 可以使 T_3 和 T_4 有一个合适的静态工作点;R_5 和 R_6 为改善偏置热稳定性的发射极电阻;R_L 短路时,可限制复合管电流的增长,起到一定的保护作用。电路的工作情况与互补对称电路相同。

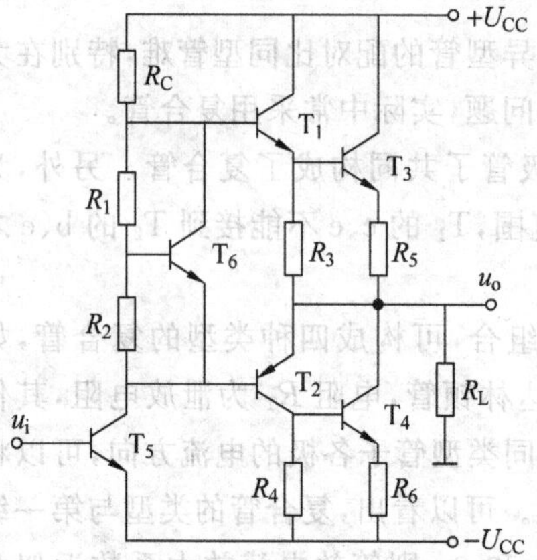

图 6.2.12 复合管组成互补对称电路

3. 电路实做

可以用万能板替代印制板,自己焊接电路。首先开列元器件清单,然后到市场购买器件,再按电路图焊接。有示波器和信号发生器时可做实测;若没有仪器,可按上述内容进行虚拟仿真。

电路焊接后接通电源,测试各点电压,判断电路工作情况。一般中点 A 的电压为$\frac{1}{2}U_{CC}$。若此点电压不正常,整个电路就不正常。由于电路简单,故障原因要么是管脚焊接有错,要么是管子坏了。

6.3 功率放大电路举例

6.3.1 OTL 互补对称功率放大电路

图 6.3.1 所示为一个典型的 OTL 功率放大电路。该电路工作原理简述如下:静态时,由 R_4、R_5、T_1、T_2、T_3 提供的偏置电压使 T_4~T_7 微导通,且 $i_{e6}=i_{e7}$,中点电位为 $U_{CC}/2$,$u_o=0V$。

当输入信号 u_i 为负半周时,经集成运放对输入信号进行放大,使互补对称管基极电位升高,推动 T_4 和 T_6 管导通,T_5 和 T_7 管趋于截止,i_{e6} 自上而下流经负载,输出电压 u_o 为正半周。

当输入信号 u_i 为正半周时,由运放对输入信号进行放大,使互补对称管基极电位降低,T_4 和 T_6 管趋于截止,T_5 和 T_7 管依靠 C_2 上的存储电压($U_{CC}/2$)进一步导通,i_{e7} 自下而上流经负载,输出电压 u_o 为负半周。这样,就在负载上得到了一个完整的正弦电压波形。

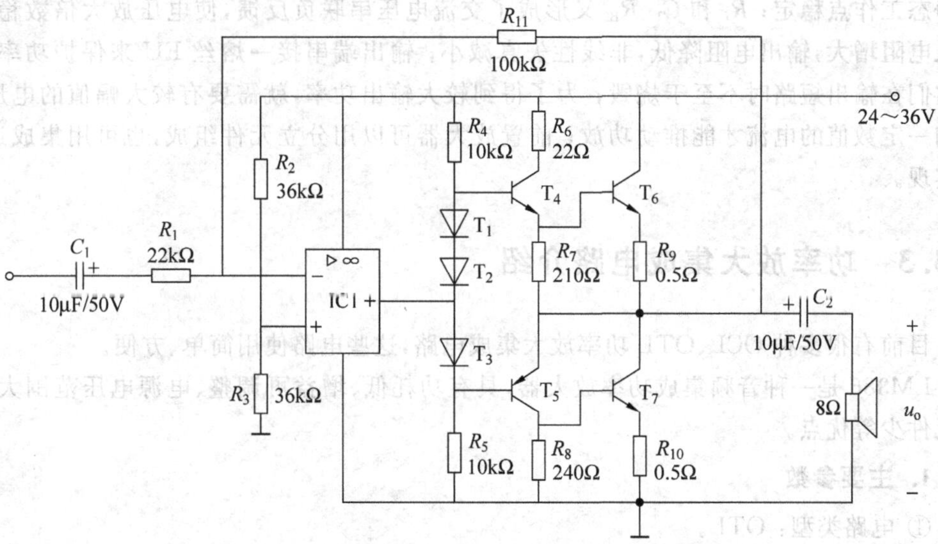

图 6.3.1 集成运放驱动的 OTL 功率放大器

6.3.2 OCL 互补对称功率放大电路

图 6.3.2 所示为一个典型的 OCL 功率放大电路。该电路工作原理简述如下：T_1、T_2 为差放输入级，T_4 为共射放大级，T_7 和 T_9、T_8 和 T_{10} 组成准互补功率输出级；R_1 和 D_1、D_2 先确定了基准电压并与 T_3、T_5 组成恒流源，T_3 提供差放级静态电流，T_5 是共射放大级的有源负载；T_6、R_2、R_3 组成 U_{BE} 恒压偏置电路，为准互补电路设置静态工作点，克服交越失真；R_{B1} 和 R_f 分别构成 T_1、T_2 管的基流回路，且 R_f 构成直流负反馈，使整个电路

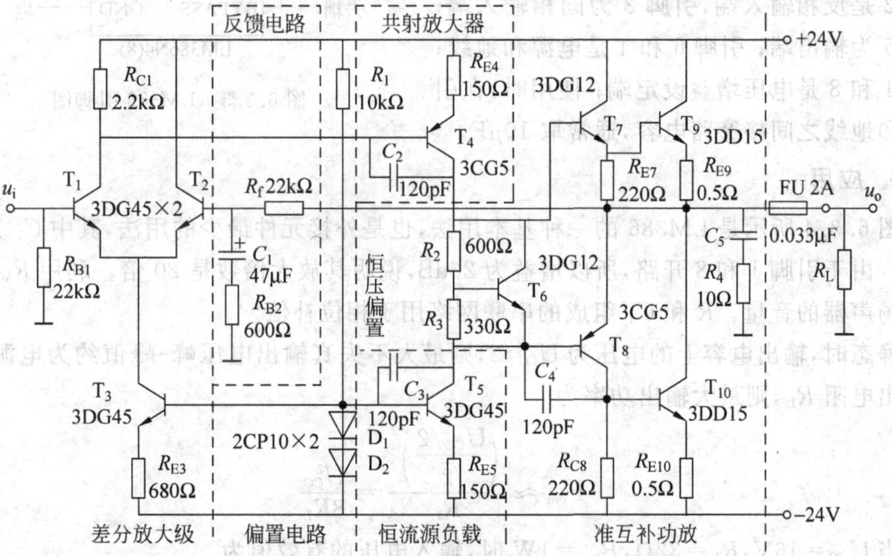

图 6.3.2 集成运放驱动的 OCL 功率放大器

的静态工作点稳定；R_f 和 C_1、R_{B2} 又形成了交流电压串联负反馈，使电压放大倍数稳定，输入电阻增大，输出电阻降低，非线性失真减小；输出端串接一熔丝 FU 来保护功率管，使它们在输出短路时不至于烧毁；为了得到较大输出功率，就需要有较大幅值的电压信号和一定数值的电流才能推动功放；前置放大器可以用分立元件组成，也可用集成运放来实现。

6.3.3 功率放大集成电路介绍

目前有很多种 OCL、OTL 功率放大集成电路，这些电路使用简单、方便。

LM386 是一种音频集成功率放大器，具有功耗低、增益可调整、电源电压范围大，外接元件少等优点。

1. 主要参数

① 电路类型：OTL。

② 电源电压范围：5～18V。

③ 静态电源电流：4mA。

④ 输入阻抗：50kΩ。

⑤ 输出功率：1W($U_{CC}=16V, R_L=32\Omega$)。

⑥ 电压增益：26～46dB。

⑦ 带宽：300kHz。

⑧ 总谐波失真：0.2%。

2. 引脚图

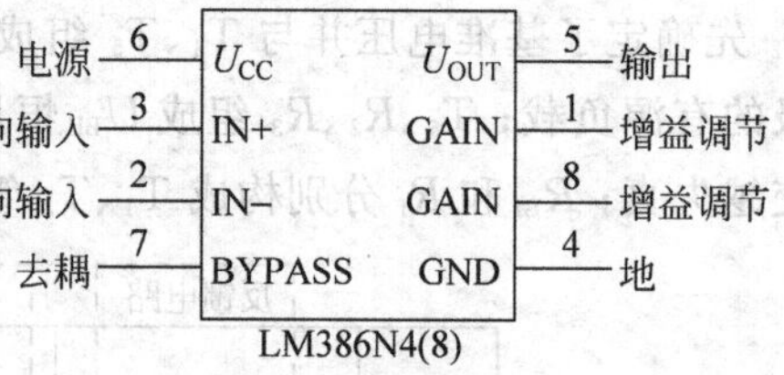

图 6.3.3 LM386 引脚图

LM386 的引脚如图 6.3.3 所示。其中，引脚 2 是反相输入端，引脚 3 为同相输入端；引脚 5 为输出端；引脚 6 和 4 是电源和地线；引脚 1 和 8 是电压增益设定端；使用时，在引脚 7 和地线之间接旁路电容，通常取 10μF。

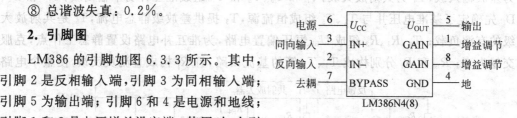

3. 应用

图 6.3.4 所示是 LM386 的一种基本用法，也是外接元件最少的用法，其中 C_1 为输出电容。由于引脚 1 和 8 开路，所以增益为 26dB，说明其放大倍数是 20 倍。利用 R_W，可以调节扬声器的音量。R 和 C_1 组成的串联网络用于相位补偿。

静态时，输出电容上的电压为 $U_{CC}/2$，则最大不失真输出电压峰-峰值约为电源 U_{CC}。设输出电阻 R_L，则最大输出功率为

$$P_{om} \approx \frac{\left(\frac{U_{CC}/2}{\sqrt{2}}\right)^2}{R_L} = \frac{U_{CC}^2}{8R_L}$$

当 $U_{CC}=16V, R_L=32\Omega, P_{om}=1W$ 时，输入电压的有效值为

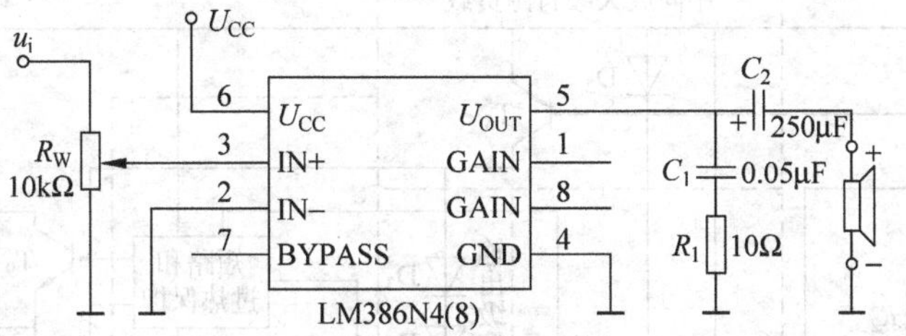

图 6.3.4 应用电路

$$U_i=\frac{\frac{U_{CC}}{2\sqrt{2}}}{A_u}\approx 283(\text{mV})$$

图 6.3.5 所示是 LM386 的最大增益用法。由于引脚 1 和 8 交流通路短路，所以放大倍数为 200 倍。在图中，C_5 是电源去耦电容，可以去掉电源的高频成分；C_4 是旁路电容。由于放大倍数为 200 倍，所以当 $U_{CC}=16\text{V}$，$R_L=32\Omega$，$P_{om}=1\text{W}$ 时，输入电压的有效值为 28.3mV。

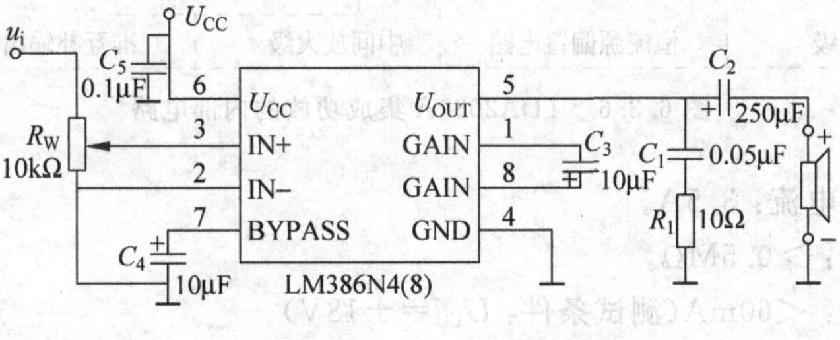

图 6.3.5 最大增益应用电路

6.3.4 常用集成功率放大器

集成功率放大器具有输出功率大、外围连接元件少、使用方便等优点，应用越来越广泛。它的品种很多，本节主要介绍 TDA2030A 音频功率放大器，希望读者在使用时能举一反三，灵活应用其他功率放大器件。

1. TDA2030A 音频集成功率放大器

TDA2030A 是目前使用较为广泛的一种集成功率放大器，与其他功放相比，它的引脚和外部元件都较少。TDA2030A 的电气性能稳定，并在内部集成了过载和热切断保护电路，能适应长时间连续工作。由于其金属外壳与负电源引脚相连，因而在单电源使用时，金属外壳可直接固定在散热片上并与地线（金属机箱）相接，无须绝缘，使用很方便。TDA2030A 的内部电路如图 6.3.6 所示（其中，D 为二极管）。

TDA2030A 使用于收录机和有源音箱中，用做音频功率放大器，也可用做其他电子设备中的功率放大。因其内部采用的是直接耦合，也可以用做直流放大。其主要性能参数如下。

① 电源电压 U_{CC}：±3～±18V。

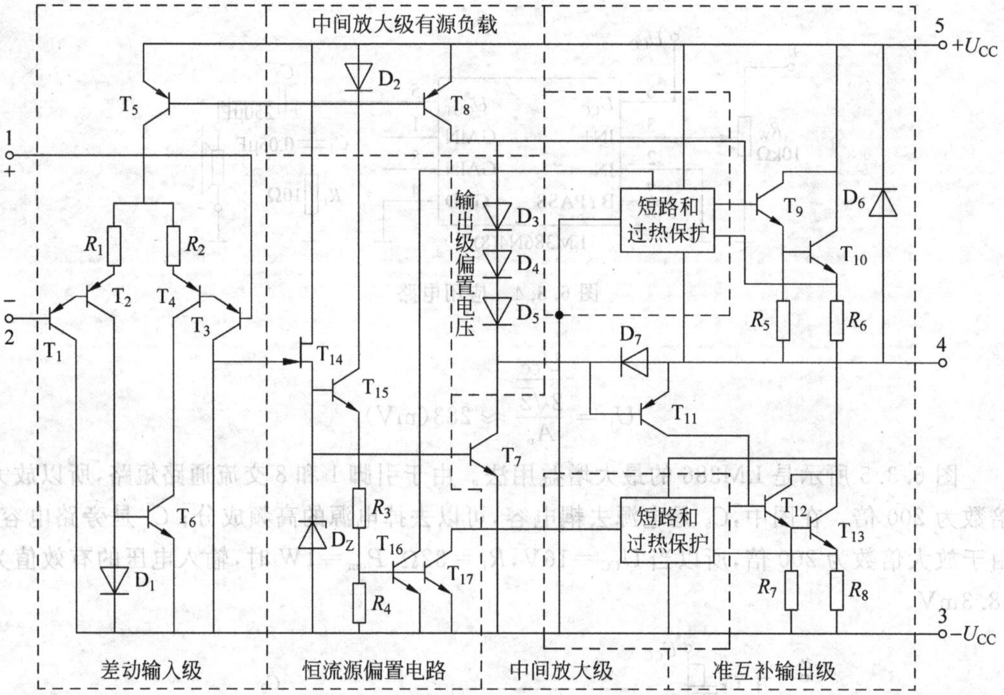

图 6.3.6　TDA2030A 集成功放的内部电路

② 输出峰值电流：3.5A。

③ 输入电阻：＞0.5MΩ。

④ 静态电流：＜60mA(测试条件：$U_{CC}=\pm 18V$)。

⑤ 电压增益：30dB。

⑥ 频响 BW：0～140kHz。

⑦ 在电源为±15V，$R_L=4\Omega$ 时，输出功率为 14W。

TDA2030A 引脚的排列如图 6.3.7 所示。

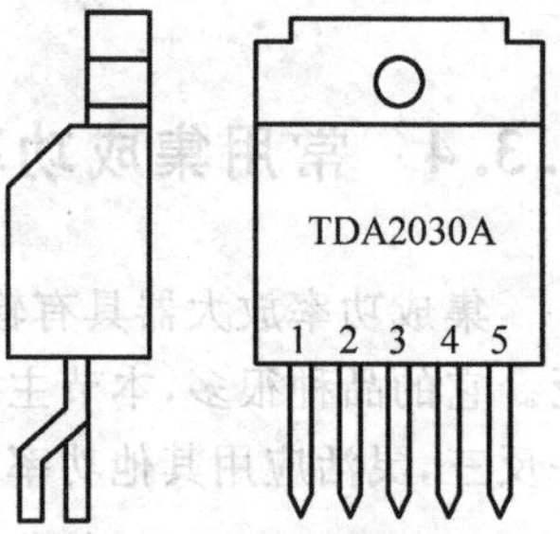

图 6.3.7　TDA2030A 引脚排列

2. TDA2030A 集成功放的典型应用

(1) 双电源(OCL)应用电路

图 6.3.8 所示是双电源时 TDA2030A 的典型应用电路。输入信号 u_i 由同相端输入，R_1、R_2 和 C_2 构成交流电压串联负反馈，因此闭环电压放大倍数为

$$A_{uf}=1+\frac{R_1}{R_2}=33$$

为了保持两个输入端直流电阻平衡，使输入级偏置电流相等，选择 $R_3=R_1$。D_1 和 D_2 起保护作用，用来泄放 R_L 产生的感生电压，将输出端的最大电压钳位在($U_{CC}+0.7V$)和($-U_{CC}-0.7V$)上。C_3 和 C_4 为去耦电容，用于减少电源内阻对交流信号的影响。C_1 和 C_2 为耦合电容。

(2) 单电源(OTL)应用电路

对于仅有一组电源的中、小型录音机的音响系统，可采用单电源连接方式，如图 6.3.9

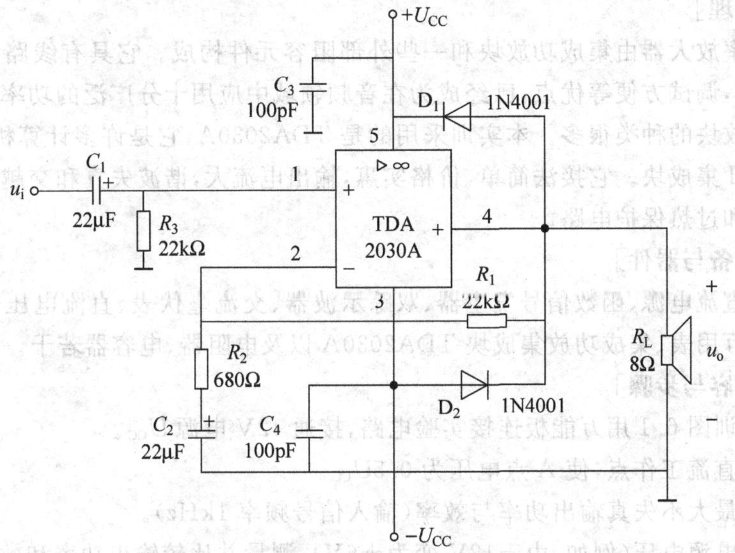

图 6.3.8 由 TDA2030A 构成的 OCL 电路

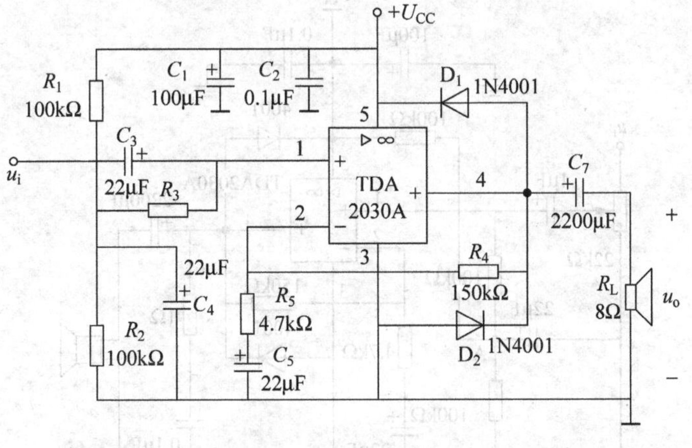

图 6.3.9 由 TDA2030A 构成的单电源功放电路

所示。由于采用单电源供电，同相输入端用阻值相同的 R_1、R_2 组成分压电路，使 K 点电位为 $U_{CC}/2$，经 R_3 加至同相输入端。在静态时，同相输入端、反向输入端和输出端皆为 $U_{CC}/2$。其他元件的作用与双电源电路相同。

实训 6 功率放大器的制作及调试

[实训目的]

1. 研究功率放大器的功能。
2. 了解功率放大器在实际应用时应注意的一些问题。

[实训原理]

集成功率放大器由集成功放块和一些外部阻容元件构成。它具有线路简单，性能优越，工作可靠，调试方便等优点，已经成为在音频领域中应用十分广泛的功率放大器。

集成功放块的种类很多。本实训采用的是 TDA2030A，它是许多计算机有源音箱所采用的 HI-FI 集成块。它接法简单，价格实惠，输出电流大，谐波失真和交越失真小，具有良好的短路和过热保护电路。

[实训设备与器件]

+12V 直流电源、函数信号发生器、双踪示波器、交流毫伏表、直流电压表、直流毫安表、频率计、万用表、集成功放集成块 TDA2030A 以及电阻器、电容器若干。

[实训内容与步骤]

1. 按实训图 6.1 用万能板连接实验电路，接通 12V 电源 U_{CC}。
2. 调整直流工作点，使 A 点电压为 $0.5U_{CC}$。
3. 测量最大不失真输出功率与效率(输入信号频率 1kHz)。
4. 改变电源电压(例如，由+12V 变为+6V)，测量并比较输出功率和效率。
5. 比较放大器在带 8Ω 负载(扬声器)时的功耗和效率。

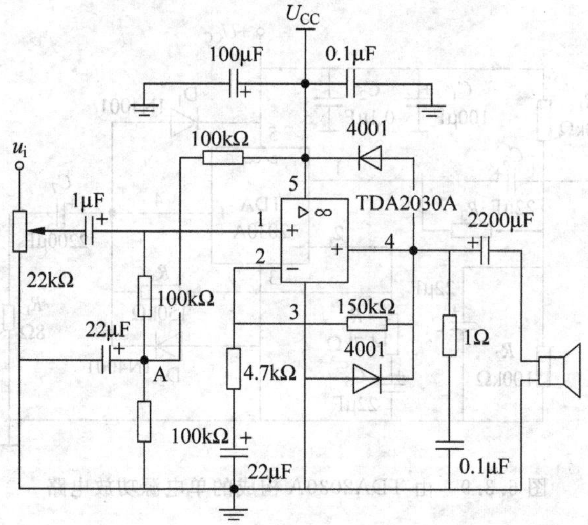

实训图 6.1 TDA2030A 应用电路

[实训总结]

1. 分析实验结果，计算实验内容要求的参数。
2. 总结功率放大器的特点及测量方法。

[预习要求]

1. 复习集成功放电路部分内容，并根据实验电路参数计算各电路输出电压的理论值。
2. 分析各种功放电路的优缺点。

chapter 7 ◇第 7 章

晶闸管及其应用电路

晶闸管(Thyristor)是晶体闸流管的简称,又称作可控硅整流器,以前简称为可控硅。1957 年,美国通用电气公司开发出世界上第一款晶闸管产品,并于 1958 年将其商业化。普通晶闸管最基本的用途就是可控整流。大家熟悉的二极管整流电路属于不可控整流电路。如果把二极管换成晶闸管,就可以构成可控整流电路,应用于逆变、电机调速、电机励磁、无触点开关及自动控制等方面。

7.1 晶闸管

晶闸管是 PNPN 四层半导体结构,它有三个极:阳极,阴极和门极。晶闸管具有硅整流器件的特性,能在高电压、大电流条件下工作,且其工作过程可以控制。晶闸管的工作条件为加正向电压,且门极有触发电流,其派生器件有快速晶闸管、双向晶闸管、逆导晶闸管和光控晶闸管等。它是一种大功率开关型半导体器件。

7.1.1 晶闸管的实物图及其性能演示

1. 外形及其符号

晶闸管的外形及其符号如图 7.1.1 所示。

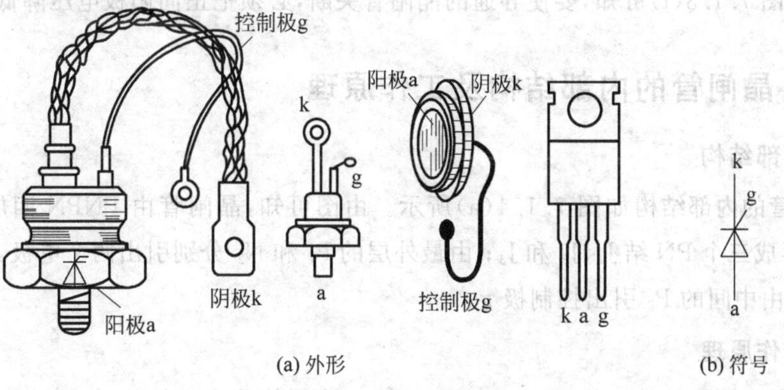

图 7.1.1 晶闸管的外形及其符号

2. 类型

晶闸管按其容量有大、中、小功率管之分，一般认为电流容量大于 50A 的为大功率管；5A 以下的为小功率管，小功率晶闸管的触发电压为 1V 左右，触发电流为零点几到几毫安；中功率以上的触发电压为几伏到几十伏，电流为几十到几百毫安。按其控制特性，有单向晶闸管和双向晶闸管之分。

3. 演示电路及操作过程

(1) 演示电路连接(如图 7.1.2 所示)

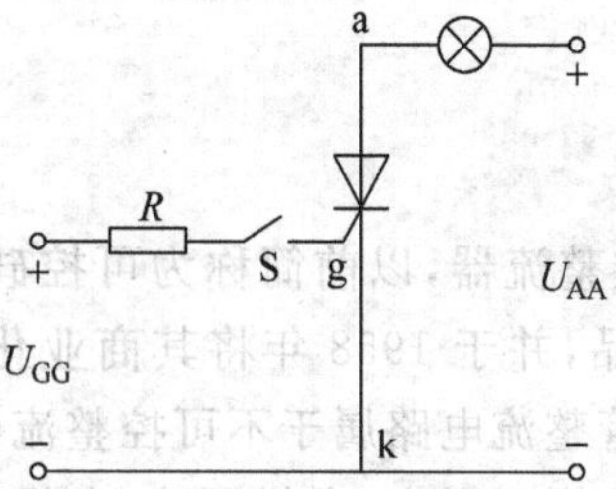

图 7.1.2 晶闸管连接图

① 阳极与阴极之间通过灯泡接电源 U_{AA}。

② 控制极与阴极之间通过电阻 R 及开关 S 接控制电源(触发信号)U_{GG}。

(2) 操作过程及现象

① S 断开，$U_{GK}=0$，U_{AA}为正向，灯泡不亮，称为正向阻断，如图 7.1.3(a)所示。

② S 断开，$U_{GK}=0$，U_{AA}为反向，灯泡不亮，如图 7.1.3(b)所示。

③ S 合上，U_{GK}为正向，U_{AA}为反向，灯泡不亮，称为反向阻断，如图 7.1.3(c)所示。

④ S 合上，U_{GK}为正向，U_{AA}为正向，灯泡亮，称为触发导通，如图 7.1.3(d)所示。

⑤ 在④基础上，断开 S，灯泡仍亮，称为维持导通，如图 7.1.3(e)所示。

⑥ 在⑤基础上，逐渐减小 U_{AA}，灯泡亮度变暗，直到熄灭，如图 7.1.3(f)所示。

⑦ U_{GG}反向，U_{AA}正向，灯泡不亮，称为反向触发，如图 7.1.3(g)所示。

⑧ U_{GG}反向，U_{AA}反向，灯泡仍不亮，如图 7.1.3(h)所示。

(3) 现象分析及结论

① 由图 7.1.3(c)和(d)可知，晶闸管具有单向导电性。

② 由图 7.1.3(a)、(b)、(d)、(g)和(h)可知，只有在控制极加上正向电压的前提下，晶闸管的单向导电性才得以实现。

③ 由图 7.1.3(e)可知，导通的晶闸管即使去掉控制极电压，仍维持导通状态。

④ 由图 7.1.3(f)可知，要使导通的晶闸管关断，必须把正向阳极电压降低到一定值。

7.1.2 晶闸管的内部结构及工作原理

1. 内部结构

晶闸管的内部结构如图 7.1.4(a)所示。由图可知，晶闸管由 PNPN 四层半导体构成，中间形成三个 PN 结 J_1、J_2 和 J_3；由最外层的 P_1 和 N_2 分别引出两个电极，称为阳极 a 和阴极 k，由中间的 P_2 引出控制极 g。

2. 工作原理

为了说明晶闸管的工作原理，把四层 PNPN 半导体分成两部分，如图 7.1.4(b)所示。

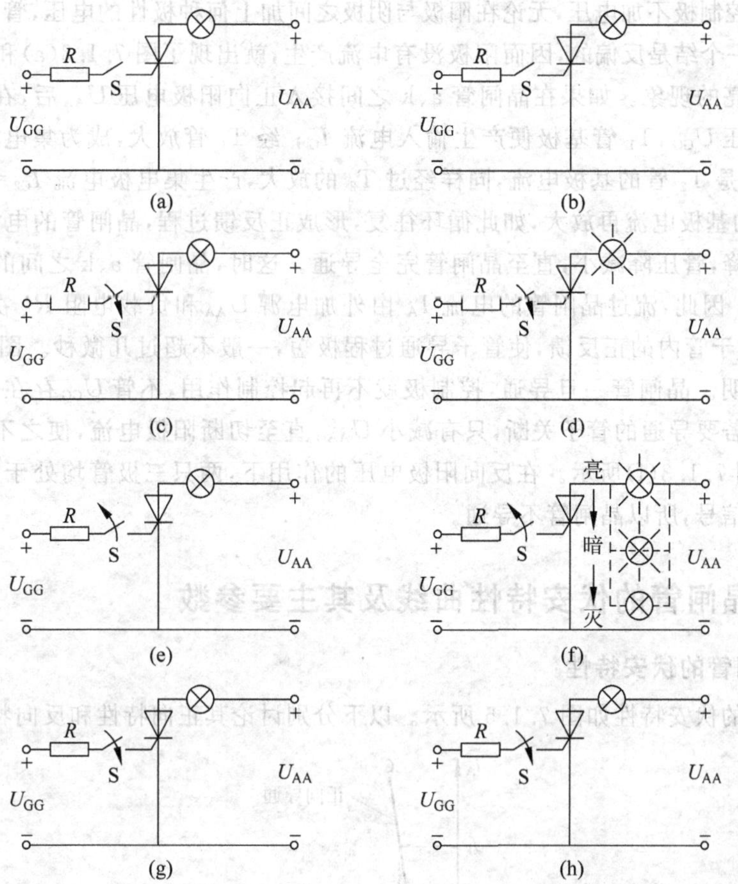

图 7.1.3 晶闸管工作示意图

P_1、N_1 和 P_2 组成 PNP 型管，N_2、P_2 和 N_1 组成 NPN 型管，这样，晶闸管就好像是由一对互补复合的三极管构成的，其等效电路如图 7.1.4(c)所示。

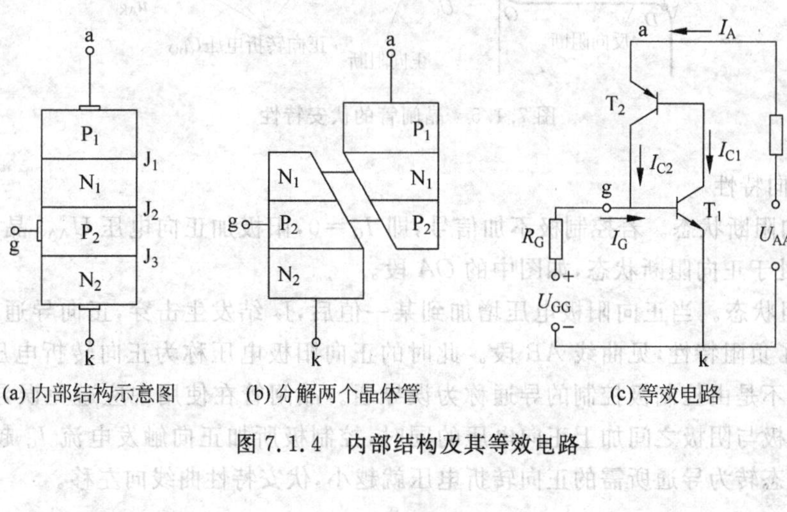

(a) 内部结构示意图 (b) 分解两个晶体管 (c) 等效电路

图 7.1.4 内部结构及其等效电路

如果在控制极不加电压，无论在阳极与阴极之间加上何种极性的电压，管内的三个 PN 结中至少有一个结是反偏的，因而阳极没有电流产生，就出现了图 7.1.3(a)和图 7.1.3(b)所示灯泡不亮的现象。如果在晶闸管 a、k 之间接入正向阳极电压 U_{AA} 后，在控制极加入正向控制电压 U_{GG}，T_1 管基极便产生输入电流 I_G；经 T_1 管放大，成为集电极电流 $I_{C1}=\beta_1 U_G$。I_{C1} 又是 T_2 管的基极电流，同样经过 T_2 的放大，产生集电极电流 $I_{C2}=\beta_1\beta_2 I_G$。$I_{C2}$ 又作为 T_1 的基极电流再放大，如此循环往复，形成正反馈过程，晶闸管的电流越来越大，内阻急剧下降，管压降减小，直至晶闸管完全导通。这时，晶闸管 a、k 之间的正向压降为 0.6～1.2V。因此，流过晶闸管的电流 I_A 由外加电源 U_{AA} 和负载电阻 R_A 决定，即 $I_A \approx U_{AA}/R_A$。由于管内的正反馈，使管子导通过程极短，一般不超过几微秒。图 7.1.3(d)的演示就是证明。晶闸管一旦导通，控制极就不再起控制作用，不管 U_{GG} 存在与否，晶闸管仍将导通。若要导通的管子关断，只有减小 U_{AA}，直至切断阳极电流，使之不能维持正反馈过程，如图 7.1.3(f)所示。在反向阳极电压的作用下，两只三极管均处于反向电压，不能放大输入信号，所以晶闸管不导通。

7.1.3 晶闸管的伏安特性曲线及其主要参数

1. 晶闸管的伏安特性

晶闸管的伏安特性如图 7.1.5 所示。以下分别讨论其正向特性和反向特性。

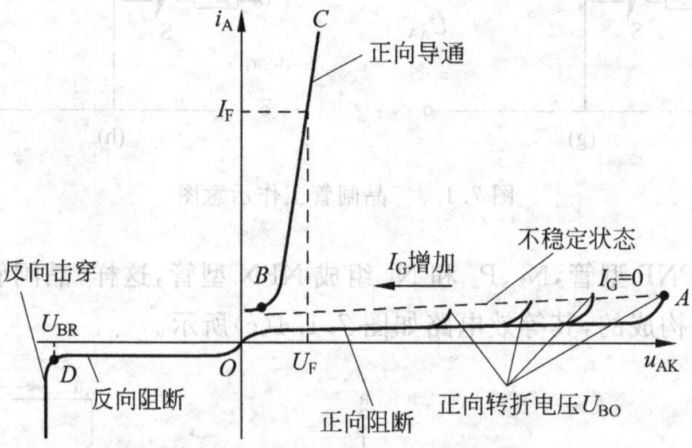

图 7.1.5 晶闸管的伏安特性

(1) 正向特性

① 正向阻断状态。若控制极不加信号，即 $I_G=0$，阳极加正向电压 U_{AA}，晶闸管呈现很大电阻，处于正向阻断状态，如图中的 OA 段。

② 负阻状态。当正向阳极电压增加到某一值后，J_2 结发生击穿，正向导通电压迅速下降，出现了负阻特性，见曲线 AB 段。此时的正向阳极电压称为正向转折电压，用 U_{BO} 表示。这种不是由控制极控制的导通称为误导通。晶闸管在使用中应避免误导通产生。在晶闸管阳极与阴极之间加上正向电压的同时，控制极所加正向触发电流 I_G 越大，晶闸管由阻断状态转为导通所需的正向转折电压就越小，伏安特性曲线向左移。

③ 触发导通状态。晶闸管导通后的正向特性如图 7.1.5 中 BC 段，与二极管的正向特性相似，即通过晶闸管的电流很大，而导通压降很小，约为 1V。

(2) 反向特性

① 反向阻断状态。晶闸管加反向电压后，处于反向阻断状态，如图 7.1.5 中 OD 段，与二极管的反向特性相似。

② 反向击穿状态。当反向电压增加到 U_{BR} 时，PN 结被击穿，反向电流急剧增加，造成永久性损坏。

2. 晶闸管的主要参数

(1) 电压定额

① 正向转折电压 U_{BO}。

② 正向阻断重复峰值电压 U_{VM}。

③ 反向重复峰值电压 U_{RM}。

④ 通态平均电压 U_F。

⑤ 额定电压 U_D。

(2) 电流定额

① 额定正向平均电流 I_F。

② 维持电流 I_H。

(3) 控制极定额

① 控制极触发电压 U_G 和触发电流 I_G。

② 控制极反向电压 U_{GR}。

7.1.4 晶闸管的型号

国产晶闸管的型号有两种表示方法，即 KP 系列和 3CT 系列。额定通态平均电流的系列为 1A、5A、10A、20A、30A、50A、100A、200A、300A、400A、500A、600A、900A、1000A 14 种规格。额定电压在 1000V 以下的，每 100V 为一级；1000～3000V 的每 200V 为一级，用百位数或千位及百位数的组合表示级数。

KP 系列表示参数的方式如图 7.1.6 所示。其通态平均电压分为 9 级，用 A～I 的字母表示 0.4～1.2V 的范围，每隔 0.1V 为一级。

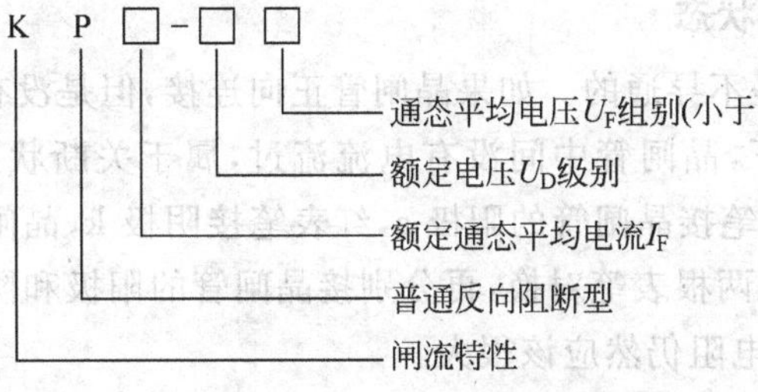

图 7.1.6 KP 系列参数表示方式

例如，型号为 KP200-10D，表示 $I_F=200A$，$U_D=1000V$，$U_F=0.7V$ 的普通型晶闸管。

3BT 系列表示参数的方式如图 7.1.7 所示。

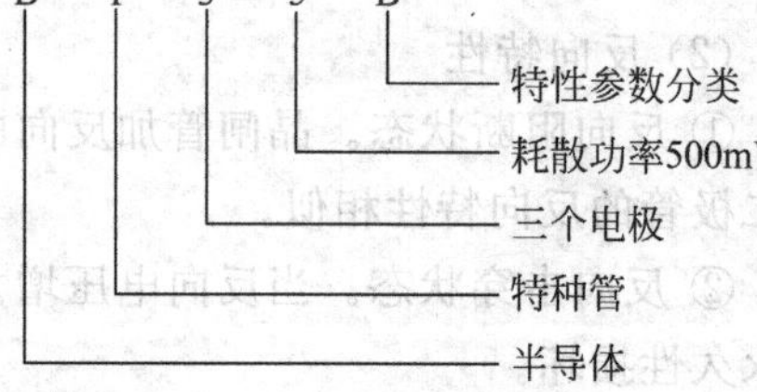

图 7.1.7　3BT 系列参数表示方式

7.1.5 普通晶闸管测量

1. 测量晶闸管内部的 PN 结

晶闸管分单向晶闸管和双向晶闸管两种，都有三个电极。单向晶闸管有阴极(k)、阳极(a)和控制极(g)。双向晶闸管等效于两只单向晶闸管反向并联而成，即其中一只单向晶闸管阳极与另一只阴极相连接，其引出端称为 T_1 极；一只单向晶闸管阴极与另一只阳极相连，其引出端称为 T_2 极，剩下的为控制极(g)。

(1) 单、双向晶闸管的判别

用万用表 $R\times1$ 挡先任意测量两个极，三脚可组合为三组，即 a 与 k、k 与 g、g 与 a。每组正、反测量，共测量 6 次。6 次中，只有一次指针动，其他的测量指针均不动。动的那一次测量指示为几十欧至几百欧，则必为单向晶闸管，且红表笔所接为 k 极，黑表笔接的为 g 极，剩下的即为 a 极。若在 6 次测量中，有一组正、反向测量指示均为几十欧至几百欧，则必为双向晶闸管。将旋钮拨至 $R\times1$ 或 $R\times10$ 挡复测，其中必有一次阻值稍大，则稍大的一次红表笔接的为 g 极，黑表笔所接的为 T_1 极，余下的是 T_2 极。

(2) 性能的差别

将旋钮拨至 $R\times1$ 挡，对于 1～6A 单向晶闸管，红表笔接 k 极，黑表笔同时接通 g、a 极。在保持黑表笔不脱离 a 极的状态下断开 g 极，指针应指示几十欧至一百欧，此时晶闸管已被触发，且触发电压低(或触发电流小)。然后，瞬时断开 a 极再接通，指针应退回“∞”位置，表明晶闸管良好。

对于 1～6A 双向晶闸管，红表笔接 T_1 极，黑表笔同时接 g、T_2 极，在保证黑表笔不脱离 T_2 极的前提下断开 g 极，指针应指示为几十欧至一百多欧(视晶闸管电流大小、厂家不同而异)。然后将两表笔对调，重复上述步骤测一次，指针指示比上一次稍大十几欧至几十欧，表明晶闸管良好，且触发电压(或电流)小。

若保持接通 a 极或 T_2 极时断开 g 极，指针立即退回“∞”位置，说明晶闸管触发电流太大或晶闸管损坏。

2. 测量晶闸管的关断状态

晶闸管在反向连接时是不导通的。如果晶闸管正向连接，但是没有控制电压，它也是不导通的。在这两种情况下，晶闸管中间没有电流流过，属于关断状态。把万用表置于 $R\times1k$(或 $R\times10k$)挡，黑表笔接晶闸管的阳极 a，红表笔接阴极 k，晶闸管属于正向连接，表上显示的电阻应很大；把两根表笔对换，再分别接晶闸管的阳极和阴极，使晶闸管处于反向连接状态，表上显示的电阻仍然应该很大。

3. 测量晶闸管的触发能力

检查小功率晶闸管触发能力的电路如图 7.1.8 所示，万用表置于 $R\times1$(或 $R\times10$)

挡。测量分两步进行：第一步，先断开开关 S，此时晶闸管尚未导通，测出的电阻值应是无穷大；然后合上开关，将控制极与阳极接通，使控制极电位升高，这相当于加上正触发信号，因此晶闸管导通，此时其电阻值为几欧至几十欧。第二步，再把开关断开，若阻值不变，证明晶闸管质量良好。

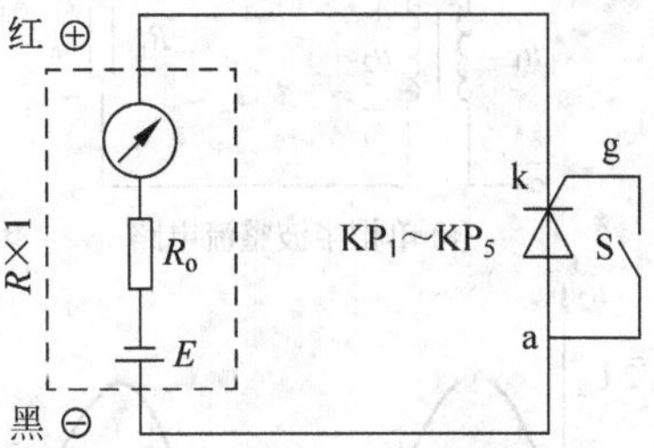

图 7.1.8 检查小功率晶闸管的触发能力

图 7.1.8 中的开关可用一根导线代替。导线的一端固定在阳极上，另一端搭在控制极上时相当于开关闭合。本方法仅适用于检查 KP_1～KP_5 等小功率晶闸管或小功率快速晶闸管。对于大功率晶闸管，因其通态压降较大，加之 $R\times1$ 挡提供的阳极电流低于维持电流，所以晶闸管不能完全导通，在开关断开时，晶闸管会随之关断。此时，可采用双表法，把两只万用表的 $R\times1$ 挡串联起来使用，得到 3V 电源电压。具体检测步骤同小功率晶闸管。

7.2 单相可控整流电路

二极管整流电路属于不可控整流电路。如果把二极管换成晶闸管，就可以构成可控整流电路。下面具体讨论晶闸管整流电路。

7.2.1 单相半波可控整流电路

1. 电路组成

用晶闸管替代单相半波整流电路中的二极管，就构成单相半波可控整流电路，如图 7.2.1(a)所示。

2. 工作原理

设 $u_2=U_2\sin\omega t$。电路各点的波形如图 7.2.1(b)所示。在 u_2 正半周，晶闸管承受正向电压，但在 0～ωt_1 期间，因控制极未加触发脉冲，故不导通，负载 R_L 没有电流流过，负载两端电压 $u_o=0$，晶闸管承受 u_2 全部电压。在 $\omega t_1=\alpha$ 时刻，触发脉冲加到控制极，晶闸管导通。由于晶闸管导通后的管压降很小，约 1V，与 u_2 的大小相比可忽略不计，因此在 ωt_1～π 期间，负载两端电压与 u_2 相似，并有相应的电流流过。

当交流电压 u_2 过零值时，流过晶闸管的电流小于维持电流，晶闸管便自行关断，输出电压为零。当交流电压 u_2 进入负半周时，晶闸管承受反向电压，无论控制极加不加触发电压，晶闸管均不会导通，呈反向阻断状态，输出电压为零。当下一个周期来临时，电路将重复上述过程。控制极电压 u_g 使晶闸管开始导通的角度 α 称为控制角，$\theta=\pi-\alpha$ 称为导通角，如图 7.2.1(b)所示。显然，控制角 α 越小，导通角 θ 就越大。当 $\alpha=0$ 时，导通角 $\theta=\pi$，称为全导通。α 的变化范围为 0～π。

由此可见，改变触发脉冲加入时刻就可以控制晶闸管的导通角，负载上的电压平均值

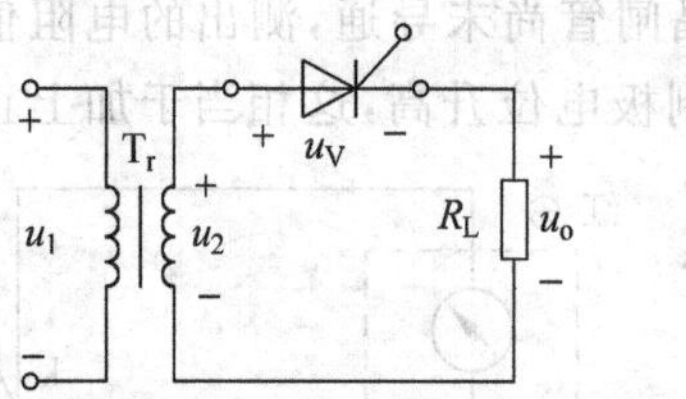

(a) 单相半波整流电路

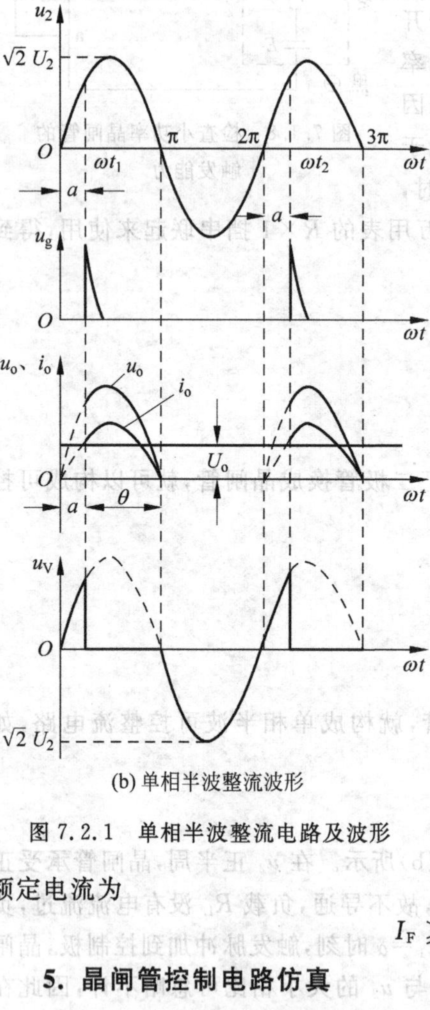

(b) 单相半波整流波形

图 7.2.1 单相半波整流电路及波形

随之改变。α 增大，输出电压减小；反之，α 减小，输出电压增加，从而达到可控整流的目的。

3. 输出直流电压和电流

由图 7.2.1(b)可知，负载电压 u_o 是正弦半波的一部分，在一个周期内，其平均值为

$$U_o = 0.45U_2\frac{1+\cos\alpha}{2}$$

当 $\alpha=0,\theta=\pi$ 时，晶闸管全导通，相当于二极管单相半波整流电路，输出电压平均值最大可至 $0.45U_2$；当 $\alpha=\pi,\theta=0$ 时，晶闸管全阻断，$U_o=0$，负载电流的平均值为

$$I_o = \frac{U_o}{R_L} = 0.45U_2\frac{1+\cos\alpha}{2R_L}$$

4. 晶闸管上的电压和电流

由图 7.2.1(b)可以看出，晶闸管上所承受的最高正向电压为

$$U_{VM} = \sqrt{2}U_2$$

晶闸管上承受的最高反向电压为

$$U_{RM} = \sqrt{2}U_2$$

根据额定电压的取值要求，晶闸管的额定电压应取其峰值电压的 2～3 倍。如果输入交流电压为 220V，则

$$U_{VM} = U_{RM} = \sqrt{2}U_2 = 311(\mathrm{V})$$

应选额定电压为 600V 以上的晶闸管。流过晶闸管的平均电流为

$$I_V = I_o$$

额定电流为

$$I_F \geqslant (1.5\sim2)I_V$$

5. 晶闸管控制电路仿真

在 Multisim 中晶闸管控制电路仿真，如图 7.2.2 所示。示波器仿真的波形图如图 7.2.3 所示。图中，晶闸管两端电压为 220V/50Hz。为了观察方便，用信号发生器输出 50Hz 脉冲波作为触发信号(红色线)。可以看出，当脉冲作用时，晶闸管才能导通，输出波形为上半周半个波，负半周无输出。

6. 电路实做

可以用万能板替代印制板，自己焊接电路。首先开列元器件清单，然后到市场购买器件，再按电路图焊接。有示波器和信号发生器时可做实测。电路焊接后接通电源，测试各

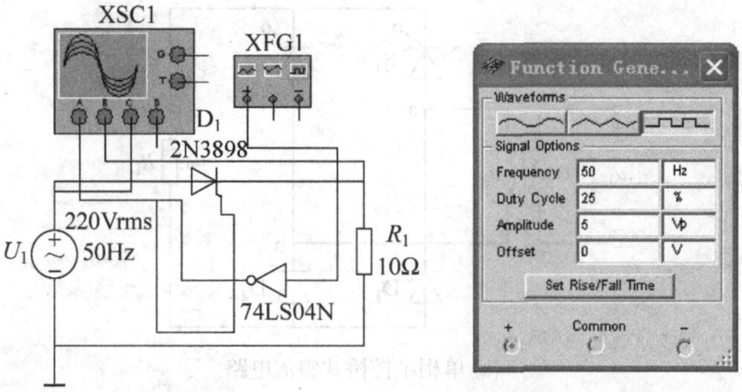

图 7.2.2　晶闸管控制电路仿真图

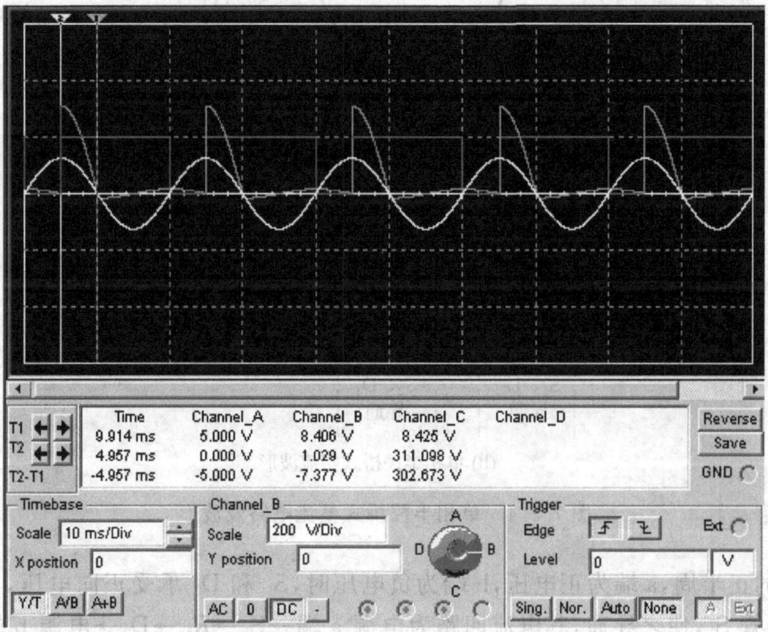

图 7.2.3　晶闸管控制电路仿真波形图

点电压，判断电路工作情况，直至调试成功。

7.2.2 单相半控桥式整流电路

1. 阻性负载

(1) 电路组成

将二极管桥式整流电路中的两个二极管用两个晶闸管替换，就构成了半控桥式整流电路，如图 7.2.4(a)所示。

(2) 工作原理

设 $u_2 = U_2 \sin\omega t$，电路各点的波形如图 7.2.4(b)所示。

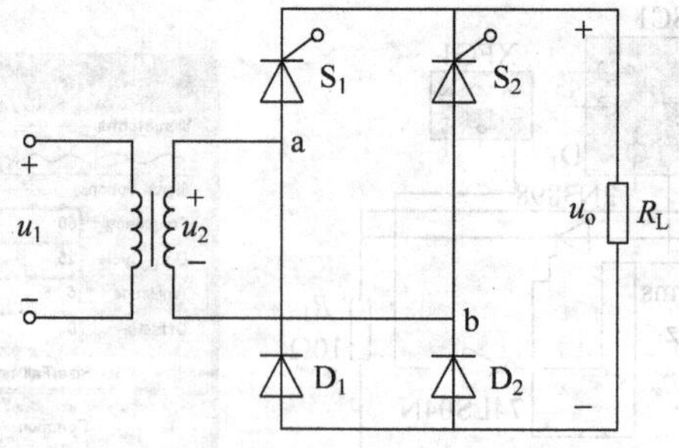

(a) 单相半控桥式整流电路

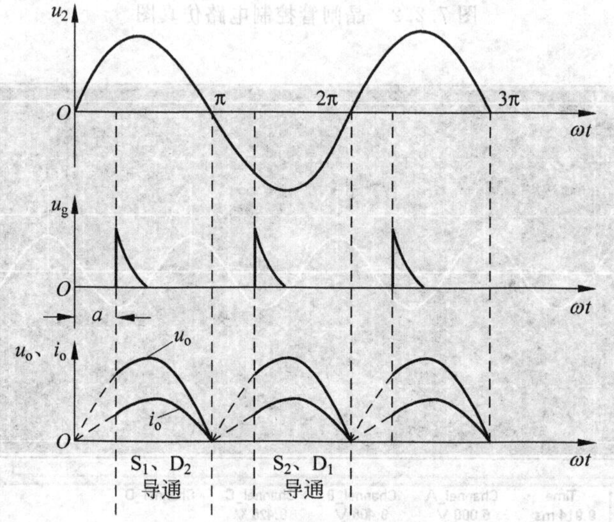

(b) 单相半控桥式整流波形

图 7.2.4　单相半控桥式整流电路及波形

在 u_2 的正半周，a 端为正电压，b 端为负电压时，S_1 和 D_2 承受正向电压，在 $\omega t=\alpha$ 时刻触发晶闸管 S_1，使之导通，其电流回路为电源 a 端→S_1→R_L→D_2→电源 b 端。若忽略 S_1 和 D_2 的正向压降，输出电压 u_o 与 u_2 相等，极性为上正下负，这时 S_2 和 D_1 均承受反向电压而阻断。电源电压 u_2 过零时，S_1 阻断，电流为零。在 u_2 的负半周，a 点为负，b 点为正，S_2 和 D_1 承受正向电压。当 $\omega t=\pi+\alpha$ 时触发 S_2，使之导通，其电流回路为电源 b 端→S_2→R_L→D_1→电源 a 端，负载电压大小和极性与 u_2 在正半周时相同，这时 S_1 和 D_2 均承受反向电压而阻断。当 u_2 由负值过零时，D_1 阻断，电流为零。在 u_2 的第二个周期内，电路将重复第一个周期的变化。如此重复下去，以至无穷。

(3) 输出电压和电流

由图 7.2.4(b)可见，半控桥式电路与半波整流电路相比，其输出电压的平均值要大 1 倍，即

$$U_o = 0.9U_2\,\frac{1+\cos\alpha}{2}$$

输出电流的平均值为

$$I_o = \frac{U_o}{R_L}$$

(4) 晶闸管上的电压和电流

由工作原理分析可知，晶闸管和二极管承受的最高反向工作电压以及晶闸管可能承受的最大正向电压均等于电源电压的最大值，即

$$U_{VM} = \sqrt{2}U_2, \quad U_{RM} = \sqrt{2}U_2$$

流过每个晶闸管和二极管的电流的平均值等于负载电流的一半，即

$$I_V = \frac{1}{2}I_o$$

(5) 电路仿真

在 Multisim 中纯电阻性负载晶闸管控制电路仿真如图 7.2.5 所示。示波器仿真的波形图如图 7.2.6 所示。

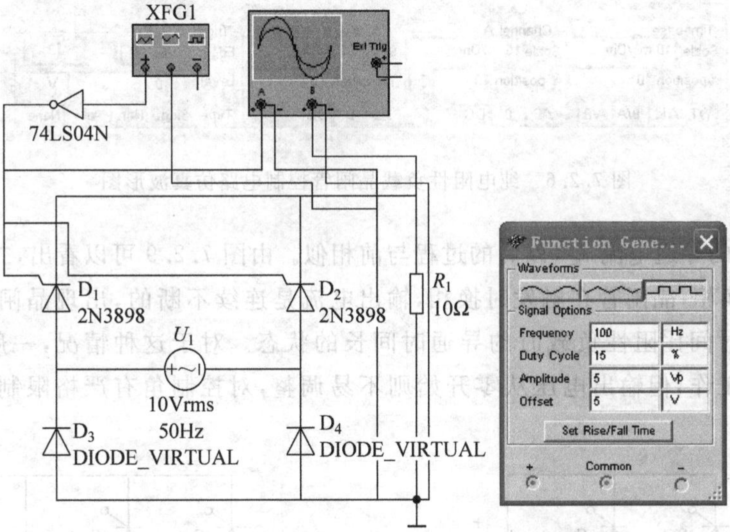

图 7.2.5 纯电阻性负载晶闸管控制电路仿真图

2. 感性负载

(1) 感性负载半控桥式整流电路

图 7.2.7 所示是具有感性负载的单相半控桥式整流电路。如前所述，在纯电阻负载的情况下，负载中的电流是断续的，当输入电压 u_2 为零时，负载中的电流也减小为零。但对于感性负载，情况会发生变化。在 u_2 的正半周内，由于 u_{g1} 的触发作用，晶闸管 S_1 与二极管 D_2 同时导通。此时 L 的作用表现在减小晶闸管 S_1 导通电流 i_{a1} 的变化，如图 7.2.9 中 $i_o-\omega t$ 波形中的 1～2 段，波形幅度减小，比较平坦。

必须强调，在这种情况下，二极管 D_1 代替了 D_2，并和晶闸管 S_1 一起组成导通电路。因此，i_{a1} 继续流过负载，波形如图 7.2.9 中 i_o 波形的 2～3 段所示。在 u_2 负半周，u_{g2} 接入，使得晶闸管 D_2 触发导通，晶闸管 S_1 才因承受反向电压而关断。于是负载电流转换成

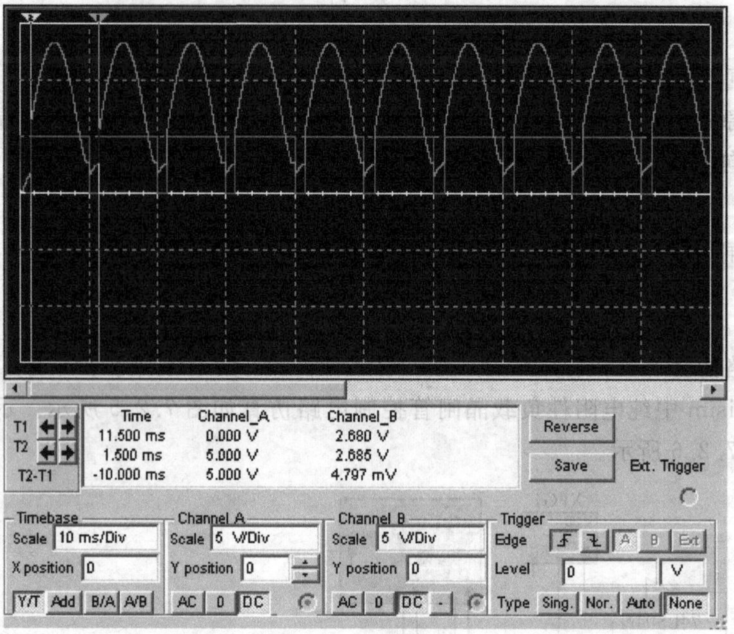

图 7.2.6　纯电阻性负载晶闸管控制电路仿真波形图

为晶闸管 S_2 的导通电流 i_{a2}，以后的过程与前相似。由图 7.2.9 可以看出，二极管在电源电压过零时换相，晶闸管在触发时换相，输出电流是连续不断的，出现晶闸管在感性负载时的导通时间比阻性负载时的导通时间长的状态。对于这种情况，一般来说，整流器仍能正常工作，但输出电压从零开始则不易调整，对控制角有严格限制的整流器也不易调整。

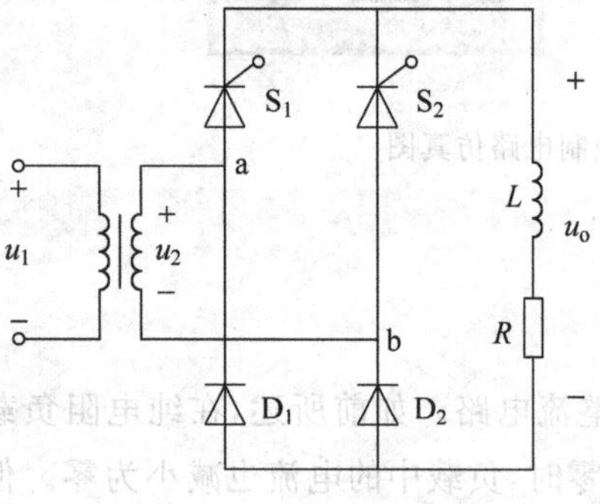

图 7.2.7　感性负载半控桥式整流电路

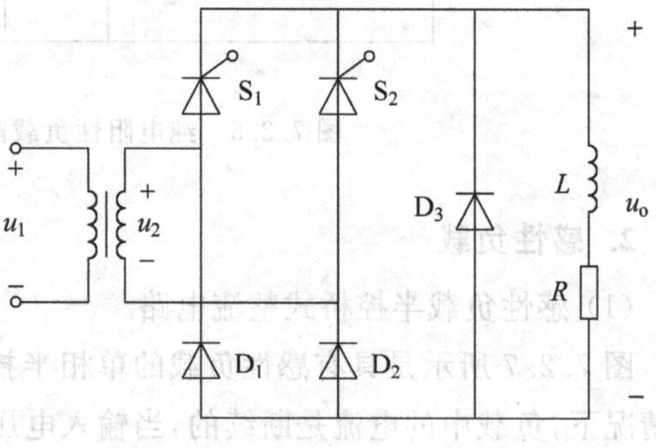

图 7.2.8　有续流二极管的感性负载半控桥式整流电路

(2) 加有续流二极管的半控桥式整流电路

由以上分析可知，产生失控现象的原因是流过晶闸管的电流 i_{a1}（或 i_{a2}）减小时，L 两端产生下正上负的感应电动势。因此，要消除失控现象，必须设法减小感应电动势。克服的方法是在整个负载并联一个二极管 D_3，它的正极接在感性负载的下端，负极接在其上端，如图 7.2.8 所示。一旦流过 S_1 的电流 i_{a1} 减小，致使 L 产生下正上负电动势时，二极

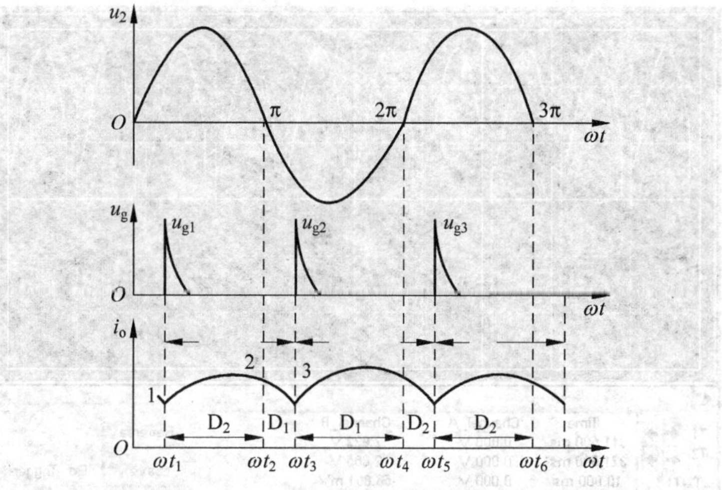

图 7.2.9 感性负载半控桥式整流电路及波形图

管 D_3 立即导通，将 S_1 与 D_1 串联电路短接，使晶闸管 S_1 的阳极电压降为零，于是 S_1 立即关断。由于 D_3 为感性负载提供了一个放电回路，因而避免了感性负载的持续电流通过晶闸管，故 D_3 称为续流二极管。加续流二极管后，其感性负载的输出电压 u_o 的波形与纯电阻负载时相同，计算公式也一样，但负载电流的波形不同了。因电感阻碍电流变化的作用，使流过负载的电流不但可以连续，而且基本上维持不变；电感越大，电流 i_o 的波形越接近于一条水平线。

(3) 电路仿真

在 Multisim 中感性负载半控桥式整流电路仿真如图 7.2.10 所示。示波器仿真的波形图如图 7.2.11 所示。

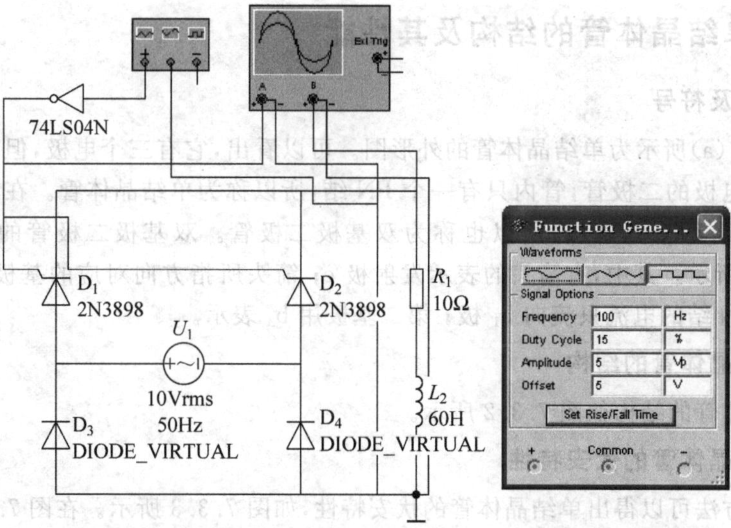

图 7.2.10 感性负载半控桥式整流电路仿真图

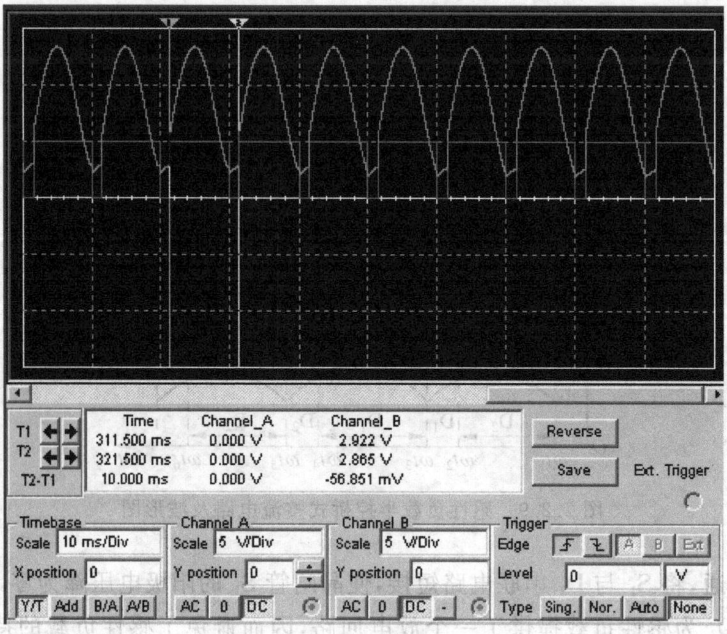

图 7.2.11 感性负载半控桥式整流电路仿真波形图

7.3 单结晶体管触发电路

从上面分析可以看出，可控整流电路的关键是要有一个良好的触发信号。触发信号由触发电路产生。下面具体讨论单结晶体管触发电路。

7.3.1 单结晶体管的结构及其性能

1. 外形及符号

图 7.3.1(a)所示为单结晶体管的外形图。可以看出，它有三个电极，但不是三极管，是具有三个电极的二极管，管内只有一个 PN 结，所以称为单结晶体管。在三个电极中，一个是发射极，两个是基极，所以也称为双基极二极管。双基极二极管的电路符号如图 7.3.1(b)所示。其中，有箭头的表示发射极 e；箭头所指方向对应的基极为第一基极 b_1，表示经 PN 结的电流只流向 b_1 极；第二基极用 b_2 表示。

2. 单结晶体管的结构

单结晶体管的结构如图 7.3.2 所示。

3. 单结晶体管的伏安特性

用实验方法可以得出单结晶体管的伏安特性，如图 7.3.3 所示。在图 7.3.3 中，两个基极 b_1 与 b_2 之间加一个电压 U_{BB}（b_1 接负，b_2 接正），则此电压在 b_1～a 与 b_2～a 之间按一定比例 η 分配。b_1～a 之间的电压用 U_A 表示为

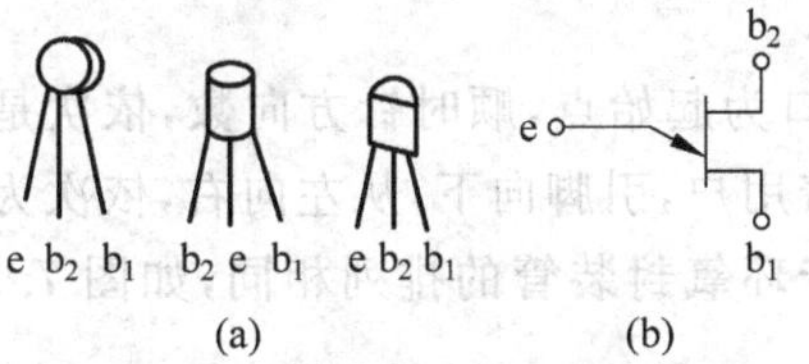

图 7.3.1 单结晶体管的外形和符号

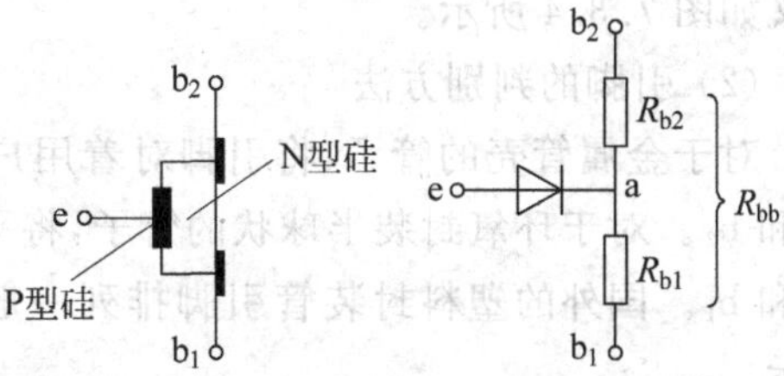

图 7.3.2 单结晶体管结构及等效电路

$$U_A = \frac{R_A}{R_{b1} + R_{b2}} U_{BB} = \eta U_{BB}$$

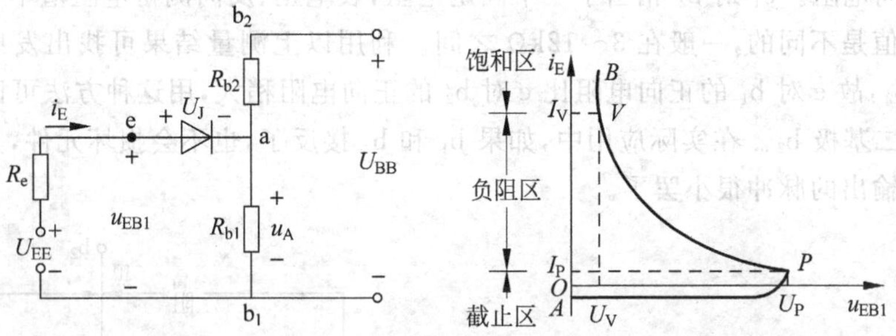

图 7.3.3 单结晶体管的特性

式中，$\eta = \frac{R_A}{R_{b1} + R_{b2}}$叫做分压比。不同的单结晶体管有不同的分压比，其数值与管子的几何形状有关，在 0.3～0.9 之间。它是单结晶体管很重要的参数。

再在发射极 e 与基极 b_1 间加一个电压 U_{EE}，将可调直流电源 U_{EE}通过限流电阻 R_e 接到 e 和 b_1 之间。当外加电压 $u_{EB1} < u_A + U_J$ 时，PN 结上承受了反向电压，发射极上只有很小的反向电流通过，单结管处于截止状态。这段特性区称为截止区，如图 7.3.3 中的 AP 段。当 $u_{EB1} > u_A + U_J$ 时，PN 结正偏，i_E 猛增，R_{b1} 急剧下降，η 下降，u_A 也下降，PN 结正偏电压增加，i_E 更大。这一正反馈过程使 u_{EB1} 反而减小，呈现负阻效应，如图 7.3.3 中的 PV 段曲线。这一段伏安特性称为负阻区。P 点处的电压 U_P 称为峰点电压，相对应的电流称为峰点电流。峰点电压是单结管的一个很重要的参数，它表示单结管未导通前的最大发射极电压。当 U_{EB1} 稍大于 U_P 或者近似等于 U_P 时，单结晶体管电流增加，电阻下降，呈现负阻特性。所以习惯上认为达到峰点电压 U_P 时，单结晶体管就导通，峰点电压 $U_P = \eta U_{BB} + U_J$，U_J 为单结晶体管正向压降。当 u_E 降低到谷点以后，i_E 增加，u_E 也有所增加，器件进入饱和区，如图 7.3.3 中的 VB 段曲线，其动态电阻为正值。负阻区与饱和区的分界点 V 称为谷点，该点的电压称为谷点电压 U_V。谷点电压 U_V 是单结管导通的最小发射极电压，在$u_{EB1} < U_V$ 时，器件重新截止。

4. 单结晶体管的型号及使用常识

(1) 型号

单结晶体管的型号有 BT31、BT32、BT33、BT35 等。型号组成部分各符号所代表的意义如图 7.3.4 所示。

(2) 引脚的判别方法

对于金属管壳的管子，将引脚对着用户，以凸口为起始点，顺时针方向数，依次是 e、b_1 和 b_2。对于环氧封装半球状的管子，将平面对着用户，引脚向下，从左向右，依次为 e、b_2 和 b_1。国外的塑料封装管引脚排列一般和国产环氧封装管的排列相同，如图 7.3.1 所示。

(3) 用万用表识别单结晶体管的三个电极

用万用表 $R\times100$ 或 $R\times1\text{k}$ 电阻挡分别测试 e、b_1 和 b_2 之间的电阻值，可以判断管子结构的好坏，并识别三个引脚，其示意图如图 7.3.5 所示。e 对 b_1，测正反向电阻；e 对 b_2，测正反向电阻。b_1 对 b_2 相当于一个固定电阻，表笔正、反向测得电阻值不变。不同的管子，此阻值是不同的，一般在 $3\sim12\text{k}\Omega$ 之间。利用以上测量结果可找出发射极来。由于 e 靠近 b_2，故 e 对 b_1 的正向电阻比 e 对 b_2 的正向电阻稍大，用这种方法可区别第一基极 b_1 和第二基极 b_2。在实际应用中，如果 b_1 和 b_2 接反了，也不会损坏元件，只是不能输出脉冲，或输出的脉冲很小罢了。

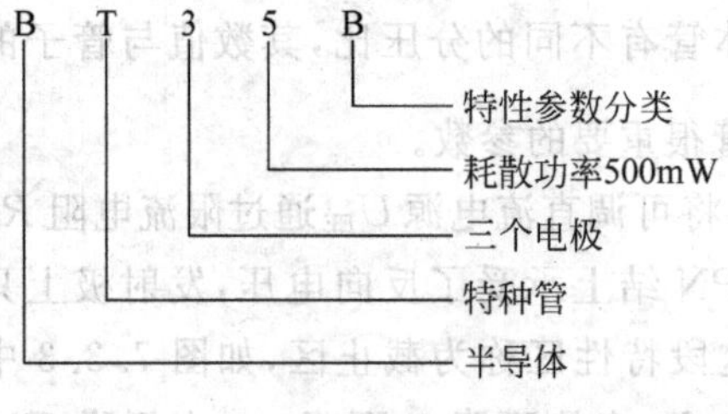

图 7.3.4 单结晶体管型号的各符号意义

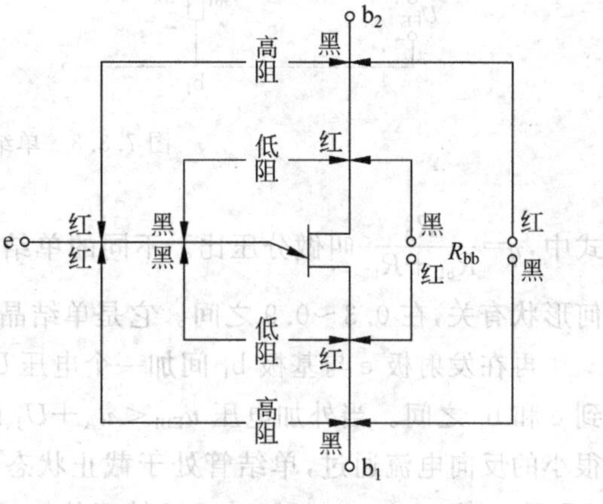

图 7.3.5 测量

7.3.2 单结晶体管张弛振荡器

利用单结晶体管的负阻特性可构成自激振荡电路，也称为张弛振荡器。它可以产生控制脉冲，用以触发晶闸管，如图 7.3.6 所示。其中，U 是电路的直流工作电源；R_1 和 R_2 是两个外接电阻(不是管内的 R_{b1} 和 R_{b2})，且数值较小。

设时间 $t=0$ 时，$u_C=u_E=0\text{V}$，单结晶体管截止，b_2、b_1 间仅有较小的电流通过，因此在外电阻 R_2 上产生的输出压降 u_o 也较小。这时，工作电源将通过电阻 R 向电容 C 充电，使 u_C 指数上升。当 u_C 达到单结晶体管的峰点电压 U_P 时(由于有 R_1 的影响，实际上要略大于 U_P 值)，单结晶体管突然导通，为电容提供了一个时间常数较小的放电回路，电压 u_C 和放电电流 i_E 开始迅速指数下降。当 u_C 降至单结晶体管的谷点电压 U_V 时(实际上要略大于 U_V 值)，单结晶体管重新截止，但紧接着电源开始重新对电容充电。这样周

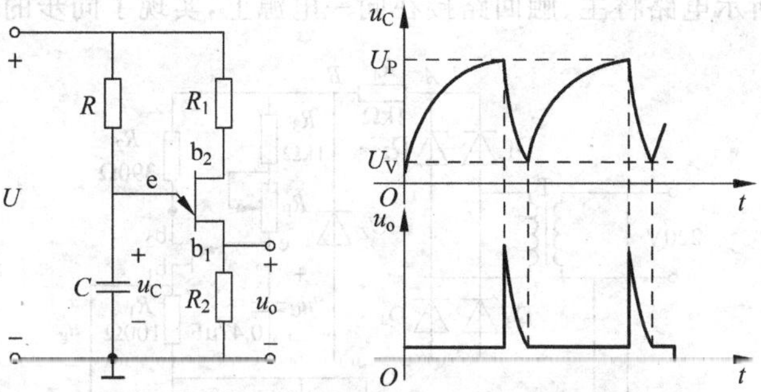

图 7.3.6 张弛振荡器电路图及波形图

而复始，循环不已，在 R_1 上形成一个指数下降的尖脉冲序列，如图 7.3.6 所示。

在一定范围内改变电阻 R 的大小，可改变电容充电的快慢，从而改变输出脉冲的周期。

显然，在这个电路中，从 R_1 上取出的输出脉冲还不能作为可控整流的触发脉冲，因为这个脉冲序列并不能保证与交流电压的周期同步。但是，这个电路在其他方面仍然有自己的实际应用。

7.3.3 单结晶体管同步触发电路

1. 电路组成及工作原理

单结晶体管同步触发电路如图 7.3.7(a)所示，图中下半部分为主回路，是一个单相半控桥式整流电路；上半部分为单结晶体管触发电路。T 为同步变压器，它的初级线圈与可控桥路均接在 220V 交流电源上；次级线圈得到同频率的交流电压，经单相桥式整流，变成脉动直流电压 U_{AD}，再经稳压管削波变成梯形波电压 U_{BD}。此电压为单结晶体管触发电路的工作电压。加削波环节的目的首先是起到稳压作用，使单结晶体管输出的脉冲幅值不受交流电源波动的影响，提高了脉冲的稳定性；其次，经过削波后，可提高交流同步电压的幅值，增加梯形波的陡度，扩大移相范围。由于主、触回路接在同一交流电源上，起到了很好的同步作用，当电源电压过零时，振荡自动停止，故电容每次充电时，总是从电压的零点开始，保证了脉冲与主电路晶闸管阳极电压同步。在每个周期内的第一个脉冲为触发脉冲，其余的脉冲没有作用。调整电位器 R_P，可以使触发脉冲移相，改变控制角 α。电路中各点波形如图 7.3.7(b)所示。

2. 对触发电路的要求

为了保证可靠地触发，对触发电路的要求是：

① 触发脉冲上升沿要陡，以保证触发时刻的准确；

② 触发脉冲电压幅度必须满足要求，一般为 4～10V；

③ 触发脉冲要有足够的宽度，以保证可靠触发；

④ 为避免误导通，不触发时，触发输出的漏电压小于 0.2V；

⑤ 触发脉冲必须与主电路的交流电源同步，以保证晶闸管在每个周期的同一时刻触

发。图 7.3.7(a)所示电路将主、触回路接在同一电源上，实现了同步的要求。

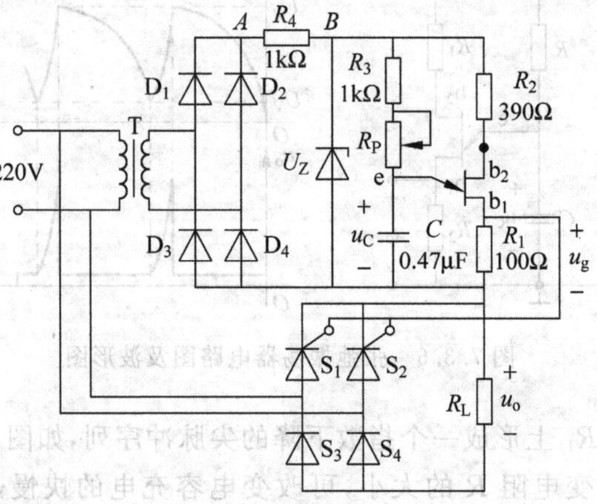

(a) 电路图

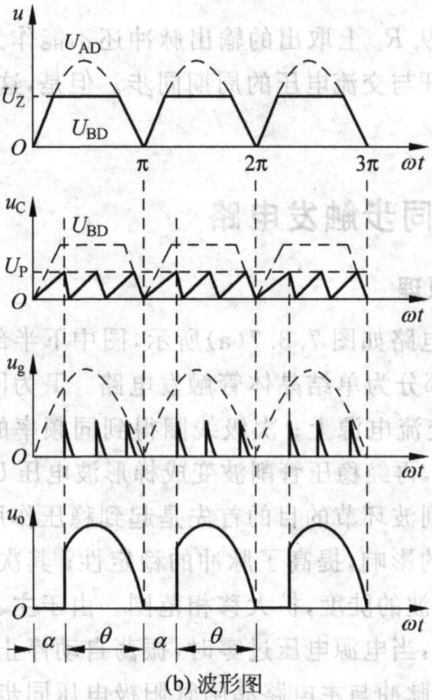

(b) 波形图

图 7.3.7 单结晶体管同步触发电路

7.4 双向晶闸管及其应用电路

图 7.4.1 所示是调光台灯的内部电路。调节 R_P，灯泡的亮度将发生变化。其中，VS 是双向晶闸管，VD 是双向触发二极管。在调光电路中，VS 及 VD 起关键作用。因此，有必要分析双向晶闸管及双向二极管的特性。

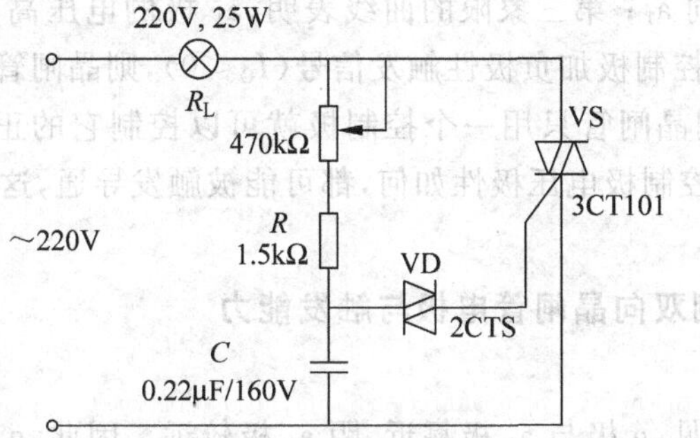

图 7.4.1　交流调光演示电路

7.4.1　双向晶闸管

1. 结构与特性

双向晶闸管是在普通晶闸管的基础上发展起来的，它不仅能代替两只反极性并联的晶闸管，而且仅用一个触发电路，是目前比较理想的交流开关器件。小功率双向晶闸管一般用塑料封装，有的还带小散热板。其外形如图 7.4.2(a)所示。

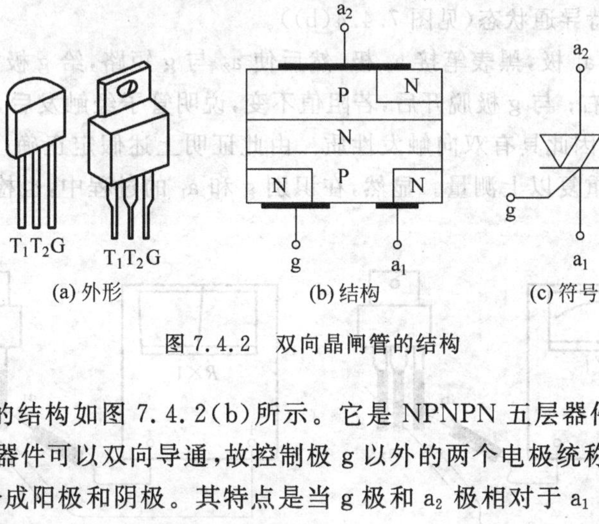

(a) 外形　(b) 结构　(c) 符号

图 7.4.2　双向晶闸管的结构

双向晶闸管的结构如图 7.4.2(b)所示。它是 NPNPN 五层器件，三个电极分别是 a_1、a_2 和 g。因该器件可以双向导通，故控制极 g 以外的两个电极统称为主端子，用 a_1 和 a_2 表示，不再划分成阳极和阴极。其特点是当 g 极和 a_2 极相对于 a_1 的电压均为正时，a_2 是阳极，a_1 是阴极；反之，当 g 极和 a_2 极相对于 a_1 的电压均为负时，a_1 变为阳极，a_2 为阴极。双向晶闸管的电路符号如图 7.4.2(c)所示。

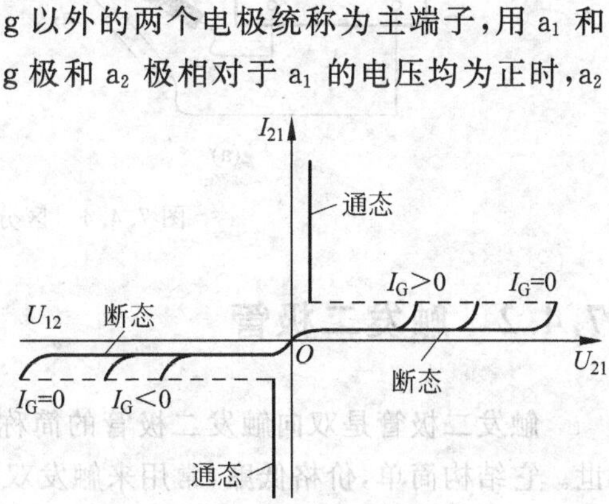

图 7.4.3　双向晶闸管的伏安特性

图 7.4.3 所示是双向晶闸管的伏安特性。显然，它具有比较对称的正反向伏安特性。第一象限的曲线表明，a_2 极电压高于 a_1 极电压，称为正向电压，用 U_{21} 表示。若控制极加正极性触发信号($I_G>0$)，则晶闸管被触

发导通，电流从 a_2 流向 a_1；第三象限的曲线表明，a_1 极的电压高于 a_2 极电压，称为反向电压，用 U_{12} 表示。若控制极加负极性触发信号（$I_G<0$），则晶闸管也被触发，电流从 a_1 流向 a_2。由此可见，双向晶闸管只用一个控制极就可以控制它的正向导通和反向导通了。双向晶闸管不管它的控制极电压极性如何，都可能被触发导通，这个特点是普通晶闸管没有的。

2. 用万用表检测双向晶闸管电极与触发能力

(1) 判定 a_2 极

由图 7.4.2(a)可见，g 极与 a_2 极靠近，距 a_1 极较远。因此，g 和 a_1 之间的正、反向电阻很小。在用万用表 $R\times1$ 挡测量任意两脚之间的电阻时，只有 g 和 a_1 之间显现低阻，正、反电阻仅为几十欧；而 a_2、g 和 a_2、a_1 之间的正、反向电阻均为无穷大。这表明，如果测出某脚和其他两脚都不通，这肯定是 a_2 极。

(2) 区分 g 极与 a_1 极

① 找出 a_2 极之后，首先假定剩下两脚中的某一脚为 a_1 极，另一脚为 g 极。

② 把黑表笔接 a_1 极，红表笔接 a_2 极，电阻为无穷大；接着用红表笔尖把 a_2 与 g 短路并给 g 加上负触发信号，电阻值应为 10Ω 左右（见图 7.4.4(a)），证明管子已经导通，导通方向为 $a_1\rightarrow a_2$；再将红表笔尖与 g 极脱开（但仍接 a_2），如果临时性阻值保持不变，表明管子在触发之后能维持导通状态（见图 7.4.4(b)）。

③ 把红表笔接 a_1 极，黑表笔接 a_2 极，然后使 a_2 与 g 短路，给 g 极加上正触发信号，电阻值仍为 10Ω 左右；与 g 极脱开后，若阻值不变，说明管子经触发后，在 $a_2\rightarrow a_1$ 方向上也能维持导通状态，因此具有双向触发性质。由此证明上述假定正确；否则假定与实际不符，需重新假定，重复以上测量。显然，在识别 g 和 a_1 的过程中，也检查了双向晶闸管的触发能力。

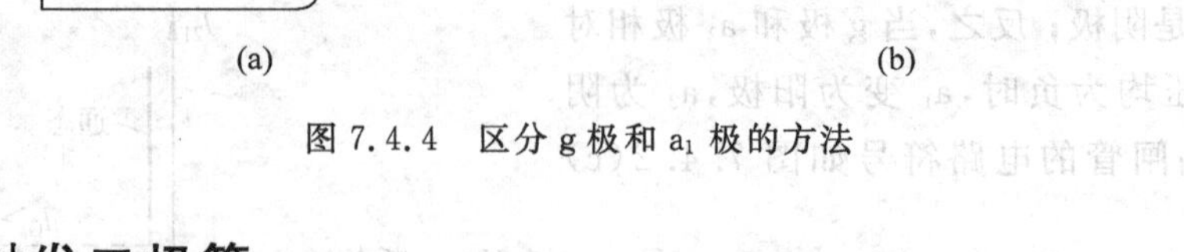

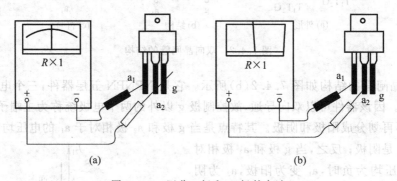

图 7.4.4 区分 g 极和 a_1 极的方法

7.4.2 触发二极管

触发二极管是双向触发二极管的简称，也称二端交流器件，它与双向晶闸管同时问世。它结构简单，价格低廉，常用来触发双向晶闸管，构成过电压保护电路、定时器等。双向触发二极管的电路符号如图 7.4.5 所示。它属于三层构造、具有对称性的二端半导体器件。

双向触发二极管正、反向伏安特性几乎完全对称(见图 7.4.6)。当器件两端所加电压 U 低于正向转折电压 $U_{(BO)}$ 时,器件呈高阻态。当 $U>U_{(BO)}$ 时,管子击穿导通进入负阻区。同样,当 U 大于反向转折电压 $U_{(BR)}$ 时,管子同样能进入负阻区。转折电压的对称性用 $\Delta U_{(B)}$ 表示。$\Delta U_{(B)}=U_{(BO)}-U_{(BR)}$。一般 $\Delta U_{(B)}$ 应小于 2V。双向触发二极管的正向转折电压值一般有三个等级:20~60V、100~150V 和 200~250V。由于转折电压都大于 20V,可以用万用表电阻挡正、反向测双向二极管,表针均应不动($R\times10$k),但还不能完全确定它就是好的。检测其好坏,看是否能提供大于 250V 的直流电压的电源,检测时通过管子的电流不要大于 5mA。用晶体管耐压测试器检测十分方便。例如,测一只 DB3 型二极管,第一次为 27.5V,反向后再测为 28V,则 $\Delta U_{(B)}=U_{(BO)}-U_{(BR)}=28\text{V}-27.5\text{V}=0.5\text{V}<2\text{V}$,表明该管对称性很好。

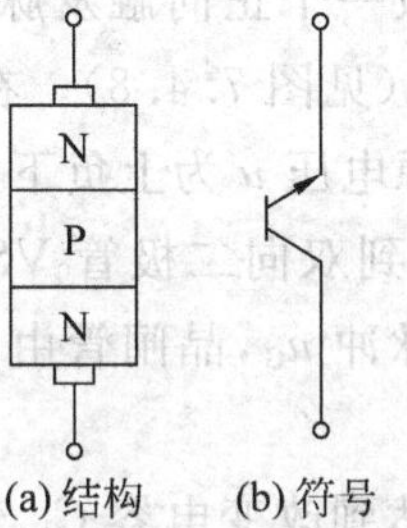

图 7.4.5 触发二极管的结构及符号

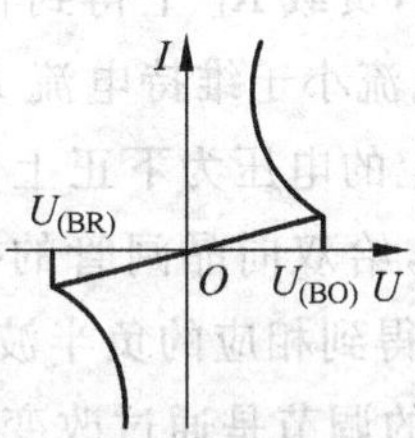

图 7.4.6 触发二极管的特性曲线

7.4.3 交流调光台灯的应用电路

图 7.4.7 所示是调光台灯的应用电路,图 7.4.8 所示为它的工作波形图。下面分析电路的工作原理。

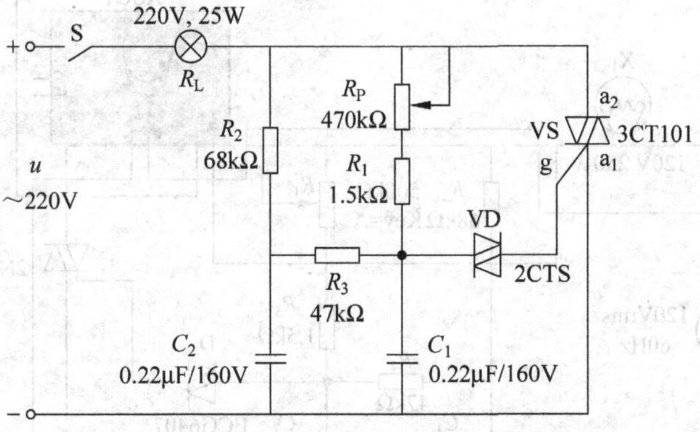

图 7.4.7 调光台灯应用电路

触发电路由两节 RC 移相网络及双向二极管 VD 组成。当电源电压 u 为上正下负时,电源电压通过 R_P 和 R_1 向 C_1 充电。当电容 C_1 上的电压达到双向二极管 VD 的正向

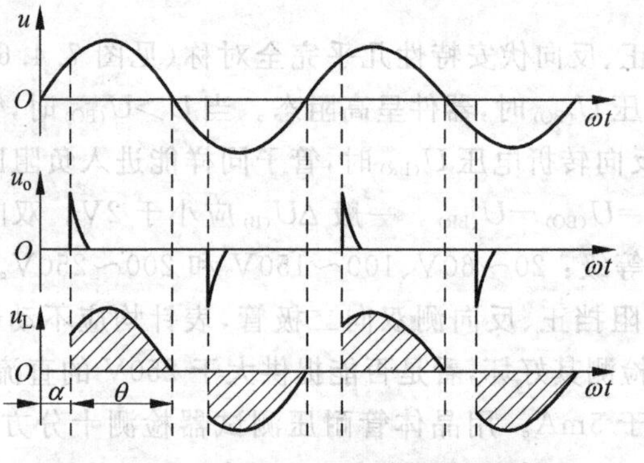

图 7.4.8 双向晶闸管交流调压波形图

转折电压时，VD 突然转折导通，给双向晶闸管的控制极一个正向触发脉冲 u_G，VS 由 a_2 向 a_1 方向导通，负载 R_L 上得到相应的正半波交流电压(见图 7.4.8)。在电源电压过零瞬间，晶闸管电流小于维持电流 I_H 而自动关断。当电源电压 u 为上负下正时，电源对 C_1 反向充电，C_1 上的电压为下正上负。当 C_1 上的电压达到双向二极管 VS 的反向转折电压时，VS 导通，给双向晶闸管的控制极一个反向触发脉冲 u_G，晶闸管由 a_1 向 a_2 方向导通，负载 R_L 上得到相应的负半波交流电压。

输出电压的调节是通过改变可变电阻 R_P 的阻值，达到改变电容 C_1 充电的时间常数的目的，也就改变了触发脉冲出现的时刻，使双向晶闸管的导通角 θ(如图 7.4.8 所示)受到控制，达到交流调压的目的。在图 7.4.7 中，还设置了 R_2C_2 移相网络，它与 R_P、R_1 和 C_1 一起构成两节移相网络，使移相范围接近 180°，使负载电压从 0V 调起，即灯光可从全暗逐渐调亮。

在 Multisim 中双向晶闸管交流调压电路仿真如图 7.4.9 所示。示波器仿真波形图如图 7.4.10 所示。从图中可以看出，调节电阻改变占空比，从而调节亮度。

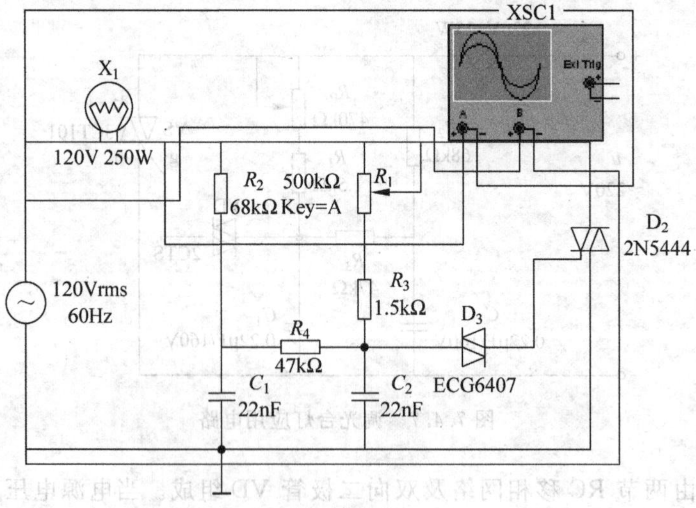

图 7.4.9 双向晶闸管交流调压电路仿真

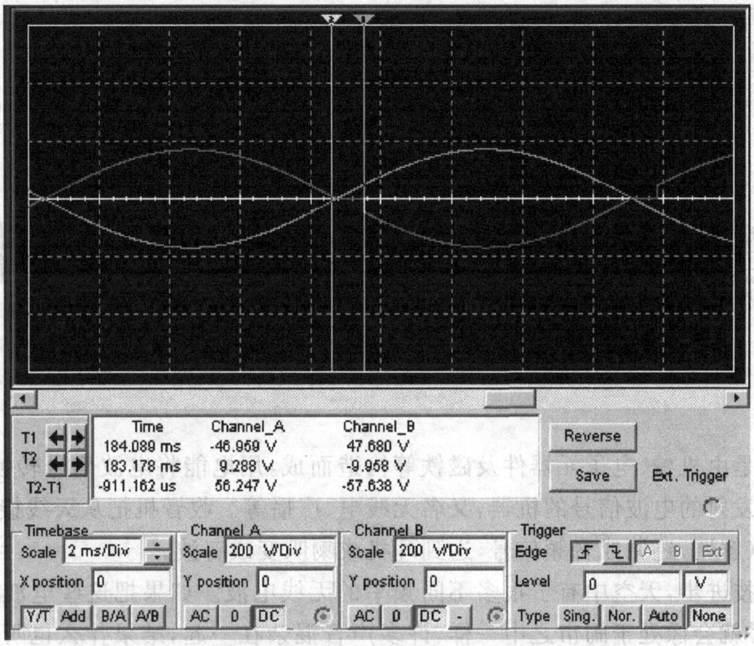

图 7.4.10　双向晶闸管交流调压仿真波形图

实训 7　调光台灯的制作与调试

[实训目的]

1. 研究晶闸管的使用方法。
2. 了解晶闸管在实际应用时应注意的一些问题。

[实训原理]

晶闸管调光台灯控制电路由一些外部阻容元件构成。它具有线路简单，性能优越，工作可靠，调试方便等优点。

[实训设备与器件]

+12V 直流电源、函数信号发生器、双踪示波器、交流毫伏表、直流电压表、直流毫安表、频率计、万用表、晶闸管 3CT101 以及电阻器、电容器若干。

[实训内容与步骤]

1. 按图 7.4.7 所示用万能板连接实验电路。
2. 调整电位器 R_P，灯光发生明暗变化。

[实训总结]

1. 分析实验结果，仿真研究各种参数变化时的情况。
2. 总结晶闸管控制特点及故障排除方法。

[预习要求]

1. 查阅晶闸管的相关资料。
2. 了解晶闸管负载特性，以及保护晶闸管的方法。

第 8 章 chapter 8

超外差式收音机的原理与制作

收音机是由机械、电子元器件及磁铁等构造而成，用电能将电波信号转换为声音，收听广播电台发射的电波信号的机器，又名无线电、广播等。收音机把从天线接收到的高频信号经检波（解调）还原成音频信号，送到耳机或喇叭变成音波。

由于科技进步，天空中有了很多不同频率的无线电波。如果把这些电波全都接收下来，音频信号就会像处于闹市之中一样，许多声音混杂在一起，结果什么也听不清了。为了设法选择所需要的节目，在接收天线后，有一个选择性电路，其作用是把所需的信号（电台）挑选出来，把不要的信号"滤掉"，以免产生干扰，这就是收听广播时所使用的"选台"按钮。选择性电路的输出是选出的某个电台的高频调幅信号，利用它直接推动耳机（电声器）是不行的，必须把它恢复成原来的音频信号，这种还原电路称为解调。把解调的音频信号送到耳机，就可以听到广播了。

最简单的收音机称为直接检波机，但从接收天线得到的高频无线电信号一般非常微弱，直接把它送到检波器不太合适，最好在选择电路和检波器之间插入一个高频放大器，把高频信号放大。即使已经增加了高频放大器，检波输出的功率通常也只有几毫瓦，用耳机听还可以，但要用扬声器就嫌太小，因此在检波输出后增加音频放大器来推动扬声器。高放式收音机比直接检波式收音机灵敏度高、功率大，但是选择性较差，调谐比较复杂。把从天线接收到的高频信号放大几百甚至几万倍，一般要经过几级高频放大，每一级电路都有一个谐振回路，当被接收的频率改变时，谐振电路要重新调整，而且每次调整后的选择性和通带很难保证完全一样。为了克服这些缺点，现在的收音机几乎都采用超外差式电路，其特点是：被选择的高频信号的载波频率变为较低的固定不变的中频（465kHz），再利用中频放大器放大，以满足检波的要求，然后才进行检波。在超外差接收机中，为了产生变频作用，还要有一个外加的正弦信号，通常称为外差信号。产生外差信号的电路习惯上叫做本地振荡。收音机本振频率和被接收信号的频率相差一个中频，因此在混频器之前的选择电路和本振采用统一调谐线，如用同轴的双联电容器（PVC）进行调谐，使之差保持固定的中频数值。由于中频固定，且频率比高频已调信号低，中放的增益可以做得较大，工作也比较稳定，通频带特性也可做得比较理想，使检波器获得足够大的信号，使整机输出音质较好的音频信号。

8.1 收音机的工作原理与电路分析

早期的收音机为直放式收音机，它的特点是电路简单，一般只用 1～4 只晶体管和一些基本元件，如图 8.1.1 所示，易于安装调试，成本低，但它的灵敏度低，选择性不太好。为了克服以上不足，引入“超外差”这一概念。超外差式收音机的方框图如图 8.1.2 所示。

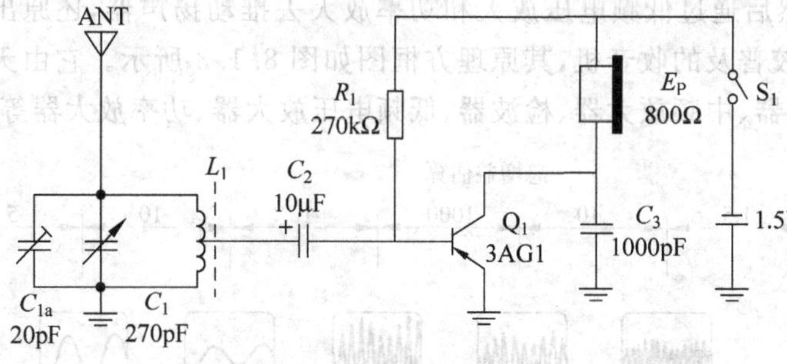

图 8.1.1 直放式收音机

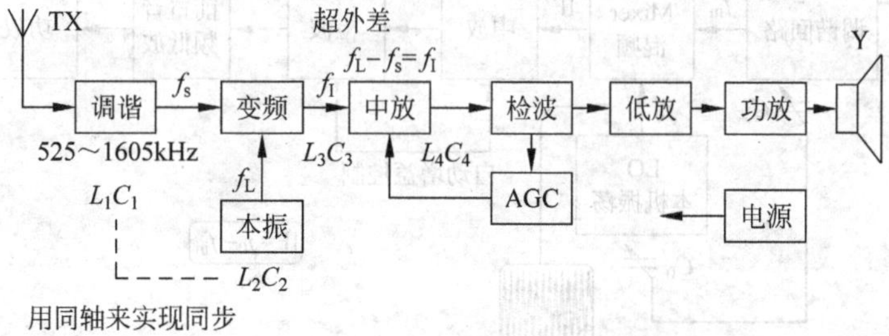

图 8.1.2 超外差式收音机

超外差式收音机的工作过程是输入信号和本机振荡信号产生一个固定中频信号的过程。因为，它是比高频信号低，比低频信号高的超音频信号，所以这种接收方式叫超外差式。超外差式收音机能把接收到的频率不同的电台信号都变成固定的中频信号(465kHz)，再由放大器对这个固定的中频信号进行放大。它在直放式收音机的选择回路(输入回路)或高频放大器与检波器之间插入一个变频器及中频放大器。这样设计收音机的优点是灵敏度高，选择性好，音质好(通频带宽)，工作稳定(不容易自激)；缺点是镜像干扰(比接收频率高两个中频的干扰信号)，假响应(变频电路的非线性)。超外差式是与直放式相对而言的一种接收方式。

8.1.1 收音机的工作原理

收音机的工作原理是把广播电台发射的无线电波中的音频信号取出来，加以放大，然后通过扬声器还原出声音。具体来说，就是从天线(磁棒具有聚集电磁波磁场的能力，天线线圈绕在磁棒上)接收到的许多广播电台的高频信号通过输入回路(为并联谐振回路,具有选频作用)选出所需要的电台信号送入变频级的基极,同时,由本机振荡器产生高频等幅波信号,它的频率高于被选电台载波 465kHz,也送于变频级的发射极,二者通过晶体管 be 结的非线性变换,将高频调幅波变换成载波为 465kHz 的中频调幅波信号。在这个变换过程中,被改变的只是已调幅波载波的频率,调幅波的振幅变化规律(调制信号即声音)并未改变。变换后的中频信号通过变频级集电极接的 LC 并联回路选出载波为 465kHz 的中频调幅信号;被送到中频放大器;放大后,再送入检波器进行幅度检波,还原出音频信号;然后通过低频电压放大和功率放大去推动扬声器,还原出声音。超外差式收音机是目前较普及的收音机,其原理方框图如图 8.1.3 所示。它由天线、输入回路、本机振荡器、变频器、中频放大器、检波器、低频电压放大器、功率放大器等部分组成。

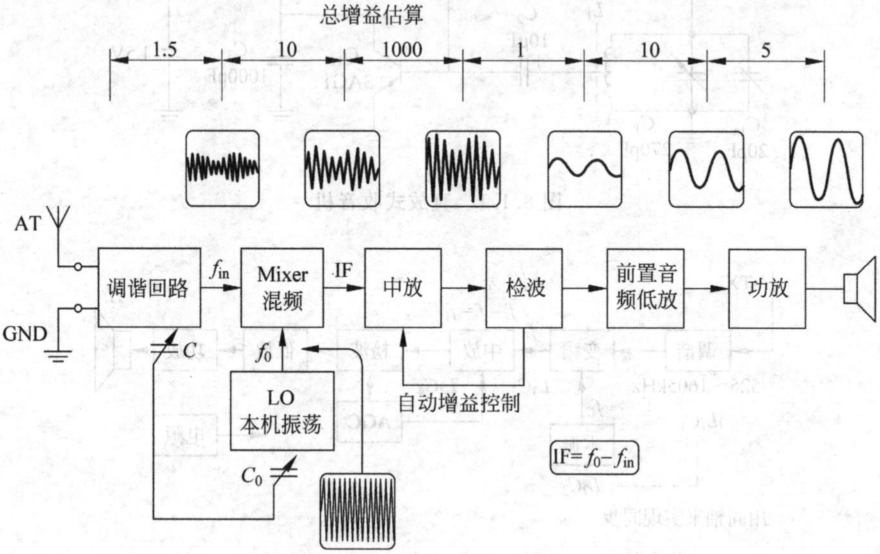

图 8.1.3 超外差式收音机原理方框图

超外差收音机整机电路图如图 8.1.4 所示。按整机电路制作的 PCB 板图如图 8.1.5 所示。

1. 输入回路

输入回路的功能是选择电台。根据谐振原理,当本机谐振频率与某一电台的频率相等时,形成共振。此时在回路两端形成的电压最高,其他在天线上感应出的电台信号都很小,这就达到了选台的目的。简单收音机的输入回路是用线圈与可变电容器并联形成的调谐回路。在超外差式收音机中,由于要形成外差频率,用一个同轴双连可变电容,电容的一部分在输入回路,一部分在本机振荡回路,达到同时改变输入回路和本振回路振荡频率的目的。

从磁性天线感应的调幅信号送入 C_{1a}、C_2 和 LO 组成的输入回路进行调谐,选出所需接收的电台信号,然后通过互感耦合送入变频管 T_1 的基极。注意,LO 是缠绕在磁棒上匝数较多的那一组,与 C_{1a} 相并联。

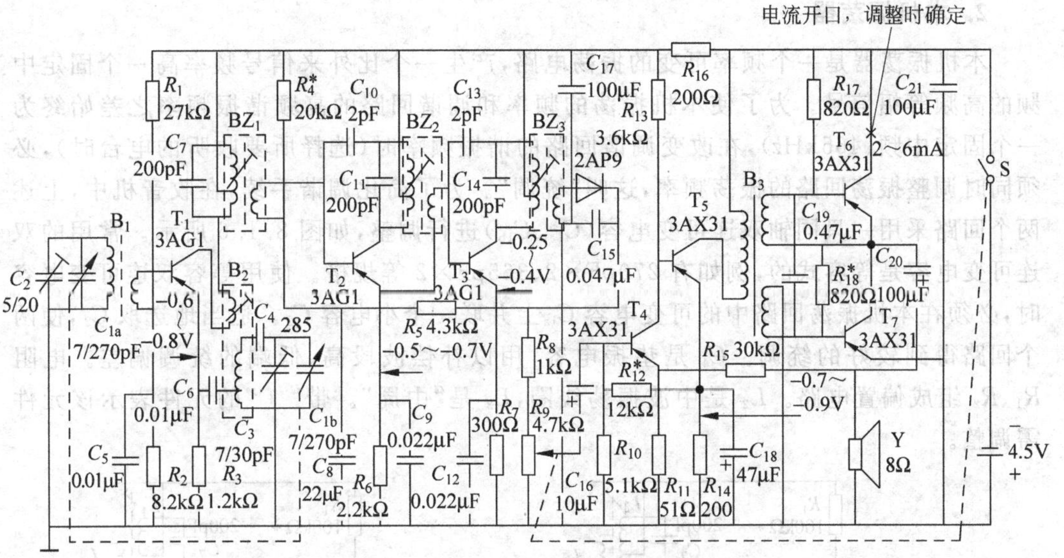

图 8.1.4 超外差式收音机整机电路图

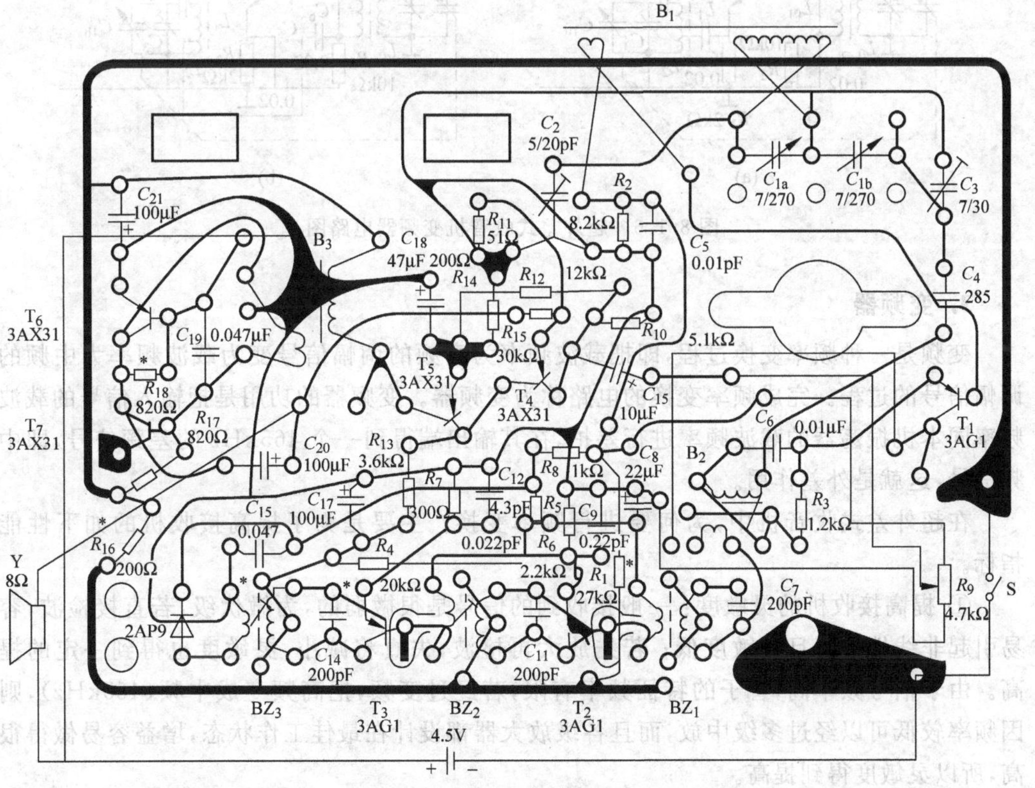

图 8.1.5 超外差式收音机印制电路板(PCB)图

2. 本机振荡器

本机振荡器是一个频率可变的振荡电路，产生一个比外来信号频率高一个固定中频的高频等幅信号。为了使本机振荡的频率和调谐回路的高频谐振频率之差始终为一个固定中频(465kHz)，在改变调谐回路的谐振频率时(选择所要收听的电台时)，必须同时调整振荡回路的振荡频率，这叫“统调”。为了简化调谐手续，在收音机中，上述两个回路采用一只同轴双连可变电容(C_{1a}、C_{1b})进行调整，如图 8.1.6 所示。常用的双连可变电容是等容式的，例如有 270pF×2、365pF×2 等规格。使用等容双连可变电容时，必须在本机振荡回路中的可变电容 C_{1a}上并联一个小电容 C_2。适当地选取 C_2，使两个回路得到较好的统调。C_4 是垫振电容，用以补偿波段高、低端的统调偏差。电阻 R_1、R_2 组成偏置电路。L_2 是中波振荡线圈，L_3 是“中周”。带“ * ”的元件表示该元件需调整。

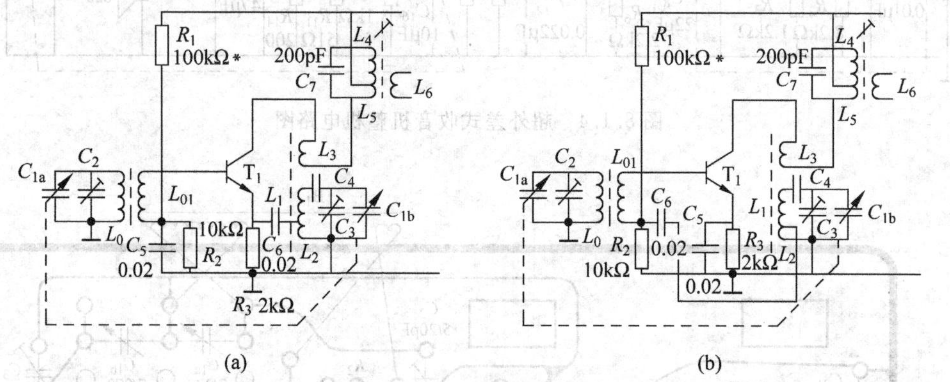

图 8.1.6 超外差式收音机变频器电路图

3. 变频器

变频是一种频率变换过程，即把载波频率为高频的调幅信号变为载波频率为中频的调幅信号的过程。完成频率变换的电路称为变频器。变频器的功用是把输入信号的载波频率同本机振荡器的载波频率进行差拍，在其输出端得到一个 465kHz 的差频信号，即中频信号，这就是外差作用。

在超外差式收音机中，为何要进行频率变换？主要是为了提高接收机的如下性能指标。

① 提高接收机的灵敏度：一般接收到的信号是很微弱的，为微伏级，若直接检波，容易引起非线性失真且灵敏度低；若先放大再检波，失真将减小，灵敏度也得到一定的提高。由于信号频率高，管子的特征频率有限，若经过变频，把高频变成中频(465kHz)，则因频率较低可以经过多级中放，而且各级放大器都设计在最佳工作状态，增益容易做得很高，所以灵敏度得到提高。

② 提高选择性：因为变成固定的中频 465kHz，就可以利用性能良好的滤波器(调谐回路)来提高选择性。

变频器由非线性元件、本机振荡器和选频网络三大部分组成。当两个高频信号电压作用于非线性元件上，经过非线性元件的变频作用后，产生了除原有基频成分外，还包括二次谐频、和频、差频等许多新频率成分，其中的差频正是需要的中频分量，信号通过输出端的带通滤波器便可选出有用的中频分量，同时滤掉其他无用的频率成分。

设外来的高频调幅信号为

$$u_S = U_S(1+\cos\omega t)\cos\omega t = U_S(t)\cos\omega t \quad (8.1)$$

本振信号为

$$u_e = U_e\cos\omega_e t \quad (8.2)$$

二者同时作用于变频管上，则

$$u = u_s + u_e \quad (8.3)$$

三极管的工作点设在非线性区。根据非线性元件的伏安特性，得

$$i = f(u) = a_0 + a_1 u + a_2 u^2 \quad (8.4)$$

将式(8.1)、式(8.2)和式(8.3)代入式(8.4)，展开并利用三角公式变换整理，得

$$\begin{aligned} i = & a_0 + \frac{1}{2}a_2[U_e^2 + U_s^2(t) + a_1] \\ & + a_1[U_S(t)\cos\omega t + U_e\cos\omega_e t] \\ & + \frac{a_2}{2}[U_S^2(t)\cos 2\omega t + U_e^2\cos 2\omega_e t] \\ & + a_2 U_e U_S(t)[\cos(\omega_e+\omega)t + \cos(\omega_e-\omega)t] \end{aligned}$$

由上式可以看出：①变频器输出的中频信号电流的振幅与接收的外来信号电压的一次方成正比，这种线性关系说明变频器中频信号的包络曲线和变频器输入的外来信号的包络曲线的形状是一致的，达到了变换载波频率的目的。输入的外来信号越大，变频后的中频信号越大。②中频信号电流的幅度也正比于本振电压，所以可加大本机振荡电压的幅度来提高收音机的灵敏度。

中频电流通过变频级集电极接的LC并联谐振回路，它谐振于465kHz上，将中频465kHz的调幅波成分取出，其他频率成分被滤掉。

常用的收音机变频器实际电路如图8.1.6所示。图中所示的两种电路的不同点在于振荡器部分，其基极和发射极接法不同：图8.1.6(a)所示是共基极电路；图8.1.6(b)所示是共发射极电路(对本机振荡器来说)。在图8.1.6中，由L_0、C_2、C_{1a}组成输入调谐回路，谐振于外来信号的频率。信号由L_0耦合到L_{01}，再传输到变频管T_1的基极上。L_1、C_3、C_{1b}组成振荡回路，产生振荡频率的电压。L_3是产生振荡所需的反馈线圈。L_4和C_7组成的回路谐振于中频频率(465kHz)，且只接入一部分，因为它对振荡频率(1000kHz以上)几乎是短路的。因L_1、C_3、C_{1b}组成的回路谐振于本机振荡频率，因此它对465kHz的中频来说差不多是短路的。L_3因为电感量不很大，对中频其电感较小，对L_4、C_7回路的谐振阻抗可以忽略不计。反馈电压经L_2而回到发射极，由于L_2一般圈数很少，故对本机振荡的阻抗影响也不大。经过变频管T_1(9018)进行频率变换后的中频信号输出到谐振于中频的中频回路上，就可在回路两端取出中频信号，然后通过次级线圈L_6把中频电压耦合到第一级中放电路进行放大。L_4、C_7组成的调谐回路加上次级线圈L_6就是中频变

压器(简称中周),它是变频电路的负载。

在混频器中,比较重要的是直流工作点。为了产生混频所必需的非线性和最大的混频增益,直流工作点要合适。直流集电极(或发射极)电流过大时,会出现不发生混频作用或者混频效果较低的情况;电流过小时,混频管对中频成分的放大作用小。这个电流在实际应用过程中加以调整较为方便,一般在0.15～0.5mV。集电极电压越高越好,但在3～4V以上时,逐渐趋于饱和,即混频增益不再显著增加。混频增益与加到混频管上的振荡电压有关,它们之间的关系如图8.1.7所示。由曲线可以看出,当振荡电压在100～300mV时,混频增益最大,因此在实际调试中应调整耦合线圈的圈数,以得到最大的混频增益。

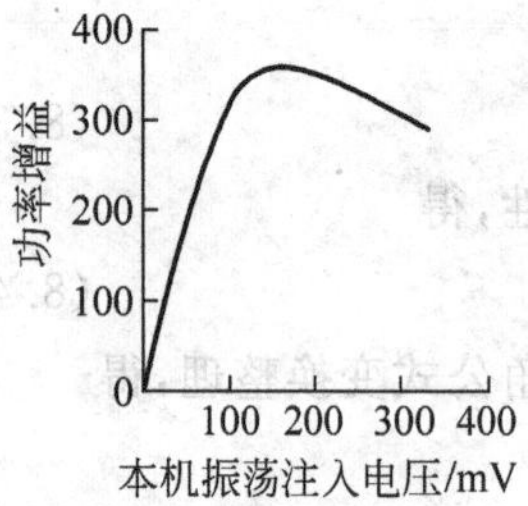

图8.1.7 电压增益曲线

综上所述,输入回路所选的电台调幅信号与本机振荡产生的等幅波信号共同作用于晶体管 T_1 上,由于晶体管 T_1 的发射结工作于非线性状态,两个信号在发射结上产生混频,经过混频后的信号,再经晶体管放大,由中频调谐回路 L_4 与 C_7 选出角频率为 $\omega_e-\omega_s$ 的信号,即载波为465kHz的中频调幅波信号,其中含有直流分量、465kHz的载波及有用的调制信号(声音信号)。为了提高电路的稳定性,兼顾变频和振荡性能,静态工作电流一般为0.3～0.4mA。

4. 中频放大器

中频放大器主要完成两大任务,一是中频放大,二是构成AGC电路。

经过变频级变换成465kHz的中频信号通过中频变压器 L_6 耦合至下一级进行三次放大。中频变压器也叫中周,是超外差式收音机中频放大级的耦合元件,变频级输出的中频电压通过它耦合到中放级进行放大,放大后再由它耦合到检波级去检波。因为中频是一个预先选好的固定频率,所以中频变压器的初级和次级线圈都可以预先调准在固定的中频上。调幅广播为了得到良好的音质,一般是在中心频率±10kHz的频率范围内播送,因此一般要求中频变压器的通频带最好包括这个频率范围,而在通频带以外的信号要迅速衰减,这样收音机才能有良好的声音保真度和选择性。此外,中频变压器要有较大的增益,以保证收音机的灵敏度。

为了获得较大的中频增益,必须使中频变压器的初级和次级严格地和前、后级晶体管的阻抗匹配。一般设计为在中频变压器的初级用抽头来调整接到晶体管输出端的阻抗,使与该管的输出阻抗匹配;变压器的次级则以较少的圈数来匹配下一级晶体管较低的输入阻抗。所以,中频变压器与所使用的晶体管有关,晶体管的参数(输入和输出阻抗)直接与线圈的匝数比有关。购买时,最好问清楚是配合什么样的晶体管用的。此外,由于半导体收音机用的中频变压器一般为三个,内部线圈的圈数和绕法各不相同,使用时不要弄错,更不要与振荡线圈混了,因为振荡线圈与中频变压器外形是相同的。

收音机音量的大小和外来输入的信号有关。当外来信号大时,中放级输送给检波级的信号也大,声音就会响亮;反之,外来信号微弱时,检波器得到的输入信号小,声音就显得细小。如果输入的信号很强,中放级输出信号势必很大,会使检波后的音频发生失真。

另外，收听短波广播时，远距离的传输环境会使信号传递发生忽强忽弱的变动而产生衰落现象，使扬声器发出来的声音忽大忽小，让人感到十分难听。因此，要使收音机对外来的大、小信号都能同样很好地接收，不致影响音质和音量，在信号强度变化时也能大致维持一定的音量，必须加入自动增益控制(AGC)电路。

AGC电路是超外差式半导体收音机不可缺少的装置，其作用是：①当收音机接收的不同电台信号的强度变化较大时，使输出的音量变化较小；②使同一电台的音量不至于明显地忽大忽小地变化。因为当接收强电台时，AGC电路负反馈作用很强，使得收音机的增益自动减低，不至于使后级过载而失真；当接收弱电台时，AGC电路不起作用或作用甚微，对放大器的增益基本上无影响。这样，当调谐电台时，各电台的音量相差的幅度就可以减少。同一电台，特别是远地电台发出的无线电波，尤其是短波时刻，忽大忽小的变化将影响收音机的收音质量，AGC电路能自动地减小这种影响。图8.1.8所示是一种自动增益基极电流控制电路，R_5和C_8为RC滤波器，使用做自动增益控制的检波直流输出更为纯净。R_5还起负反馈作用。没有信号时，M点正、N点负、Q点负；有信号时，检波后的音频脉动。直流通过二极管$D_1 \rightarrow R_8 \rightarrow R_9 \rightarrow$地$\rightarrow BZ_3$次级的下端，此时$N$点正、$M$点负、$Q$点正，$Q$点的电压极性与原来的相反，导致$U_Q$点电位下降，故$U_{V2B}$(第1级中频放大器的三极管基极电压)随之下降。由于在一定范围内三极管的实际放大量随发射结正向偏压U_{BE}的大小而变化，U_{BE}大，放大量也大，因此自动增益控制就是利用检波输出的音频脉动直流成分在电位器上产生的反馈压降的大小来控制第1级中频放大三极管T_2发射结正向电压的大小，从而改变T_2的增益。因此，AGC电路实质上是一种负反馈电路。

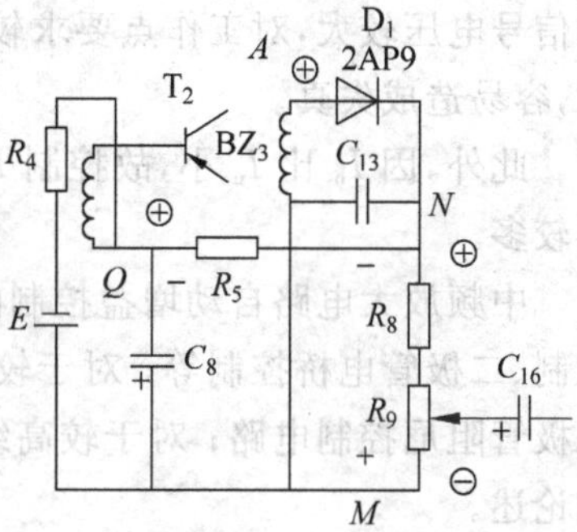

图 8.1.8　AGC和检波电路

在AGC电路中，R_5和C_8参数的选择很关键，R_5和C_8的时间常数不能太小，太小了不能彻底清除检波所得的音频成分；但也不能太大，太大了将使控制速度跟不上输入信号激烈变化的速度，使弱信号漏掉。一般在中波收音机中，R_5和C_8的时间常数多为0.1～0.33s，在短波中采用0.1～0.2s。和电子管收音机不一样的是，在晶体管电路中所用R较小，一般为几千欧到几十千欧，C较大，一般为10～30μF。例如在本电路中，$R_5=5.1\text{k}\Omega$，$C_8=30\mu\text{F}$，其乘积为$5.1\times103\times30\times10-5=0.153$(s)。$R_5$为什么不能大些呢？这是因为$R_5$作为晶体管基极偏置电路的一部分，是为了保证晶体管有必要的稳定性系数。图8.1.4中的R_4是T_2的偏置电阻，不能采用过大的数值，否则晶体管的热稳定性就不好。

图8.1.9所示为双调谐回路自动增益中频基极电流控制电路图(其中，C_{10}为中频中和电容)。与基极电流控制方式相比较，射极控制方法的控制作用范围不大，当外来信号强度变化使发射极电流I_e变化时，集电极电流I_c随之而变(例如，一般可在0.1～1mA范围内变化)，使流过中频变压器线圈的直流成分变化，引起变压器磁心导磁率改变，造成线圈电感量改变，最后导致回路失谐以及通频带改变，这是人们所不希望的。

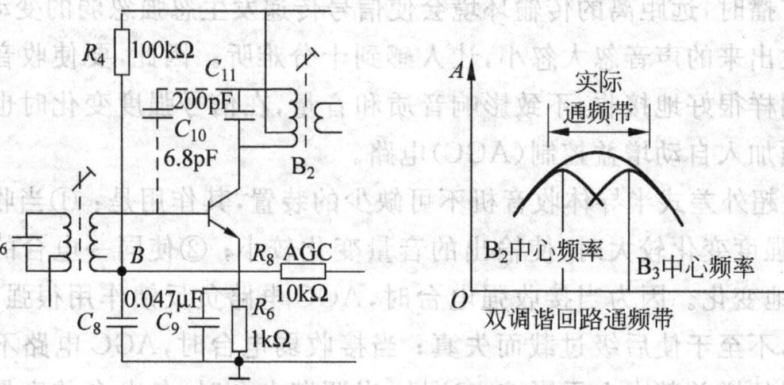

图 8.1.9　双调谐回路及 AGC 电路

射极控制方法通常是控制收音机中的第一中放，不宜控制第二中放。因为第二中放的信号电压较大，对工作点要求较严格，当加上自动增益控制信号而引起该级工作点改变时，容易造成失真。

此外，因 I_b 比 I_e 小，故控制 I_b 所需的功率小。因此，在一般收音机中，基极控制法用得较多。

中频放大电路自动增益控制的方法有二极管阻尼自动增益控制、改变耦合自动增益控制、二极管电桥控制等；对于较简单的超外差式半导体收音机，常采用基极电流控制和二极管阻尼控制电路；对于较高级的超外差机，一般综合采用几种控制电路，这里不再详细论述。

5. 检波器

从已调幅波中恢复调制信息的电路称为解调器或检波器，其功能是从已调幅波中取出音频信号。通常采用二极管检波器，其典型电路如图 8.1.8 所示。D_1 为检波二极管，C_{13}为检波电容（滤波电容），R_8、R_9 为检波电阻。A 点为中放级输出的 465kHz 中频信号。由于二极管具有单向导电性，这种接法把信号的负半周截去，N 点为正半周的中频脉动信号。实验证明，中频脉动信号中包含如下三种成分：465kHz 中频信号、音频成分和直流成分。检波是利用二极管的单向导电性，正半周时二极管导通，负半周时二极管截止，波形对称的已调波中频信号经过二极管 D_1 之后把负半周截去；载波成分为中频信号(465kHz)，由电容 C 滤除，直流信号由音频前置放大级的耦合电容隔直，那么送到音频前置放大级的只有有用的音频信号。

图 8.1.8 中，D_1（型号为 2AP9）为检波二极管，C_{13}为 465kHz 滤波电容，C_8 为音频滤波电容，R_8、R_9 为检波电阻。C_{13}的充电回路为：BZ_3 次级的上端 $U_{i+}\to D_1\to C_{13}\to U_{i-}\to$ BZ_3 次级的下端。C_{13}放电回路分为两路，一路是 C_{13}右$\to R_5\to R_4\to E\to C_{13}$左，另一路是 C_{13}右$\to R_8\to R_9\to C_{13}$左。

6. 功率放大器和低频电压放大器

(1) 功率放大器

功率放大器如图 8.1.10 所示，功放级是由 T_6、T_7 和输入变压器 B_3 组成的乙类推挽功放电路（即有输入变压器但无输出变压器的功率放大电路，也称 OTL 电路），其特点是：在信号的一个周期内，两管轮流导通，最后在输出端相互叠加，结果在负载扬声器上合成完整的不失真波形。

对直流通路而言，T_6 和 T_7 是相互串联的，如图 8.1.10(a)所示；对交流通路而言，T_6 和 T_7 是相互并联的，如图 8.1.10(b)所示。

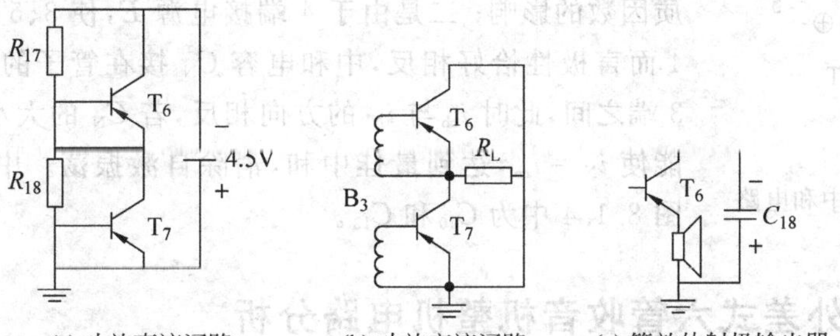

(a) 功放直流通路　(b) 功放交流通路　(c) 等效的射极输出器

图 8.1.10　功放器电路图

R_{17}、R_{18} 分别为 T_6、T_7 的上偏置电阻。由图 8.1.10 可知，T_6、T_7 对交流而言是并联的且都为射极输出器，T_6 为实际上的等效射极输出器。因为，当信号为负半周时，T_6 导通，T_7 截止，电源通过 T_6 和扬声器给 C_{18} 充电，充电路径为 $E_+ \rightarrow$扬声器$\rightarrow C_{20} \rightarrow T_6 \rightarrow E_-$；当信号为正半周时，$T_6$ 截止，T_7 导通，T_7 导通时的电源是靠 C_{18} 在信号为负半周时充的电压提供的，此时电路等效为如图 8.1.10(c)所示。因此，T_6 为等效的射极输出器，所以 T_6、T_7 组成的功放级都可看成是射极输出器。又因对交流而言，两管是并联的，负载能力较强。而射极输出器的优点之一是输出阻抗低，所以功放级可直接与扬声器相连，不需要输出变压器进行阻抗变换。

(2) 低频电压放大器

在图 8.1.4 中，前置放大器由 T_4、T_5 两级直耦式放大器组成，R_{12} 为 T_4 的直流负反馈电阻，也是它的上偏置电阻；R_{13} 为 T_4 的集电极负载和 T_5 的上偏置电阻；C_{16} 为输入耦合电容。

(3) 电源退耦电路

在一些放大器中，常使用电池作为电源，比如收音机，当电池失效时，其电源内阻 R_0 将变大，引起放大器的自激振荡。为消除这种自激，常采用电源退耦电路。退耦是指去掉两部分之间的有害联系，与耦合作用相反。在图 8.1.4 中，C_{21}、R_{16}、C_{17} 组成电源退耦电路；C_{19} 为消振电容；C_{20} 为输出耦合电容，与 R_{15} 构成 T_4 的交流负反馈，加强电源滤波。加了 C_{21}、R_{16}、C_{17} 之后，电源内阻 R_0 上的反馈电压 u_f 被 C_{21} 短路入地，即使还有残余的很小的信号电压，通过 R_{16} 降压，再经 C_{17} 进一步滤除干净，可避免对第一级产生正反馈，引起自激振荡。

(4) 中和电路

在三极管内部，集电极与基极之间存在几微法甚至十几微法的结电容 C_c。当三极管工作频率较高时，极间电容 C_c 相当于短路线，此时集电极电压与基极电压之间的相位关系由工作在低频时的反相关系转变为同相关系，从而构成寄生正反馈，产生自激振荡。所

谓中和，就是中和由于晶体管结电容 C_c 的存在而产生的 i_{cb}，达到消除自激振荡的目的，

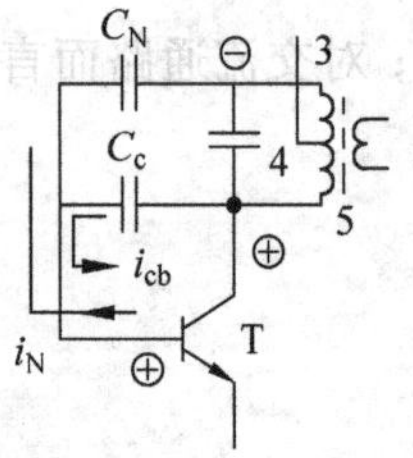

图 8.1.11 中和电路

如图 8.1.11 所示。中周变压器的初级中间抽头 4 接电源负极，其目的有两点：一是提高晶体管的输出阻抗，使之与下一级输入阻抗相匹配，更重要的是减小晶体管输出阻抗对谐振回路品质因数的影响；二是由于 4 端接电源 E，使 3、5 两端的相位对 4 而言极性恰好相反，中和电容 C_N 接在管子的基极与中周的 3 端之间，此时 i_{cb} 与 i_N 的方向相反，若 C_N 的大小选择合适，就能使 $i_N = i_{cb}$，达到最佳中和，消除自激振荡。中和电容 C_N 在图 8.1.4 中为 C_{10} 和 C_{13}。

8.1.2 超外差式六管收音机整机电路分析

在图 8.1.4 所示的电路中，磁性天线感应来的信号送到由 C_2、C_{1a} 和天线 B_1 初级线圈所组成的谐振回路中，将 C_{1a} 调谐在接收的信号频率上，其他干扰信号相应地被抑制，然后通过天线 B_1 次级线圈的耦合，将高频信号送到变频级 T_1 的基极。变频级的振荡电压通过 C_6 注入 T_1 的发射极。振荡线圈 B_2 的次级线圈和 C_{1b} 组成振荡回路，反馈由振荡线圈 B_2 的初级线圈来实现，因此，这是一个振荡电压由发射极注入，信号由基极注入的变频级。R_1、R_2 是偏置元件，C_5 作高频旁路之用。经变频之后，信号变换成 465kHz 的中频信号，由谐振于 465kHz 的中频变压器(中周)BZ_1 取出送至由 T_2 组成的第一中频放大级。第一中放级加有自动增益控制，由 R_5、C_8 组成。C_8 是一个容量较大的电解电容器，其主要作用是滤除检波后的音频电流。经过 T_2 放大后的中频信号由 BZ_2 取出后送到第二中频放大级。R_4、R_6、R_5、R_8、R_9 是第二中放级的偏置电阻，C_8、C_9、C_{17} 是旁路电容。经过二级中放后的信号由 T_3 的中频变压器(中周)BZ_2 耦合到下一级进行检波。检波器由二极管 D_1、C_{15}、C_{17} 和 R_9 组成，C_{15}、C_{17} 是中频滤波电容；电位器 R_9 是检波负载，兼音量控制电位器。检波后的音频信号由电位器的滑动臂经隔直电容 C_{16} 送至低频放大器。在电位器 R_9 上的音频信号通过 C_{16} 耦合到 T_4 组成的前置低放级。检波后的直流分量通过 R_5 加到中频放大器 T_2 的基极作自动增益控制。T_4 放大后的音频信号直接送到 T_5 放大后，由变压器 B_3 的初级耦合到 T_6、T_7 组成的推挽功率放大级，最后输出较大的音频功率推动扬声器发出声音。R_{10}、R_{11}、R_{12}、R_{13}、R_{14} 是 T_4、T_5 的偏置电阻；R_{17}、R_{18} 是 T_6 和 T_7 推挽放大级的偏置电阻。C_{17}、R_{16}、C_{21} 组成电源退耦电路；电容 C_{19} 用来改善音质；C_2、C_3 为双联可变电容器顶端的微调电容；本机的中频变压器 BZ_1、BZ_2 的谐振电容与中频变压器做在一起，因此，在印制电路板中不再设计有谐振回路电容的位置；B_3 是输入变压器，K 是与音量电位器 R_9 做在一起的电源开关。C_{10} 和 C_{13} 为中和电容。

图 8.1.12 所示为单电源 OTL 复合管功放收音机电路图，T_6 和 T_7 组成 NPN 型复合管，T_8 和 T_9 组成 NPN 型复合管，这两个复合管构成单电源 OTL 功率放大电路。

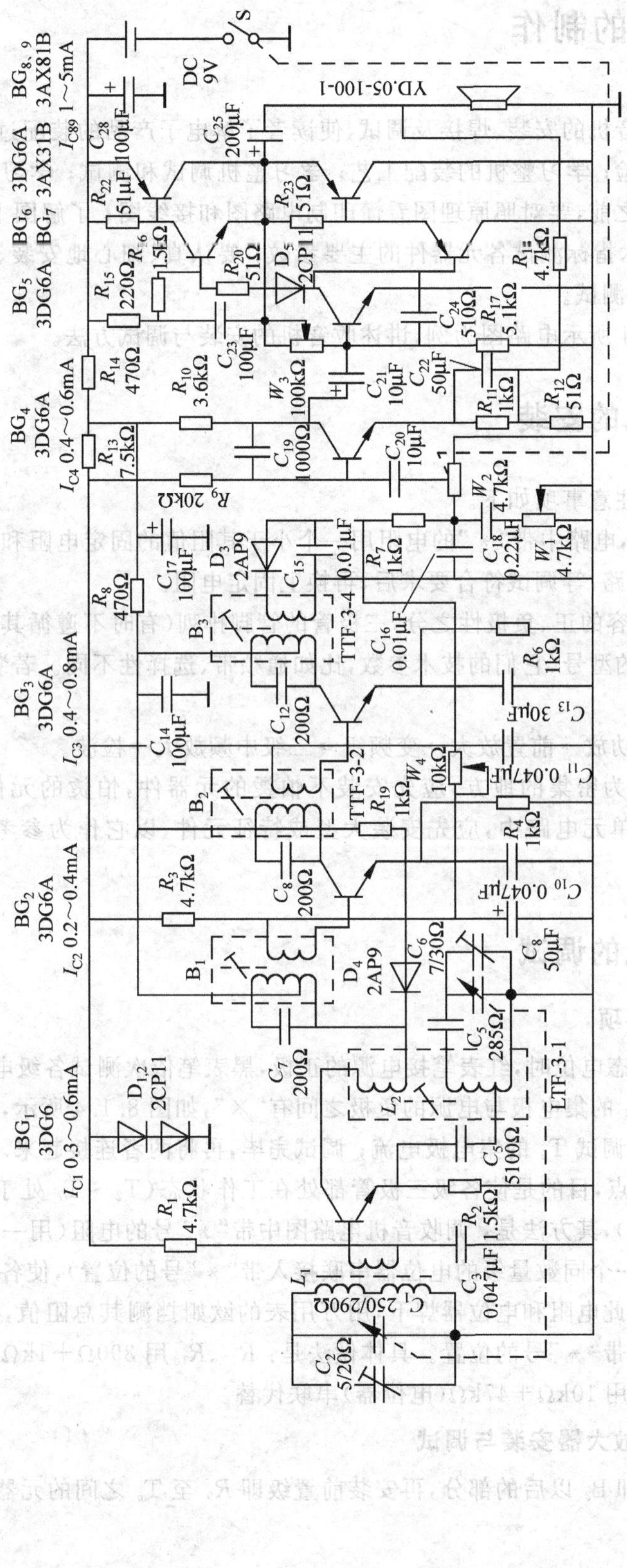

图 8.1.12 OTL 复合管收音机电路图

8.2 收音机的制作

本节通过对收音机的安装、焊接及调试，使读者了解电子产品的装配过程；掌握元器件的识别及质量检验；学习整机的装配工艺；学习整机调试和测试；学习收音机故障检查和维修。在焊接之前，要对照原理图看懂印制电路图和接线图；了解图上的符号，并与实物对照；根据技术指标测试各元器件的主要参数；要认真、细心地安装、焊接；认真检查电路，进行调试与测试。

下面以图 8.1.4 所示电路图为例，讲述收音机的安装与调试方法。

8.2.1 收音机的安装

收音机的安装注意事项如下。

① 一般情况下，电路中带“*”的电阻用一个小于其阻值的固定电阻和一个电位器串联来代替，先接入电路，等调试符合要求后，再换上固定电阻。

② 注意电解电容的正、负极性之分，三极管的管脚排列(有时不遵循其排列的一般规则)，以及三个中周的型号(它们的技术参数，比如通频带、选择性不同。若装错，会影响收音机的性能)。

③ 安装顺序：功放→前置放大→变频级→二级中频放大→检波。

④ 在元器件较为密集的地方，应先安装不怕烫的元器件，怕烫的元件(如晶体管)后安装；在同一个单元电路中，应先安装大型或特征元件，以它作为参考点，后安装小元件。

8.2.2 收音机的调试

1. 调试注意事项

① 测试各级静态电位时，红表笔接电源的正极，黑表笔依次测试各级电位。

② 原理图中 T_6 的集电极与电源的负极之间有“×”，如图 8.1.4 所示，表示在线路板上它是断开的，用来调试 T_6 的集电极电流；调试完毕，再将两者连接起来。

③ 调静态工作点，目的是使各级三极管都处在工作状态(T_2～T_7 处于放大状态，T_1 处于放大、振荡状态)，其方法是：调收音机电路图中带“*”号的电阻(用一个小于电路图中标称值的电阻和一个同数量级的电位器串联接入带“*”号的位置)，使各级电位或电流达到标示的值后，将此电阻和电位器焊下，用万用表的欧姆挡测其总阻值，并用一个固定的电阻代替，安装于带“*”号的位置。具体做法是：R_{17}、R_{18}用 390Ω＋1kΩ(电位器)串联代替；R_1、R_4、R_{15}都用 10kΩ＋47kΩ(电位器)串联代替。

2. 功放、前置放大器安装与调试

先安装功放级即 B_3 以后的部分，再安装前置级即 R_9 至 T_5 之间的元器件。

(1) 功放级静态调试：主要参数有两个。

① C_{20}的负极，即 T_6 和 T_7 之间的中点电位要为电源电压的一半。

② T_7 的集电极电流为 2～6mA，这个参数是主要的。若不符合要求，调节 R_{17} 和 R_{18}。R_{17}或 R_{18}先用 300Ω＋1kΩ 的电位器代替，调节电位器使参数符合要求后，断开电源，用万用表的欧姆挡测量其阻值，再用一个相同阻值的固定电阻换上。

(2) 前置级静态调试：由于 T_4 和 T_5 是直接耦合的，R_{12}起负反馈作用，将 T_5 射极电位的变化量取样后与 R_{10}进行分压，作为 T_4 的偏置，而 R_{15}很小，因此调节 R_{12}(用 10kΩ＋47kΩ)，使 T_5 的发射极电位达到要求，即满足 T_4 的电位要求。

(3) 动态调试：简单方法为输入一个音频信号加在 B_3 的初级，然后接上电源，可听到扬声器中有音频声，说明功放级是好的；再将音频信号加在 T_5 的基极，此时听到扬声器中的声音比加在 B_3 的初级要大，说明 T_5 是好的；然后将信号加在 T_4 的基极，此时听到扬声器中的声音比加在 T_5 的基极又要大，说明 T_4 是好的。若将信号加在音量电位器 R_9 的上端，然后调节电位器，扬声器中的声音跟着变化，说明功放级、前置级已调好。

3. 本机振荡的调试及如何判断本机振荡是否起振

① 静态调试：调节 R_1，使 U_{T1E}(三极管 T_1 的发射极电压，以下都这样表示)为 0.6～0.8V，T_1 的基极电压大，易起振。

② 动态调试：本机振荡决定了收音机的波段频率范围。我国规定调幅的中频频率为 465kHz，且本振频率要比外来信号的频率高出(差出)一个中频 465kHz，因此当信号频率一定时，本振频率就被固定了；反过来，本振频率一定时，信号频率也被固定了，它们有着一一对应的关系。而中波波段频率范围要求在 535～1605kHz 变化(即收音机面板上标示的载波信号频率)，也就是要求本振频率范围为 1000～2070kHz。调整收音机的波段频率范围，就是指当把收音机的双连电容器 C_{1b}的动片全部旋进去(电容容量最大)至全部旋出(电容容量最小)时，本振频率要从 1000kHz 变化到 2070kHz，才能使接收的信号频率范围固定在 535～1605kHz 之间。

判断本机振荡是否起振有两种方法。

① 用示波器观察本机振荡的波形，同时旋转双连电容，观察波形的幅度在整个波段范围内是否均匀且等幅；用高频毫伏表测量振荡波形电压的大小，一般中频波波段的电压为 100～200mV。

② 用万用表直流电压挡测量变频级发射极电压，然后用镊子或螺丝刀的金属部分将振荡电路的双连可变电容短接，观察万用表电压的变化。若电压下降 0.2V 左右，说明振荡电路正常；若电压不下降或下降小，说明振荡电路没起振。

4. 中频放大器的调试及如何判断中频变压器已调好

调整中频变压器时动作要轻，而且调整幅度不能太大。因为中频变压器的磁芯很脆，一般它在出厂时都已调准在 465kHz，装机以后，由于谐振电容的误差和分布电容的影响，会使谐振频率偏移，但不会偏离太远，所以只要左右稍微调一下即可。

① 静态调试：调节 R_4，使 U_{T2E}(三极管 T_2 的发射极电压)为 0.5～0.7V。U_{T2E}满足了，U_{T3E}也就满足了。

② 动态调试：用调幅波信号发生器发一个 465kHz 的中频信号，然后靠近收音机的磁棒，用无感起子(绝缘起子)从后级 BZ_3 依次向前调，调整的顺序为 $BZ_3 \rightarrow BZ_2 \rightarrow BZ_1$，因前、后级之间可能相互影响，所以反复调整几次，用耳朵听扬声器的声音，声音达最大且不刺耳，说明中周已调好，即 3 个中周都调准在 465kHz 上；或者用万用表监测 T_1 的发射极电压，依次向前调整中周 $BZ_3 \rightarrow BZ_2 \rightarrow BZ_1$，使 T_1 的发射极电压最小时，说明中周已调好。

判断中频变压器是否调好有两种方法。

① 用耳朵听扬声器的声音，声音达最大且不刺耳，说明 3 个中周都调准在 465kHz 上。

② 用万用表监测 T_1 的发射极电压，依次向前调整中周 $BZ_3 \rightarrow BZ_2 \rightarrow BZ_1$，使 T_1 的发射极电压变化不再减小时，说明中周已调好。因为 T_1 加有自动增益控制电路，自动增益控制电路实质为负反馈电路，此时若信号越强，检波级输出的直流分量就越大，反馈到 T_1 的发射极电位最大，使反馈最深，则 T_1 的基极电位最小，最终使得 T_1 的发射极(集电极)电流最小，所以 T_1 的发射极电位最小，说明 3 个中周都调准在 465kHz 上。

5. 收音机输入回路的作用

假定输入回路调谐在外来信号频率上，那么到达变频管基极的信号幅度最大时，经变频器输出的中频信号幅度也最大，收音机输出也就最大，这样显著地提高了收音机的灵敏度和选择性。所以在整个波段范围内，要求输入回路都能跟踪调谐在外来信号的频率上。如中波波段，外来信号频率范围是 535～1605kHz，不仅要求本振范围是 1000～2070kHz，还要求输入回路频率能跟踪调谐在 535～1605kHz。这称为理想跟踪，其曲线如图 8.2.1 所示。因此，输入回路的作用是“理想跟踪”。

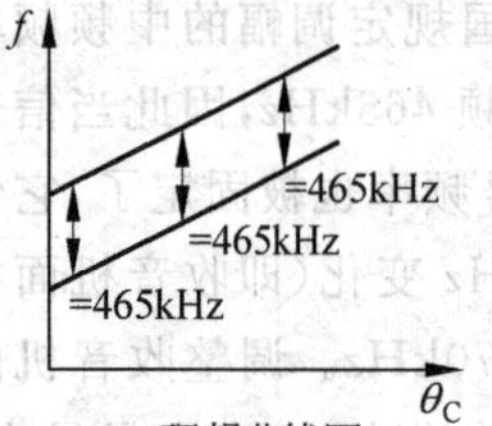

图 8.2.1 理想跟踪

直线频率式双连电容的电容量 C 与转角 θ 的关系满足 $\frac{1}{\sqrt{L}}=a+b\theta$，$a$、$b$ 是与电容的几何结构有关的常数。所以有

$$f_i=\frac{1}{2\pi\sqrt{L_iC}}=\frac{a}{2\pi\sqrt{L_i}}+\frac{b}{2\pi\sqrt{L_i}}=a_1+b_1\theta$$

$$f_e=\frac{1}{2\pi\sqrt{L_eC}}=\frac{a}{2\pi\sqrt{L_e}}+\frac{b}{2\pi\sqrt{L_e}}=a_2+b_2\theta$$

以上两式表示，当回路电感一定时，回路的谐振频率与电容器转角呈直线关系。由图可见，当本振的频率曲线为一条直线时，所能接收的外来信号频率也是一条直线，两条直线的频率之差始终保持 465kHz，同时输入回路的频率与外来信号频率曲线重合。这种使本振频率在全波段内和外来信号频率之差始终保持一个固定中频的过程称为“跟踪”，也称“统调”。

6. 实际的跟踪曲线

理想的跟踪曲线为两条平行线，实际情况达不到这样的要求，而是延长后可以相交的直线。

在理想情况下，对于输入回路，电容覆盖系数为

$$K_{ci}=\frac{C_{imax}}{C_{imin}}=\frac{f_{imax}^2}{f_{imin}^2}=\left(\frac{1605}{535}\right)^2=9=K_{fi}^2$$

则 $K_{ci}=9,K_{fi}=3$。K_{fi} 为输入回路频率覆盖系数。

对于本振回路，电容覆盖系数为

$$K_{cl}=\frac{C_{lmax}}{C_{lmin}}=\frac{f_{lmax}^2}{f_{lmin}^2}=\left(\frac{2070}{1000}\right)^2=4=K_{fl}^2$$

则 $K_{cl}=2.07,K_{fl}=4.3$。K_{fl} 为本振回路频率覆盖系数，即 $K_{fi}=3,K_{ci}=9$；$K_{fl}=4.3,K_{el}=2.07$。也就是说，由于两个回路理想跟踪的频率覆盖系数不相等，则要求两个回路的电容覆盖系数不相同，即要求转角相同时，两个电容的容量变化值不相同。实际上，为了制作与调试的方便，两个回路常采用电容量变化相同的双连电容进行调谐，即电容覆盖系数相同，故不能实现理想的频率跟踪，如图 8.2.2 所示。

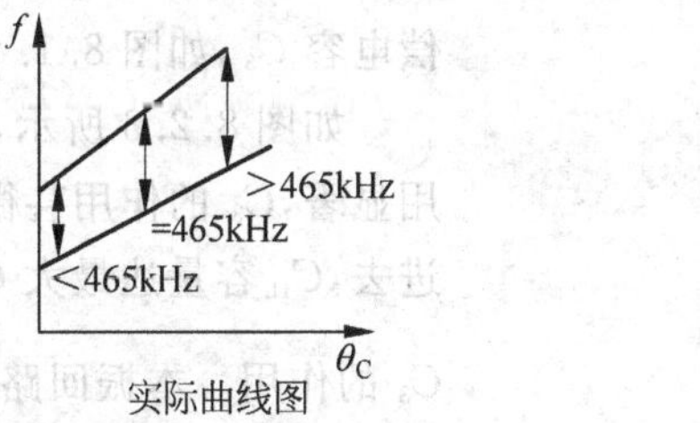

图 8.2.2　实际跟踪

实际情况是：因为 $f_e=\frac{1}{2\pi\sqrt{L_eC}}=a_2+b_2\theta_C$，$f_i=\frac{1}{2\pi\sqrt{L_iC}}=a_1+b_1\theta_C$，$L_e$、$L_i$ 固定，那么回路中的自然频率与电容器转角成直线关系。

又因为 $f_e>f_i$，所以有 $\frac{a_2>a_1}{b_2>b_1}$，即 $f_e\sim\theta_C$ 直线斜率大于 $f_i\sim\theta_C$ 的直线斜率，两者不平行，那么在低频端时，其频率之差小于 465kHz（$f_e-f_i<465$kHz）；在高频端，其频率之差大于 465kHz（$f_e-f_i>465$kHz）。若设计时在中间点（1000kHz）处两者之差为 456kHz，只能做到一点跟踪，不能满足要求，因此只能想办法使本振低端的频率提高，本振高端的频率降低，以达到要求，使它们在低端、中间及高端都相差 465kHz，实现理想跟踪。那是不是在整个波段范围内处处都能理想跟踪（处处相差 465kHz）呢？答案是不可能的，一般只分别在低、中、高频段附近各找一点实现跟踪，就认为它在整个波段范围都实现跟踪，即所谓“三点跟踪”，如图 8.2.3 所示。

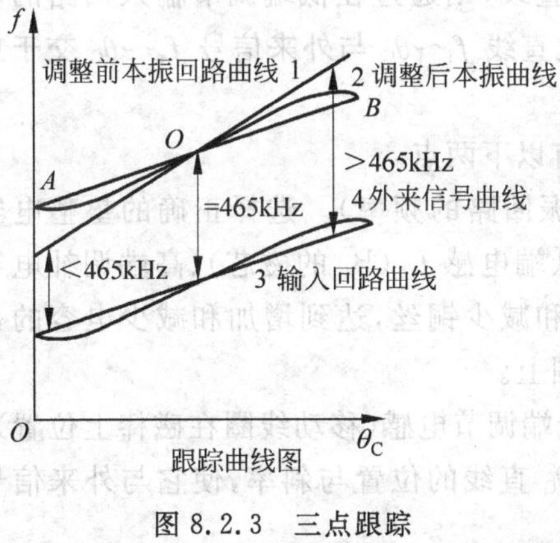

图 8.2.3　三点跟踪

7. 三点跟踪——统调

由于实际调整中要真正做到双连旋在任何角度上，本振回路和输入回路的差值都等于 465kHz 是不可能的，所以一般只要在三点频率上，即低频端 600kHz 附近、中频 1000kHz 附近、高频端 1500kHz 附近实现同步跟踪，就认为其他各点也基本同步，就能达到良好的跟踪，获得良好的接收效果。

由实际的跟踪曲线知，在低频端 $f_e-f_i<465$kHz，在高频端 $f_e-f_i>465$kHz，因此要使低频端两者之差 $f_e-f_i=465$kHz，必须提高本振回路低频端的振荡频率。要提高回路的频率，必须降低回路的电感量和电容量；而回路电感量固定，只有降低电容量。串联电容能使回路的总容量降低，所以在本振回路中串

联一个 C_P 电容(称为垫整电容,图中为 C_2、C_3),以提高本振回路低端的频率,就能使 $f_e-f_i=465$kHz。要使高频端的 $f_e-f_i=465$kHz,必须降低本振回路的振荡频率,与上述过程相反,因此必须在本振回路中并联一个补偿电容,以提高回路的电容量,从而降低本振频率,最终使 $f_e-f_i=465$kHz。

总之,为了实现三点跟踪,解决办法是:在低频端提升本振回路的频率,即在本振回路中串联一个垫整电容 C_4;在高频端降低本振回路的频率,即在本振回路中并联一个补偿电容 C_3,如图 8.1.4 所示。经过上述处理后,$f_e\sim\theta_C$ 曲线变成了"S"形。

如图 8.2.3 所示,"S"形曲线是这样形成的:C_4、C_3 作用相同,只不过在低频端,C_4 作用显著,C_3 的作用甚微;而在高频端,C_3 作用显著,C_4 作用甚微。因为在低频端,C_{1b}全旋进去,C_{1b}容量达最大 C_{1bmax},C_{1bmin} 与 C_4 相近,$C_{1bmax}\gg C_3$,此时 C_4 作用影响最大,可忽略 C_3 的作用。本振回路总容量为 $\dfrac{C_4C_{1bmax}}{C_4+C_{1bmax}}$,比没有串接 C_4 时减小了,所以本振回路的低频端频率得以提升,使 $f_e-f_i=465$kHz。随着双连电容的旋出,C_{1b}减小,但由于 C_4 是固定的,所以容量变化缓慢减小。此时 C_3 作用渐渐明显,因此在低频段,本振回路的频率变化缓慢上升,而不是直线上升,如图 8.2.3 所示曲线中 AO 段。

在高频段,C_{1b}全旋出,C_{1b}容量最小为 C_{1bmin},本振回路的频率最高,$C_4\gg C_{1bmin}$,C_{1bmin}与 C_3 相近,此时 C_3 的作用明显。回路的总容量为$(C_3+C_{1bmin})/\!/C_4$,比没有并接 C_3 时容量增大了,所以在高频段,本振回路的频率降低了,使得 $f_e-f_i=465$kHz。

随着双连的旋进,C_{1b}增大,C_4 是固定的,使得回路总容量的变化缓慢增加,C_4 作用渐渐加大。因此,本振回路的频率缓慢降低,而不是直线降低,如图 8.2.3 中的 BO 段。这样,由于 C_3、C_4 共同作用的结果,就形成了本振回路的 $f_e\sim\theta_C$ 曲线。

既然本振回路的 $f_e\sim\theta_C$ 为"S"形状,决定了它所能接收的外来信号的频率曲线 $f_s\sim\theta_C$ 也应为"S"形;本振回路的"S"形曲线要比输入回路的"S"形曲线高出一个 465kHz;由于输入回路的跟踪作用,它的频率曲线也必须是一个"S"形曲线,且与外来信号频率曲线重合。而此时,输入回路的 $f_i\sim\theta_C$ 曲线仍为一条直线,则通过在低端调节输入回路的电感 L_1 和在高端调节输入回路的补偿电容 C_2,使此直线 $f_i\sim\theta_C$ 与外来信号 $f_s\sim\theta_C$ 交于三点,达到"三点"跟踪的目的。

综上所述,收音机频率跟踪的调整技术关键有以下两点。

① 调波段频率范围(即对刻度,亦即调整本振回路的频率)。选择正确的垫整电容 C_4 和 C_3 数值,使本振回路曲线为"S"形,并通过低端电感 L_4(B_4 的磁芯)、高端调补电容 C_3(一般为拉线电容,电容上为铜丝绕制,可增加和减少铜丝,达到增加和减少电容的目的),使高、低两端的频率固定在所要求的频率范围上。

② 调跟踪(即调整输入回路的频率)。通过低端调节电感(移动线圈在磁棒上位置)、高端调节补偿电容(一般为可调电容),改变 $f_i\sim\theta_C$ 直线的位置与斜率,使它与外来信号频率曲线交于三点,达到三点跟踪。

具体的调整方法是:

① 高频调幅信号的调制度约为 30%。低端调电感,高端调电容。

② 对刻度。接收 535kHz 的调幅信号时,将双连电容全旋进去,调节振荡回路的线

圈 L_4，使声音达最大而且不刺耳；接收 1605kHz 的调幅信号时，将双连电容全旋出，调节振荡回路的补偿电容 C_3'，使声音达最大而且不刺耳。

③ 三点统调。接收 600kHz 的调幅信号时，将双连电容旋至 600kHz 的刻度处，调节输入回路的线圈 L_1，即调节线圈在磁棒上的位置，使声音达最大而且不刺耳；接收 1500kHz 的调幅信号时，将双连电容旋至 1500kHz 的刻度处，调节输入回路的补偿电容 C_2'，使声音达最大而且不刺耳（1000kHz 在设计时已达到了跟踪，调整时可以不进行跟踪）。

8. 如何判断收音机是否已统调好

可以用铜铁棒来检验收音机是否统调完成，如图 8.2.4 所示。检验时，把双连旋到统调点（高频端、低频端均可）附近的一个电台上，然后把铜铁棒靠近磁性天线 B_1。如果铜端靠近 B_1 使声音增加，说明 B_1 的电感量大了（因为铜是良导体，当铜棒靠近输入回路时，铜棒上产生感应电流，此电流反作用于输入回路，使输入回路的总电感量减小），应把线圈向磁棒的端头移动，如移到头还是声音增大，说明 B_1 的初级圈数多了，应该拆下几圈以减小电感量；反之，若磁棒端靠近 B_1（会使 B_1 的电感量增加）使声音增大，说明 B_1 的电感量小了，可把线圈往磁棒中间移动或增加几圈；如果铜铁棒无论哪头靠近 B_1 都使声音变小，说明统调是合适的。

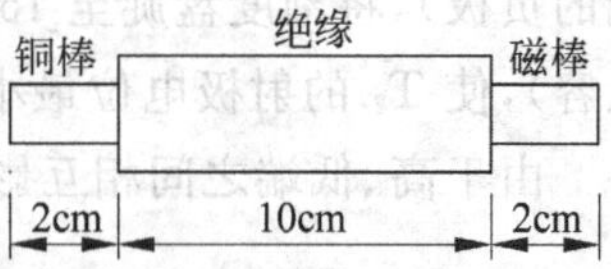

图 8.2.4 铜棒

9. 收音机的调整小结

(1) 调静态工作点

① 目的：使各级三极管都处在工作状态（$T_2 \sim T_7$ 处于放大状态，T_1 处于放大、振荡状态）。

② 方法：调节收音机电路图 8.1.4 中带“*”号的电阻（用一个小于电路图中标称值的电阻和一个同数量级的电位器串联接入带“*”号的位置），使各级电位或电流达到图中标示的值后，将此电阻和电位器焊下，用万用表的欧姆挡测其总阻值，并用一个固定的电阻代替，安装于带“*”号的位置（具体做法是：R_{17}、R_{18} 用 390Ω＋1kΩ（电位器）串联代替；R_1、R_4、R_{15} 都用 10kΩ＋47kΩ（电位器）串联代替）。

(2) 调中频

① 目的：使三个中频变压器都准确谐振于 465kHz 上。

② 方法：将 465kHz 的中频调幅波信号输出线的非接地端接入 T_1 的基极，地线接至电池的负极，然后将双连电容全旋进去，用无感起子依次调整 BZ_3、BZ_2、BZ_1 的磁芯位置，以改变其电感量，使 T_2 的射极电位最小（或使声音达最大而且不刺耳）。

由于前、后级之间相互影响，反复调整几次。

(3) 对刻度（调整振荡回路的电感、电容）

① 目的：使双连电容全部旋入至全部旋出时，收音机所接收的信号频率范围正好是整个中波段 535～1605kHz。

② 方法：接收 535kHz 的调幅波信号（将信号输出线的非接地端靠近磁性天线，地线接至电池的负极），将刻度盘旋至 535kHz 处，然后用无感起子调整振荡回路线圈 B_2 的磁

芯位置，改变其电感量，使 T_2 的射极电位最小（或使声音达最大而且不刺耳）。

接收 1605kHz 调幅波信号（将信号输出线的非接地端靠近磁性天线，地线接至电池的负极），将刻度盘旋至 1605kHz 处，然后调节振荡回路的补偿电容 C_3（拉线电容），使 T_2 的射极电位最小（或使声音达最大而且不刺耳）。

由于高、低端之间相互影响，反复调整几次。

(4) 调统调（调整输入回路的电感、电容）

① 目的：使本机振荡频率与输入回路频率的差值恒为中频 465kHz。

② 方法：接收 600kHz 的调幅波信号（将信号输出线的非接地端靠近磁性天线，地线接至电池的负极），将刻度盘旋至 600kHz 的刻度处，然后调节输入回路的线圈 B_1 在磁棒上的位置，改变其电感量，使 T_2 的射极电位最小（或使声音达最大而且不刺耳）。用蜡烛将线圈 B_1 固定。

接收 1500kHz 的调幅波信号（将信号输出线的非接地端靠近磁性天线，地线接至电池的负极），将刻度盘旋至 1500kHz 的刻度处，然后调节输入回路的补偿电容 C_2（磁可调电容），使 T_2 的射极电位最小（或使声音达最大而且不刺耳）。

由于高、低端之间相互影响，反复调整几次。

8.3 收音机检修技术

收音机检修有很多方法，并遵从一定的步骤和方法，一般是测电流、电压、电阻。一般步骤是先测整机电流；再敲音量电位器中心触点，判断高放还是低放；再看起振与否。下面具体讨论。

8.3.1 检测前提、要领及方法

1. 前提

安装正确。元器件无缺焊、错焊，连接无误；印制板焊点无虚焊、桥接等。

2. 要领

耐心细致、冷静有序。检测按步骤进行，一般由后级向前检测：先判定故障位置（信号注入法）；再查找故障点（电位法），循序渐进，排除故障。忌乱调乱拆，盲目烫焊，导致越修越坏。

3. 方法

(1) 信号注入法

收音机是一个信号捕捉处理、放大系统，通过注入信号可以判定故障位置。

① 用万用表 $R\times10$ 电阻挡，红表笔单接电池负极（地），黑表笔碰触放大器输入端（一般为三极管基极），此时从扬声器可听到“喀喀”声。

② 用手握改锥金属部分去碰放大器输入端，从扬声器听反应。此法简单易行，但相

应信号微弱，不经三极管放大听不到。

(2) 电位法

用万用表测各级放大器或元器件工作电压(见表 8.3.1)，可判定造成故障的具体元器件。

表 8.3.1　静态工作点参考

测试点	发射极电压/V	基极电压/V	集电极电压/V	集电极电流/mA	备　注
T_1	1.1～1.3	1.4～1.9	2.5	0.4 左右	
T_2	0	0.7	2.5	0.1～0.2	
T_3	0.05	0.7	1.7	0.2 左右	该管近似截止状态
T_4	0	0.7	1.9	1.5 左右	
T_5				2.5～3	二极管
T_6	0	0.65	3	1～2.5	
T_7	0	0.65	3	1～2.5	

8.3.2　测量整机静态电流

将万用表拨至 100mA 直流电流挡，两只表笔跨接于电源开关(开关为断开位置)的两端(若指针反偏，将表笔对调一下)，测量总电流。测量后可能有如下四种结果。

① 电流为 0。这是由于电源的引线已断，或者电源的引线及开关虚焊所致。如果这一部分证明是完好的，应检查印刷电路板，看有无断裂处。

② 电流在 30mA 左右。这是由于 C_7、振荡线圈 B_2 与地不相通的一组线圈(即 B_2 次级)，BZ_1、BZ_2、BZ_3 内部线圈与外壳，输入变压器 B_3 初级，T_1、T_2、T_4 的集电极对地发生短路，印刷板上有桥接存在等。

③ 电流在 15～20mA，可将电阻 R_7 更换为大一些的。例如原来为 560Ω，现换成 1kΩ。

④ 电流很大，表针满偏。这是由于输出变压器初级对地短路，或者 T_6 或 T_7 集电极对地短路(可能 T_6 或 T_7 的 ce 结击穿或搭锡所致)。另外，有些电路对地加接了二极管，看是否焊反；或测其两端电压(正常值应为 0.62～0.65V)，如偏高，应更换二极管。

若总电流基本正常(本机正常电流为(10±2)mA)，可进行下一步检查。

8.3.3　判断故障位置

判断故障是在低放之前还是低放之中(包括功放)的方法如下。

① 接通电源开关，将音量电位器开至最大，喇叭中没有任何响声；再用一根导线或万用表的一根表笔，一端接地一端碰触音量电位器中间极，若没有“咯咯”声，可以判定低放部分肯定有故障。

② 判断低放之前的电路工作是否正常，方法如下：将音量关小，然后将万用表拨至直流 0.5V 挡，将两只表笔并接在音量电位器非中心端的另两端上，一边从低端到高端拨

动调谐盘，一边观看电表指针。若发现指针摆动，且在正常播出一句话时指针摆动次数在数十次左右，可断定低放之前电路工作正常；若无摆动，说明低放之前的电路中有故障，应先解决低放中的问题，再解决低放之前电路中的问题。

8.3.4 完全无声故障检修(低放故障)

将音量开大，然后将万用表拨至直流电压 10V 挡，将黑表笔接地，用红表笔分别触碰电位器的中心端和非接地端(相当于输入干扰信号)，可能出现以下三种情况。

1) 碰非接地端，喇叭中无“咯咯”声；碰中心端时，喇叭有声。这表明电位器内部接触不良，可更换或修理元器件，以排除故障。

2) 碰非接地端和中心端均无声，这时将万用表拨至 $R\times10$ 挡，将两只表笔并接碰触喇叭引线。触碰时喇叭若有“咯咯”声，说明喇叭完好。然后，将万用表拨至电阻挡，用表笔点触 B_3 次级两端，喇叭中如无“咯咯”声，说明耳机插孔接触不良，或者喇叭的导线已断；若有“咯咯”声，则把表笔接到 B_3 初级的两组线圈两端，这时若无“咯咯”声，就表明 B_3 初级有断线，继续进行以下的检测。

(1) 将 B_3 初级中心抽头处断开，测量集电极电流。

① 若电流正常，说明 T_6 和 T_7 工作正常，B_3 次级无断线。

② 若电流为 0，可能是 R_{17} 断路或阻值变大；或 T_6 短路；或 B_3 次级断线；或 T_6 和 T_7 损坏(同时损坏的情况较少见)。

③ 若电流比正常情况大，可能是 R_{17} 阻值变小；或 T_5 损坏；或 T_6 或 T_7 有漏电；或 B_3 初、次级有短路；或 C_9 或 C_{10} 有漏电或短路。

(2) 测量 T_4 的直流工作状态。若无集电极电压，则 B_5 初级断线；若无基极电压，则 R_5 开路；C_8 和 C_{11} 同时短路的情况较少。C_8 短路而电位器刚好处于最小音量处时，会造成基极对地短路。若红表笔触碰电位器中心端无声，触碰 T_4 基极有声，说明 C_8 开路或失效。

3) 用干扰法触碰电位器的中心端和非接地端，喇叭中均有声，说明低放工作正常。

8.3.5 无台故障检修(低放前故障)

无声是指将音量开大，喇叭中有轻微的“沙沙”声，但调谐时收不到电台。这时的检修步骤如下所述。

① 测量 T_3 的集电极电压。若无，则 R_4 开路或 C_6 短路；若电压不正常，检查 R_4 是否良好；测量 T_3 的基极电压，若无，则可能 R_3 开路(这时 T_2 基极也无电压)，或 B_4 次级断线，或 C_4 短路。注意，此管工作在近似截止的状态，所以它的射极电压很小，集电极电流也很小。

② 测量 T_2 的集电极电压。无电压，表明 B_4 初级断线；电压正常而干扰信号的注入在喇叭中不能引起声音，表明 B_4 初级线圈或次级线圈有短路，或旁路电容(200pF)短路。电压正常时，喇叭发声(旁路电容装在中周内)。

③ 测量 T_2 的基极电压。无电压，表明 B_3 次级断线或脱焊。电压正常，但干扰信号的注入不能在喇叭中引起响声，表明 T_2 损坏。电压正常，则喇叭有声。

④ 测量 T_1 的集电极电压。无电压，表明 B_2 次级线圈、B_3 初级线圈有断线。电压正常，喇叭中无“咯咯”声，表明 B_3 初级线圈或次级线圈有短路，或旁路电容短路。如果中周内部线圈有短路故障，由于匝数较少，所以较难测出，可采用替代法证实。

⑤ 测量 T_1 的基极电压。无电压，可能是 R_1 或 B_1 次级开路；或者是 C_2 短路。电压高于正常值，表明 T_1 发射结开路。电压正常，但无声，表明 T_1 损坏。

若检修到此仍收听不到电台，进行下面的检查：将万用表拨全直流电压 10V 挡，将两只表笔并接于 R_2 两端。用镊子将 B_2 的初级短路一下，看表针指示是否减少(一般减小 0.2～0.3V)。电压不减小，说明本机振荡没有起振，振荡耦合电容 C_3 失效或开路，或 C_2 短路(T_1 射极无电压)，或 B_2 初级线圈内部断路或短路，双联质量不好；电压减小很少，说明本机振荡太弱，或 B_2 受潮、印制电路板受潮，或双联漏电，或微调电容不好，或 T_1 质量不好。此法同时可检测 T_1 偏流是否合适；电压减小正常，断定故障在输入回路，此时检查双联有无短路，电容质量如何，磁棒线圈 B_1 初级有否断线。

到此，收音机应能收听到电台播音，进入调试阶段。

参考文献

[1] 葛中海. 模拟电子技术. 北京:机械工业出版社,2011.

[2] 孙蕙芹. 模拟电子技术. 北京:北京师范大学出版社,2010.

[3] 陈杰,戴丽萍. 模拟电子技术. 北京:经济科学出版社,2010.

[4] 孙建设. 模拟电子技术. 北京:清华大学出版社,2007.